普通高等教育“十三五”规划教材

全国高等院校计算机基础教育研究会重点立项项目

Access2010 实训精解

主编　朱颖雯　顾 洪

内 容 简 介

本实训精解按循序渐进的方式，将 Access 数据库课程的上机操作内容分成了基本操作题、简单应用题、综合应用题和选择题四个部分。基本操作题部分主要是与表结构相关的内容，简单应用题部分主要是与查询相关的内容，综合应用题部分主要是与报表和窗体相关的内容，选择题部分主要结合 Access 数据库中的知识点进行考查。前三部分中每个部分各精选了 30 套实训题，每套题均按题目原题、解题思路、操作步骤和本题小结来组织编排，每套题均提供素材和参考解答。选择题部分针对 Access 数据库课程的重要知识点，如表结构、查询、窗体、报表、程序等，编辑整理了 500 多道选择题，旨在着力培养读者运用所学知识来解决问题的实际操作能力和应用能力，同时也能够帮助读者掌握 Access 数据库基本的理论知识。

本实训教程突出操作性、实战性，可作为大中专院校学生学习 Access 数据库课程的上机练习用书，也可以作为参加全国计算机等级考试二级 Access 的辅助资料。

图书在版编目(CIP)数据

Access2010 实训精解 / 朱颖雯，顾洪主编．-- 北京 ：北京邮电大学出版社，2019.8
ISBN 978-7-5635-5860-5

Ⅰ.①A…　Ⅱ.①朱… ②顾…　Ⅲ.①关系数据库系统—高等学校—教材　Ⅳ.①TP311.138

中国版本图书馆 CIP 数据核字（2019）第 177839 号

书　　名：Access2010 实训精解
主　　编：朱颖雯　　顾　洪
责任编辑：张珊珊
出版发行：北京邮电大学出版社
社　　址：北京市海淀区西土城路 10 号（邮编：100876）
发 行 部：电话：010-62282185　传真：010-62283578
E-mail：publish@bupt.edu.cn
经　　销：各地新华书店
印　　刷：北京玺诚印务有限公司
开　　本：787 mm×1 092 mm　1/16
印　　张：17.25
字　　数：425 千字
版　　次：2019 年 8 月第 1 版　2019 年 8 月第 1 次印刷

ISBN 978-7-5635-5860-5　　定　价：42.00 元

前　　言

本实训精解的编者长期从事计算机二级语言类课程的教学，具有丰富的一线教学经验。编者在参考全国计算机等级考试二级 Access 部分题库的基础上编写了本实训精解。实训中的题目具有连贯性，由浅入深，由易到难。实训操作以解题思路为先导，简单介绍主要用到的知识点，再以具体的操作步骤指引操作，最后对本题进行小结，指出难点所在，更方便读者学习。

本书按循序渐进的方式，将 Access 数据库课程的上机操作内容分成了基本操作题、简单应用题、综合应用题和选择题四个部分。基本操作题部分主要是与表结构相关的内容，简单应用题部分主要是与查询相关的内容，综合应用题部分主要是与报表和窗体相关的内容，选择题部分主要结合 Access 数据库中的知识点。前三个部分中都精选了 30 套实训题，每套题均按题目原题、解题思路、操作步骤和本题小结的顺序来组织编排，每套题均提供操作素材和参考解答。具体目录结构为(以第一部分为例)：素材及参考答案\第一部分 基本操作题\第 1 题\素材，素材及参考答案\第一部分 基本操作题\第 1 题\参考答案，与精解中目录及题目编写的顺序一致，方便读者查找对照。第一部分和第二部分由朱颖雯老师编写，第三部分和第四部分由顾洪老师编写，全书由顾洪老师统稿。

本书可以作为高等学校 Access 数据库课程上机教学用书和参加全国计算机等级考试二级 Access 考生的参考用书，也可供各类计算机培训班和个人自学使用。本书的内容参考了《全国计算机等级考试一本通》一书，特此说明。

由于作者水平有限，书中难免有不妥之处，恳请读者批评指正，若有疑问请发邮件至330231809@qq.com。

编　者

前言

目　　录

第一部分　基本操作题

第 1 题

(1) 在素材文件夹下的"samp1.accdb"数据库中建立表"tTeacher",表结构如下:

字段名称	数据类型	字段大小	格式
编号	文本	5	
姓名	文本	4	
性别	文本	1	
年龄	数字	整型	
工作时间	日期/时间	短日期	
学历	文本	5	
职称	文本	5	
邮箱密码	文本	6	
联系电话	文本	12	
在职否	是/否		是/否

(2) 根据"tTeacher"表的结构,判断并设置主键。

(3) 设置"工作时间"字段的有效性规则为:只能输入上一年度五月一日以前(含)的日期(规定:本年度年号必须用函数获取)。

(4) 将"在职否"字段的默认值设置为真值,设置"邮箱密码"字段的输入掩码为将输入的密码显示为 6 位星号(密码),设置"联系电话"字段的输入掩码,要求前 4 位为"010－",后 8 位为数字。

(5) 将"性别"字段值的输入设置为"男""女"列表选择。

(6) 在"tTeacher"表中输入以下两条记录:

编号	姓名	性别	年龄	工作时间	学历	职称	邮箱密码	联系电话	在职否
77012	郝海为	男	67	1962-12-8	大本	教授	621208	010-65976670	
92016	李丽	女	32	1992-9-3	研究生	讲师	920903	010-65977644	√

〖解题思路〗[①]

第(1)、(2)、(3)、(4)、(5)小题在设计视图中建立新表并设置字段属性;第(6)小题在数

① 符号使用说明:解题思路、操作步骤、本题小结用〖 〗,菜单项等用【 】,表名、字段名等用""。

据表视图中直接输入数据。

〖**操作步骤**〗

(1) 打开数据库文件“samp1.accdb”。

步骤1:选择“创建”工具栏中的“表设计”按钮,在设计视图中按题干中的表结构建立字段并设置字段的基本属性。在第一行“字段名称”列输入“编号”,单击“数据类型”,在“字段大小”行输入5;

步骤2:同理设置其他字段,如图1-1-1所示。单击工具栏中的“保存”按钮,将表另存为“tTeacher”。

图1-1-1 表属性对话框

(2) 在该表结构中,可以看出“编号”字段可以唯一决定表中的一条记录,所以应设置该属性为主键。在表“tTeacher”设计视图中选中“编号”字段行,右击选择【主键】完成主键设置。

(3) 在表“tTeacher”设计视图中单击“工作时间”字段行任一处,在“有效性规则”行输入“<=DateSerial(Year(Date())-1,5,1)”,如图1-1-2所示。

(4) 通过表设计视图完成此题。

步骤1:在表“tTeacher”设计视图中单击“在职否”字段行,在“默认值”行输入“True”,保存设计视图;

步骤2:单击“邮箱密码”字段行,单击“输入掩码”行的右侧生成器按钮,弹出“输入掩码向导”对话框,在列表中选中“密码”行,单击“完成”按钮,如图1-1-3所示;

步骤3:单击“联系电话”字段行任一处,在“输入掩码”行输入“010-”00000000,如图1-1-4所示。*此处的双引号需使用英文双引号。*

(5) 通过查阅向导完成此题。

步骤1:在“性别”字段“数据类型”列表中选中“查阅向导”,弹出“查阅向导”对话框,选中“自行键入所需的值”复选框,单击“下一步”按钮;

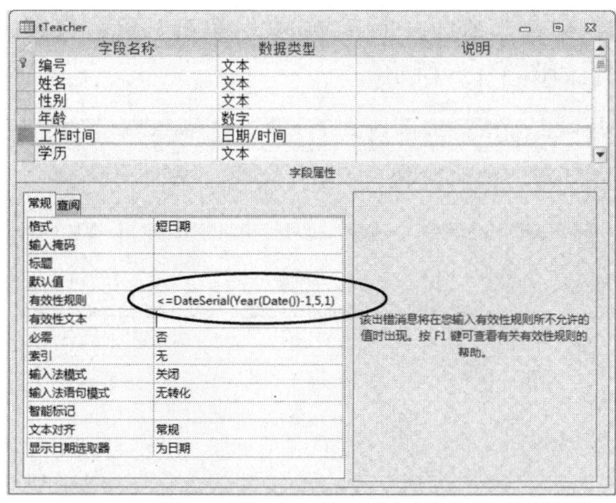

图 1-1-2　设置工作时间字段的有效性规则

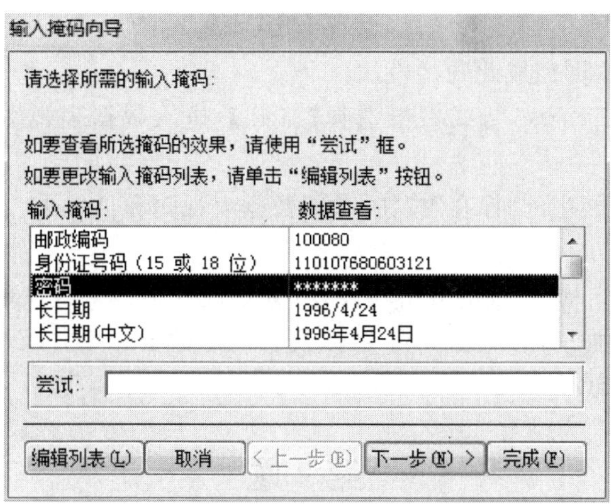

图 1-1-3　输入掩码向导对话框

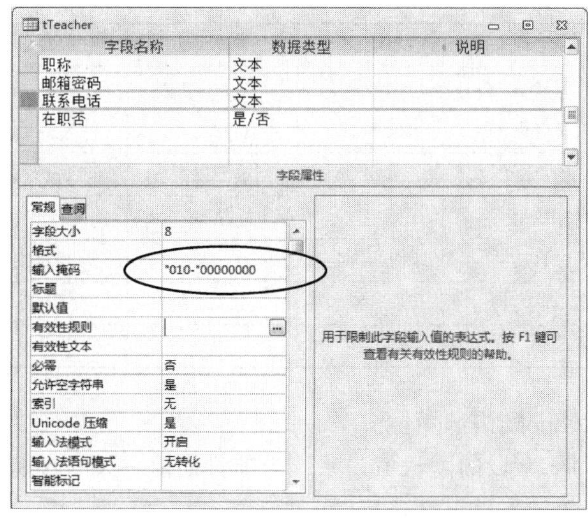

图 1-1-4　设置联系电话字段的输入掩码

步骤 2：在光标处输入"男"，在下一行输入"女"，单击"完成"按钮。单击工具栏中的"保存"按钮，关闭设计视图，如图 1-1-5 所示。

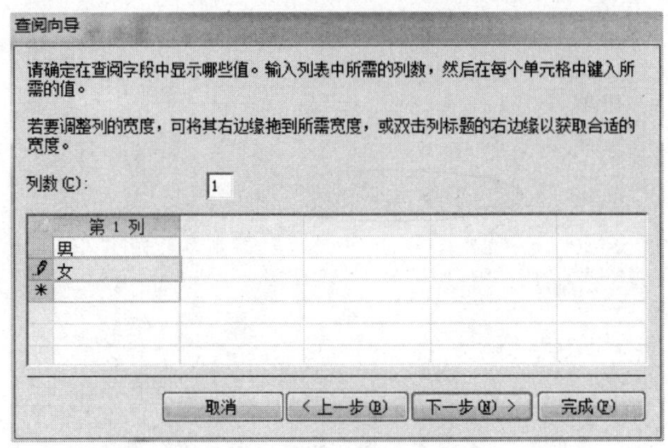

图 1-1-5　性别字段建立查阅向导

(6) 通过数据表视图完成此题。

步骤 1：双击表"tTeacher"，或右击选择【打开】，进入数据表视图，按照题干内容添加数据。

步骤 2：单击工具栏中的"保存"按钮，关闭数据表视图和 Access。

〖**本题小结**〗

本题涉及新建表结构；主键的分析与设置；有效性规则、默认值、输入掩码等设置；输入记录内容完成记录添加等，尤其第(3)小题涉及日期函数 DateSerial()、Year()和 Date()的综合使用，是本题的难点。

第 2 题

(1) 在素材文件夹下的"samp1.accdb"数据库文件中建立表"tBook"，表结构如下：

字段名称	数据类型	字段大小	格式
编号	文本	8	
教材名称	文本	30	
单价	数字	单精度型	小数位数 2 位
库存数量	数字	整型	
入库日期	日期/时间		短日期
需要重印否	是/否		是/否
简介	备注		

(2) 判断并设置"tBook"表的主键。

(3) 设置"入库日期"字段的默认值为系统当前日期前一天的日期。

(4) 在"tBook"表中输入以下 2 条记录：

编号	教材名称	单价	库存数量	入库日期	需要打印否	简介
200401	VB入门	37.50	0	2004-4-1	√	考试用书
200402	英语六级强化	20.00	1000	2004-4-3	√	辅导用书

注："单价"为2位小数显示。

(5) 设置"编号"字段的输入掩码为只能输入8位数字或字母形式。

(6) 在数据表视图中将"简介"字段隐藏起来。

〖解题思路〗

第(1)、(2)、(3)、(5)小题在设计视图中新建表结构，并设置相应字段属性；第(4)、(6)小题在数据表中输入数据和设置隐藏字段。

〖操作步骤〗

(1) 打开数据库文件"samp1.accdb"。

步骤1：选"创建"工具栏，单击"表设计"按钮，进入表设计视图。

步骤2：按照题目中的要求建立新字段。"单价"字段的设置如图1-2-1所示，单击工具栏中的"保存"按钮，另存为"tBook"。

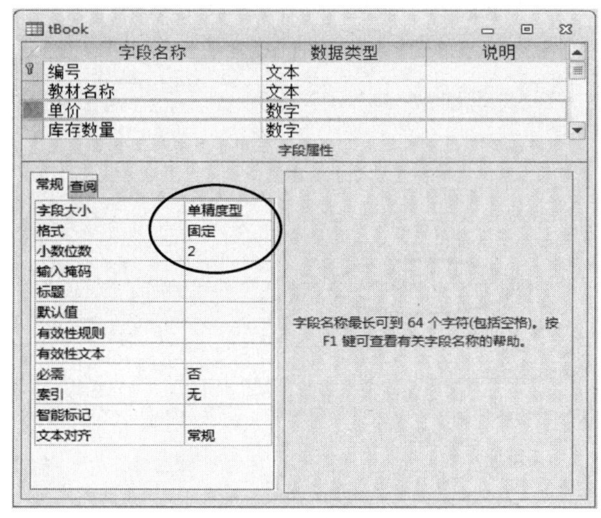

图1-2-1　设置单价字段的默认值

(2) 在"tBook"表结构中可以看出，"编号"字段能唯一确定一条记录，所以要设置该字段为主键。在设计视图中，选中"编号"字段行。右击"编号"行，在弹出的快捷菜单中选择【主键】，或直接单击工具栏上的"主键"按钮。

(3) 单击"入库日期"字段行，在"默认值"行输入"＝Date()－1"，如图1-2-2所示，单击工具栏中的"保存"按钮。

(4) 右击表对象"tBook"，选中【打开】，按照题目中表记录添加新记录。并单击工具栏中的"保存"按钮。

(5) 通过表设计视图完成此题。

步骤1：右击表对象"tBook"，选中【设计视图】；

步骤2：单击"编号"字段行，在"输入掩码"行输入"AAAAAAAA"，如图1-2-3所示，单击工具栏中的“保存”按钮。

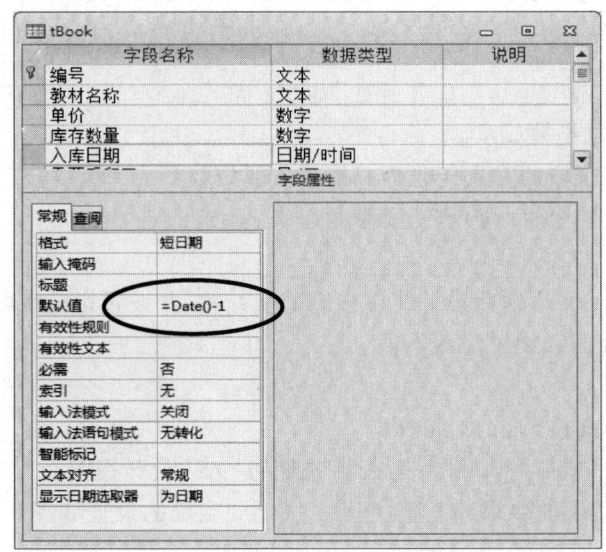

图 1-2-2　设置入库日期字段的默认值

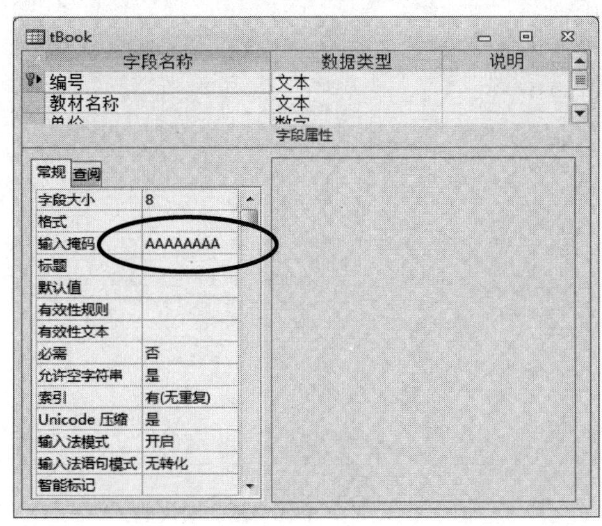

图 1-2-3　设置编号字段的输入掩码

(6) 通过数据表视图完成此题。

步骤 1:右击表对象“tBook”,选中【打开】;

步骤 2:在“简介”列上右击,从弹出的快捷菜单中选择【隐藏字段】;

步骤 3:单击工具栏中的“保存”按钮,关闭设计视图,关闭 Access。

〖**本题小结**〗

本题涉及通过表设计视图创建表的结构,并设置相应字段属性,包括主键的设置、默认值的设置、输入掩码的设置等,涉及表记录的输入、表字段的隐藏等操作,尤其第(3)小题默认值的设置用到了日期函数 Date(),当前日期的前一天的正确表达是本题的难点。

第 3 题

在素材文件夹下有一个数据库文件“samp1. accdb”。在数据库文件中已经建立了一个表对象“学生基本情况”。根据以下操作要求，完成各种操作。

(1) 将“学生基本情况”表名称改为“tStud”。

(2) 设置“身份 ID”字段为主键；并设置“身份 ID”字段的相应属性，使该字段在数据表视图中的显示标题为“身份证”。

(3) 将“姓名”字段设置为“有重复索引”。

(4) 在“家长身份证号”和“语文”两字段间增加一个字段，名称为“电话”，类型为文本型，大小为 12。

(5) 将新增“电话”字段的输入掩码设置为“010－ ********”的形式。其中，“010－”部分自动输出，后八位为 0 到 9 的数字显示。

(6) 在数据表视图中将隐藏的“编号”字段重新显示出来。

〖**解题思路**〗

第(1)小题通过右击来修改表名称；第(2)小题和第(3)小题通过字段属性区来设置属性；第(4)小题先通过右击插入一个属性行，再设置字段属性完成第(5)小题；第(6)小题通过在数据表视图上右击字段来完成。

〖**操作步骤**〗

(1) 打开数据库文件“samp1. accdb”。

右击表对象“学生基本情况”，在快捷菜单中选中【重命名】，将表名称改为“tStud”。

(2) 通过表设计视图完成此题。

步骤 1：右击表对象“tStud”，在快捷菜单中选中【设计视图】；

步骤 2：选中“身份 ID”字段，并右击，选中【主键】，在字段属性区，选择标题行，在右侧输入“身份证”，如图 1-3-1 所示。

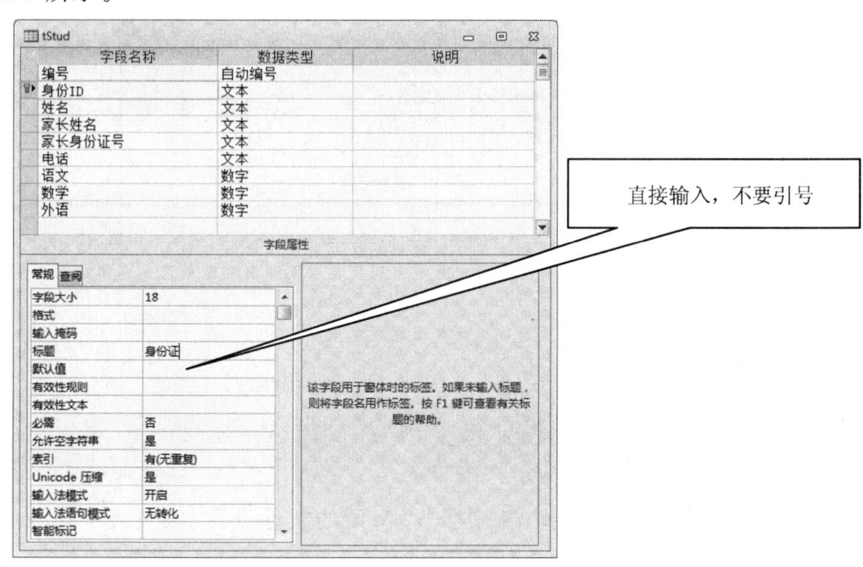

图 1-3-1　设置身份 ID 字段的标题

(3) 选中“姓名”字段，在字段属性区，选择索引，在右侧单击选择钮，选择“有(有重复)”，如图 1-3-2 所示。

字段大小	10
格式	
输入掩码	
标题	
默认值	
有效性规则	
有效性文本	
必需	否
允许空字符串	是
索引	有(有重复) 无 有(有重复) 有(无重复)
Unicode 压缩	
输入法模式	
输入法语句模式	
智能标记	

图 1-3-2　设置索引

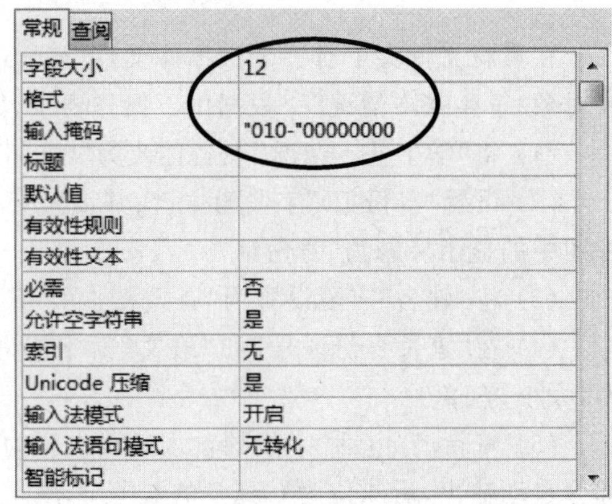

图 1-3-3　设置电话字段大小和输入掩码

(4) 通过表设计视图完成此题。

步骤 1:选中“语文”字段，右击，选【插入行】;

步骤 2:在新增的行中输入字段名“电话”，选择数据类型为文本型，在字段属性区设置字段属性如图 1-3-3 所示;

步骤 3:单击工具栏中的“保存”按钮，保存设计视图。

(5) 通过数据表视图完成此题。

步骤 1:单击工具栏上的视图按钮，切换到【数据表视图】，或设计视图被关闭，则在表名称上右击，单击【打开】选项，也能打开数据表视图;

步骤 2:在任一字段名上右击，选择【取消隐藏字段】，弹出如图 1-3-4 所示的对话框，勾选“编号”字段，单击“关闭”按钮，就可以将隐藏的“编号”字段重新显示出来。

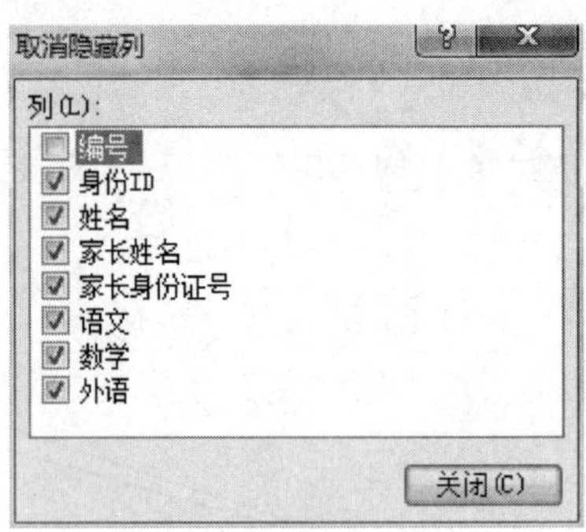

图 1-3-4　取消隐藏列对话框

步骤 3:单击工具栏中的“保存”按钮，关闭 Access。

〖**本题小结**〗

本题涉及更改表名称、新增字段、字段的属性设置，以及表字段的显示等，尤其是输入掩码的设置，要注意常用的掩码表示方式。

第 4 题

在当前文件夹下的“samp1. accdb”数据库文件中已经建立表对象“tStud”。请按以下操作要求，完成表的编辑修改。

(1) 将“编号”字段改名为“学号”，并设置为主键。

(2) 设置“入校时间”字段的有效性规则为：2005 年之前的时间（不含 2005 年）。

(3) 删除表结构中的“照片”字段。

(4) 删除表中学号为“000003”和“000011”的两条记录。

(5) 设置“年龄”字段的默认值为 23。

(6) 完成上述操作后，将考生文件夹下文本文件 tStud. txt 中的数据导入并追加保存在表“tStud”中。

〖**解题思路**〗

本题重点：字段属性主键、默认值设置；删除字段；删除记录；导入表。

第(1)、(2)、(3)、(5)小题在设计视图中设置字段属性和删除字段；第(4)小题在数据表中删除记录；第(6)小题通过单击“外部数据”选项卡，在“导入并链接功能区”选择“Excel”按钮导入表。

〖**操作步骤**〗

(1) 打开数据库文件“samp1. accdb”。

步骤 1：在窗口左侧导航窗格中选择“表”对象，右击“tStud”选择【设计视图】。

步骤 2：将“字段名称”行的“编号”改为“学号”。

步骤 3：选择“学号”字段行，右击“学号”行选择【主键】。

(2) 通过表设计视图完成此题。

步骤 1：单击“入校时间”字段行任一点。

步骤 2：在“有效性规则”行输入“＜＃2005-1-1＃”。

(3) 通过表设计视图完成此题。

步骤 1：选中“照片”字段行。

步骤 2：右击“照片”选择【删除行】，在弹出的对话框中单击“是”按钮。

步骤 3：单击“保存”按钮。

(4) 通过数据表视图完成此题。

步骤 1：单击“视图”功能区的“数据表视图”。

步骤 2：选中学号为“000003”的数据行，右击该行选择【删除记录】，在弹出的对话框中单击“是”按钮。

步骤 3：按步骤 2 删除另一条记录。

步骤 4：单击“保存”按钮。

(5) 通过表设计视图完成此题。

步骤 1：单击“视图”功能区的“设计视图”。

步骤 2：单击“年龄”字段行任一点，在“默认值”行输入“23”。

步骤 3：单击“保存”按钮，关闭设计视图。

(6) 通过外部数据选项卡完成此题。

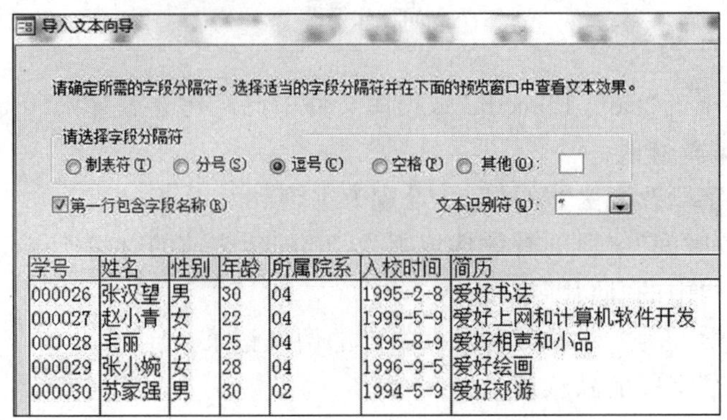

图 1-4-1　导入过程中的操作选项

步骤 1:在导航窗格中右击"tStud"表对象,在弹出的快捷菜单中选择【导入】,在下一级菜单中选择"文本文件"(或者单击"外部数据"选项卡,在"导入并链接功能区"选择"文本文件"按钮),选择"向表中追加一份记录的副本"选项,在选项后边的下拉列表中选择"tStud",单击"浏览"按钮,在当前文件夹找到要导入的文件,选择"tStud. txt"文件,单击"确定"按钮。

步骤 2:连续单击"下一步"按钮,选中"第一行包含字段名称",如图 1-4-1 所示,单击"下一步"按钮,单击"完成"按钮。

注:导入前表记录有 25 条,导入后有 30 条。

〖**本题小结**〗

本题要注意日期常量的正确表达和导入文件时要选择正确的文件类型以及必要的操作选项。

第 5 题

在当前文件夹下,已有"samp0. accdb"和"samp1. accdb"数据库文件。"samp0. accdb"中已建立表对象"tTest","samp1. accdb"中已建立表对象"tEmp"和"tSalary"。试按以下要求,完成表的各种操作。

(1) 根据"tSalary"表的结构,判断并设置主键;将"tSalary"表中"工号"字段的字段大小设置为 8。

(2) 将"tSalary"表中"年月"字段的有效性规则设置为只能输入本年度 10 月 1 日以前(不含 10 月 1 日)的日期(要求:本年度年号必须用函数获取);将表的有效性规则设置为输入的水电房租费小于输入的工资。

(3) 在"tSalary"表中增加一个字段,字段名为"百分比",字段值为:

百分比=水电房租费/工资,计算结果的"结果类型"为"双精度型","格式"为"百分比","小数位数"为 2。

(4) 将表"tEmp"中"聘用时间"字段改名为"聘用日期";将"性别"字段值的输入设置为"男""女"列表选择;将"姓名"和"年龄"两个字段的显示宽度设置为 20;将善于交际的职工

记录从有关表中删除;隐藏“简历”字段列。

(5) 完成上述操作后,建立表对象“tEmp”和“tSalary”的表间一对多关系,并实施参照完整性。

(6) 将考生文件夹下“samp0. accdb”数据库文件中的表对象“tTest”链接到“samp1. accdb”数据库文件中,要求链接表对象重命名为 tTemp。

〖解题思路〗

本题重点:外部数据的导入,设置主键和字段属性,创建计算字段等。

第(1)、(2)、(4)小题通过设计视图设置字段属性,第(3)小题创建计算字段,第(5)小题创建关系,第(6)小题进行外部数据的导入。

〖操作步骤〗

(1) 打开数据库文件“samp1. accdb”。

步骤 1:先双击打开“tSalary”表,查看该表记录内容,可以发现,能唯一决定一条记录的属性是“工号”和“年月”字段的组合,所以操作如下。选择“表”对象,右击“tSalary”表,在弹出的快捷菜单中选择【设计视图】命令。

步骤 2:将鼠标移至“工号”行和“字段名称”列左侧的灰色区域,当鼠标变成向右的箭头时,选中“工号”行,然后按住鼠标左键不放,向下拖动,进而选中“年月”行。

步骤 3:单击“设计”选项卡下的“工具”组中的“主键”按钮。

步骤 4:单击“工号”字段行任一点,在其“常规”选项卡下的“字段大小”行中输入“8”。

(2) 通过表设计视图完成此题。

步骤 1:单击“年月”字段行任一点,在其“常规”选项卡下的“有效性规则”行中输入“<DateSerial(Year(Date()),10,1)”。

步骤 2:右击“设计视图”的任一点,在弹出的快捷菜单中选择“属性”命令,弹出“属性表”对话框,在该对话框的“常规”选项卡的“有效性规则”行中输入“[水电房租费]<[工资]”。然后关闭“属性表”对话框。

步骤 3:单击工具栏中的“保存”按钮,在弹出的对话框中,单击“是”按钮。

(3) 通过表设计视图完成此题。

步骤 1:在“水电房租费”字段下一行的“字段名称”列输入“百分比”,在“数据类型”列的下拉列表中选择“计算”命令,从而弹出“表达式生成器”对话框。

步骤 2:在该对话框中输入“[水电房租费]/[工资]”,单击“确定”按钮;在其“常规”选项卡的“结果类型”行中选择“双精度型”,在“格式”行选择“百分比”,在“小数位数”行选择“2”。

步骤 3:单击工具栏中的“保存”按钮,然后关闭设计视图。

(4) 通过设计视图完成此题。

步骤 1:选择“表”对象,右击“tEmp”表,在弹出的快捷菜单中选择【设计视图】命令。

步骤 2:在“字段名称”列找到“聘用时间”字段,将其修改为“聘用日期”;在“性别”行的“数据类型”列的下拉列表中选择“查阅向导”命令,在弹出的对话框中选择“自行键入所需要的值”命令,然后单击“下一步”按钮。

步骤 3:在弹出的对话框中依次输入“男”“女”,然后单击“完成”按钮。

步骤 4:单击工具栏中的“保存”按钮,在弹出的对话框中,单击“是”按钮。

步骤 5:选择表对象,双击“tEmp”表,打开数据表视图。

步骤 6:单击“姓名”字段列任一点,单击“开始”选项卡下的“记录”组的“其他”按钮,在弹出的快捷子菜单中,单击【字段宽度】按钮。弹出“列宽”对话框,在“列宽(C)”行中输入“20”,然后单击“确定”按钮。

步骤 7:选中“简历”列任意一行中的“善于交际”字样,然后右击,在弹出的快捷菜单中,选择“包含‘善于交际’(T)”。

步骤 8:选中筛选出的所有记录,然后单击“开始”选项卡下的“记录”组中的“删除”按钮。

步骤 9:在弹出的对话框中单击“是”按钮。

步骤 10:单击“开始”选项卡下的“排序和筛选”组的“切换筛选”按钮,显示出所有记录。

步骤 11:单击“简历”字段列任一点,然后单击“开始”选项卡下的“记录”组中的“其他”按钮,在弹出的快捷菜单中,单击【隐藏字段】按钮。

步骤 12:单击工具栏中的“保存”按钮,然后关闭表。

(5) 通过表关系视图完成此题。

步骤 1:单击“数据库工具”选项卡下的“关系”组中的“关系”按钮,如不出现“显示表”对话框,则单击“设计”选项卡下的“关系”组中的“显示表”按钮,弹出“显示表”对话框,在该对话框中双击添加表“tEmp”与表“tSalary”,然后关闭“显示表”对话框。

步骤 2:选中表“tEmp”中的“工号”字段,然后拖动鼠标到表“tSalary”中的“工号”字段,放开鼠标,弹出“编辑关系”对话框,在该“对话框”中勾选“实施参照完整性”复选框,然后单击“创建”按钮。

步骤 3:单击工具栏中的“保存”按钮,然后关闭关系界面。

(6) 通过导入对象完成此题。

步骤 1:单击“外部数据”选项卡下的“导入并链接”组的“Access”按钮,弹出“获取外部数据-Access 数据库”对话框。

步骤 2:在“指定数据源”区域,单击“文件名”行的“浏览(R)…”按钮,弹出“打开”对话框,在考生文件夹下找到“samp0. accdb”文件并选中,然后单击“打开”按钮;在“指定数据在当前数据库中的存储方式和存储位置”区域中,选择“通过创建链接表来链接数据源(L)”单选框;单击“确定”按钮,弹出“链接表”对话框,在该对话框中选择“tTest”表,然后单击“确定”按钮。

步骤 3:选择“表”对象,右击“tTest”表,在弹出的快捷菜单中选择“重命名”命令,进而重命名成“tTemp”即可。

〖**本题小结**〗

本题中创建计算型字段和创建外部数据库的链接相对而言是难点。

第 6 题

在素材文件夹下的“samp1. accdb”数据库文件中已建立表对象“tVisitor”,同时在素材文件夹下还有“exam. mdb”数据库文件。请按以下操作要求,完成表对象“tVisitor”的编辑和表对象“tLine”的导入。

(1) 设置“游客 ID”字段为主键。

（2）设置“姓名”字段为“必填”字段。

（3）设置“年龄”字段的“有效性规则”为：大于等于 10 且小于等于 60。

（4）设置“年龄”字段的“有效性文本”为：“输入的年龄应在 10 岁到 60 岁之间，请重新输入。”

（5）在编辑完的表中输入如下一条新记录，其中“照片”字段数据设置为素材文件夹下的“照片 1. bmp”图像文件。

游客 ID	姓名	性别	年龄	电话	照片
001	李霞	女	20	123456	

（6）将“exam. mdb”数据库文件中的表对象“tLine”导入到“samp1. accdb”数据库文件内，表名不变。

〖解题思路〗

第（1）、（2）、（3）、（4）小题在表设计视图中设置字段属性；第（5）小题在数据表中输入数据；第（6）小题通过【获取外部数据】导入表。

〖操作步骤〗

（1）打开数据库文件“samp1. accdb”。

步骤 1：右击表对象“tVisitor”，在弹出的快捷菜单中选择【设计视图】；

步骤 2：选择“游客 ID”字段，单击工具栏中的“主键”按钮，或者右击，选择【主键】。

（2）在设计视图中单击“姓名”字段，在“字段属性”区的“必需”项选中“是”。

（3）在设计视图中单击“年龄”字段，在“有效性规则”行输入“>=10 and <=60”。

（4）在设计视图中单击“年龄”字段，在“有效性文本”行输入“输入的年龄应在 10 岁到 60 岁之间，请重新输入。”，如图 1-6-1 所示，单击“保存”按钮，关闭设计视图。

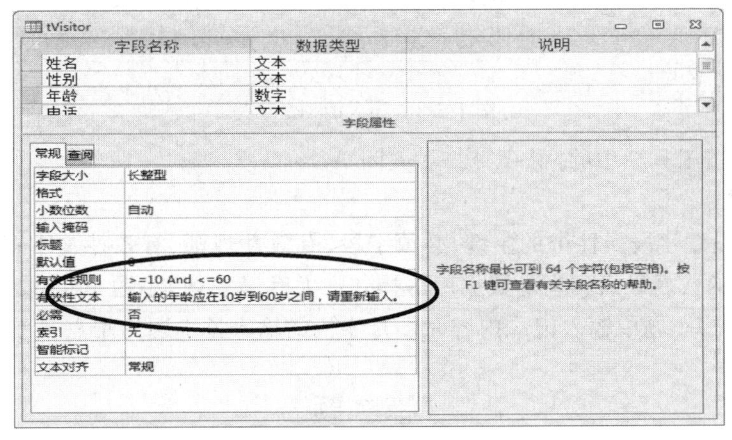

图 1-6-1　设置年龄字段的属性

（5）通过数据表视图完成此题。

步骤 1：双击打开表“tVisitor”，按照题干要求输入数据。右击游客 ID 为“001”的照片列，从弹出的快捷菜单中选择【插入对象】；

步骤 2：在弹出的对话框中选中“由文件创建”单选钮，单击“浏览”按钮，找到要插入的图片文件名，单击“确定”按钮；

步骤 3：单击工具栏中的“保存”按钮，关闭数据表。

(6) 通过导入对象完成此题。

步骤 1：单击“外部数据”工具栏，单击“Access”按钮；

步骤 2：在弹出的“获取外部数据-Access 数据库”对话框中，单击“浏览”按钮，在素材文件夹中选中“exam. mdb”文件，单击“确定”按钮；

步骤 3：在“导入对象”的表选项中选中“tLine”，如图 1-6-2 所示，单击“确定”按钮。此时“tLine”导入到“samp1. accdb”数据库中，如图 1-6-3 所示。

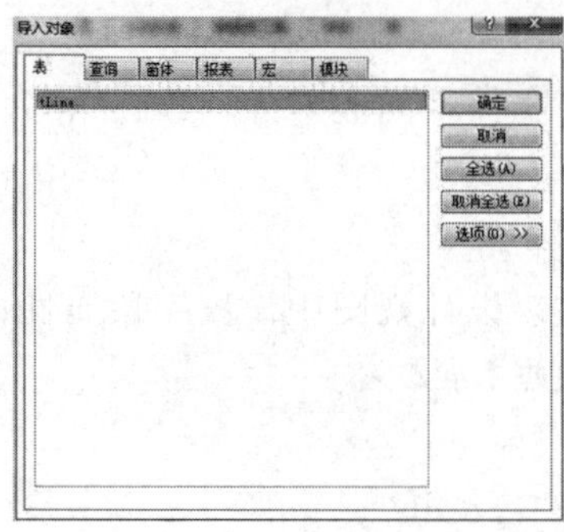

图 1-6-2　导入对象对话框

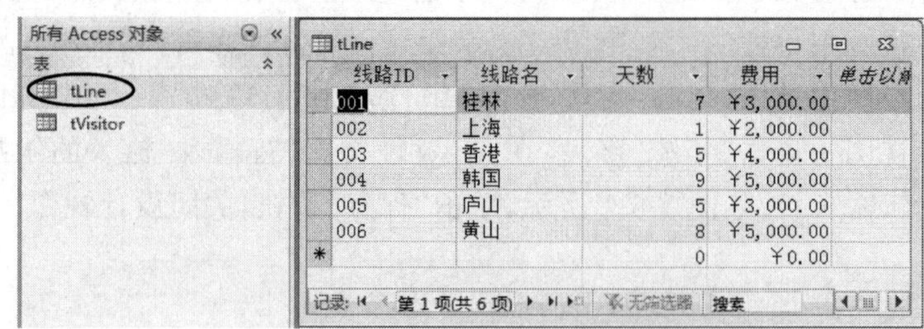

图 1-6-3　导入的 tLine 表

步骤 4：单击工具栏中的“保存”按钮，关闭 Access。

〖**本题小结**〗

本题涉及设置字段属性中的主键、必填字段、有效性规则、有效性文本；添加记录；外部 Access 数据库的数据导入到当前数据库等操作。尤其是第(4)小题中年龄字段的有效性规则的书写和第(5)小题中输入记录内容时图片字段的输入是本题的难点。

第 7 题

在素材文件夹下有数据库文件“samp1. accdb”和 Excel 文件“Stab. xls”，“samp1. accdb”中已建立的表对象“student”和“grade”，请按以下要求，完成表的各种操作。

(1) 将素材文件夹下的 Excel 文件“Stab. xls”导入到“student”表中。

(2) 将“student”表中 1975 年到 1980 年之间(包括 1975 年和 1980 年)出生的学生记录删除。

(3) 将“student”表中“性别”字段的默认值设置为“男”。

(4) 将“student”表拆分为两个新表，表名分别为“tStud”和“tOffice”。其中“tStud”表结构为：学号，姓名，性别，出生日期，院系，籍贯，主键为学号；“tOffice”表结构为：院系，院长，院办电话，主键为“院系”。

要求：保留“student”表。

(5) 建立“student”和“grade”两表之间的关系。

〖**解题思路**〗

第(1)小题通过导入来获取外部数据；第(2)小题通过创建删除查询来删除记录；第(3)小题在设计视图中设置默认值；第(4)小题通过创建生成表查询来拆分表；第(5)小题通过在两表间的关键字段上拖动鼠标来创建关系。

〖**操作步骤**〗

(1) 打开数据库文件“samp1. accdb”。

步骤 1：在表对象“student”上右击，在快捷菜单中选中【导入/Excel】；

步骤 2：在弹出的“获取外部数据”对话框中单击“浏览”按钮，选择素材文件夹下的 Excel 文件“Stab. xls”，选中“向表中追加一份记录的副本”单选钮，在组合框中选择“student”表，单击“确定”按钮；

步骤 3：在接下来的“导入数据表向导”对话框中依次单击“下一步”按钮，最后单击“完成”按钮，结束操作。

(2) 通过查询设计视图完成此题。

步骤 1：单击“查询设计”按钮，在“显示表”对话框中选中表“student”，单击“添加”按钮，关闭“显示表”对话框；

步骤 2：双击“出生日期”字段，将该字段添加到字段区，在“条件”行输入“>=#1975-1-1# and <=#1980-12-31#”，如图 1-7-1 所示；

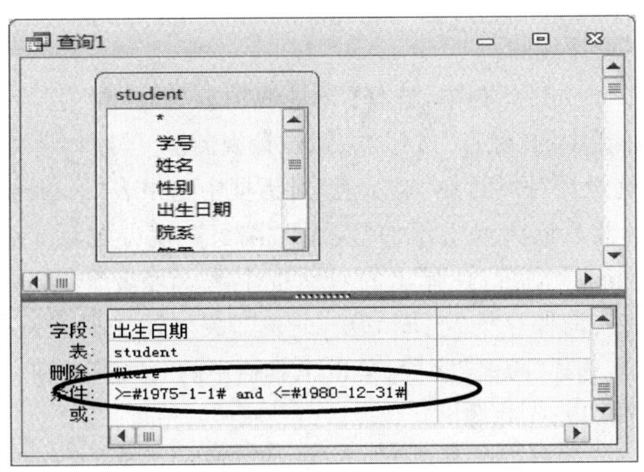

图 1-7-1　创建删除查询

步骤 3：单击工具栏中的“删除”按钮，再单击工具栏中的“运行”按钮，在弹出的对话框中单击“是”按钮，如图 1-7-2 所示，将查询保存为“查询 1”，关闭设计视图。

(3) 通过表设计视图完成此题。

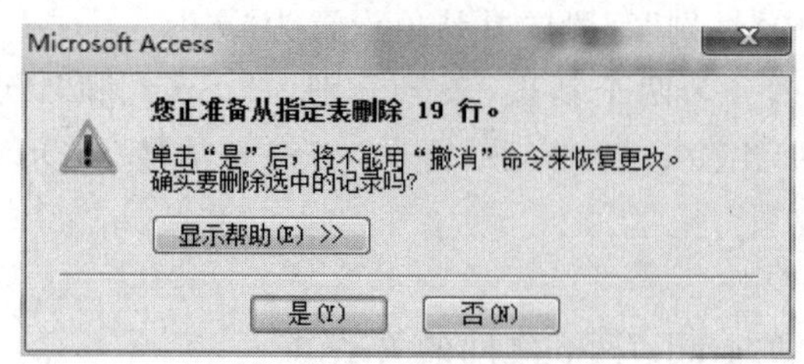

图 1-7-2　运行删除查询

步骤 1:右击表对象“student”,选择【设计视图】,进入设计视图窗口;

步骤 2:选中“性别”字段,在“字段属性”区的“默认值”行输入“男”,单击工具栏中的“保存”按钮,关闭设计视图。

(4) 通过查询设计视图完成此题。

步骤 1:单击“查询设计”按钮,在“显示表”对话框中选中表“student”,单击“添加”按钮,关闭“显示表”对话框;

步骤 2:依次双击“学号”“姓名”“性别”“出生日期”“院系”“籍贯”字段,在工具栏上单击“生成表”按钮,在弹出的对话框中输入表名“tStud”,如图 1-7-3 所示,单击“确定”按钮;

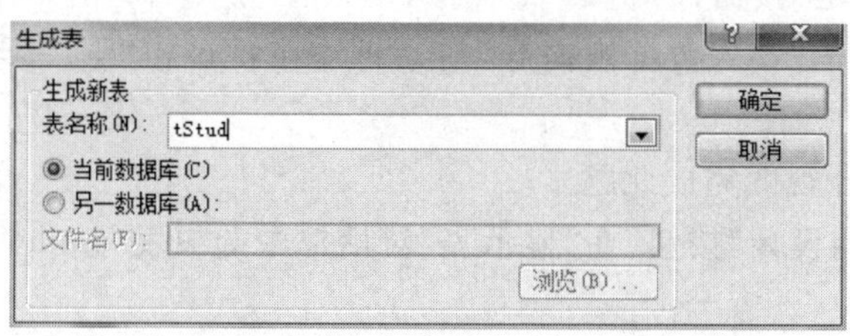

图 1-7-3　生成表对话框

步骤 3:单击工具栏中的“运行”按钮,在弹出的对话框中单击“是”按钮,将查询保存为“生成 tStud 表”,关闭设计视图。

步骤 4:在表对象“tStud”上右击,选择【设计视图】,选中“学号”字段,单击工具栏中的“主键”按钮,单击工具栏中的“保存”按钮,关闭设计视图。

步骤 5:单击“查询设计”按钮,在“显示表”对话框中选中表“student”,单击“添加”按钮,关闭“显示表”对话框,然后依次双击添加“院系”“院长”“院办电话”字段,单击工具栏中的“汇总”按钮,单击“生成表”按钮,在弹出的对话框中输入表名“tOffice”,单击“确定”按钮。运行查询,生成表。将查询保存为“生成 tOffice 表”,关闭设计视图。在表对象“tOffice”上右击,选择【设计视图】,选择“院系”字段,单击工具栏中的“主键”按钮,保存并关闭视图。

(5) 通过表关系视图完成此题。

步骤 1:单击“数据库工具”栏,单击“关系”按钮,弹出“关系”对话框,在该对话框空白处右击,选择“显示表”,依次添加表“student”和“grade”后关闭对话框。

步骤 2:选中表“student”中的“学号”字段,然后拖动鼠标到表“grade”中的“学号”字段,放开鼠标,弹出“编辑关系”对话框,如图 1-7-4 所示,单击“创建”按钮,再单击工具栏中的“保存”按钮,关闭设计视图。

步骤 3:关闭 Access。

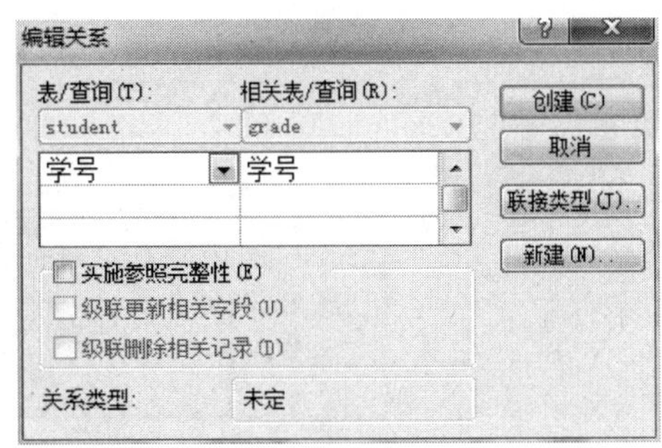

图 1-7-4 编辑关系对话框

〖本题小结〗

本题涉及 Excel 文件的导入、删除记录、字段默认值及主键的设置、表的拆分与表的生成等操作。其中第(4)小题表的拆分要理解成通过查询设计生成 2 张新表,第(2)小题中的日期条件要掌握正确的书写方式。

第 8 题

素材文件夹下有一个数据库文件“samp1. accdb”,其中存在已经设计好的表对象“tStud”。请按照以下要求,完成对表的修改:

(1) 设置数据表显示的字体大小为 14、行高为 18。

(2) 设置“简历”字段的设计说明为“自上大学起的简历信息”。

(3) 将“年龄”字段的数据类型改为“整型”字段大小的数字型。

(4) 将学号为“20011001”的学生的照片信息改成素材文件夹下的“photo. bmp”图像文件。

(5) 将隐藏的“党员否”字段重新显示出来。

(6) 完成上述操作后,将“备注”字段删除。

〖解题思路〗

第(1)、(4)、(5)、(6)小题在数据表视图中设置字体、行高、更改图片,显示字段和删除字段;第(2)、(3)小题在表设计视图中设置字段属性。

〖操作步骤〗

(1) 打开数据库文件“samp1. accdb”。

步骤 1:选中表对象“tStud”,右击选择【打开】或双击打开“tStud”表。单击“开始”工具栏中的文本格式选项,在“字号”列表中选择“14”;

步骤 2:在数据表视图的表记录选择区上右击,选择【行高】,如图 1-8-1 所示,在弹出的“行高”对话框中,输入 18,如图 1-8-2 所示,单击“确定”按钮,单击工具栏中的“保存”按钮。

(2) 选中表对象“tStud”,右击选择【设计视图】,在“简历”字段的“说明”列输入“自上大学起的简历信息”。

(3) 通过设计视图完成此题。

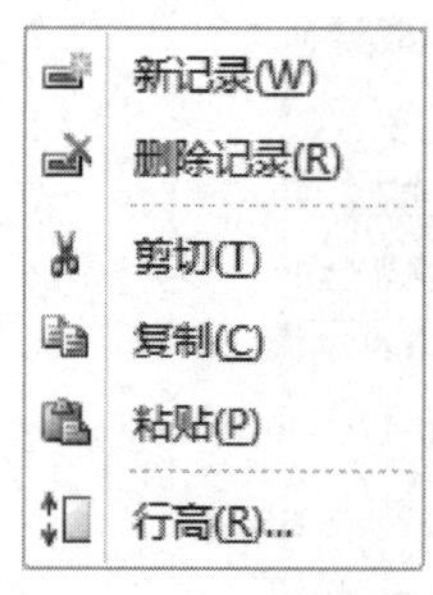

图 1-8-1　快捷菜单

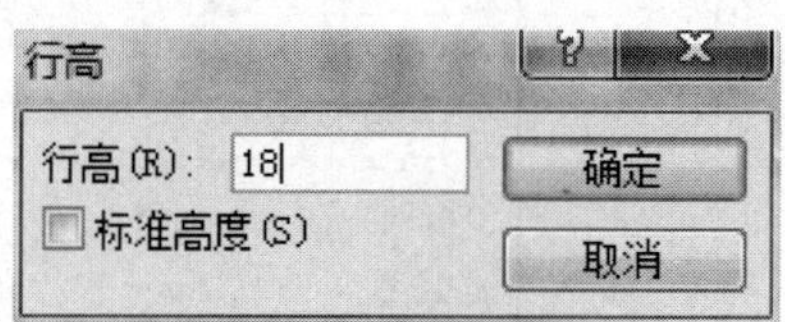

图 1-8-2　行高对话框

步骤 1:在设计视图中单击“年龄”字段,在字段属性区的“字段大小”列表中选择“整型”;

步骤 2:单击工具栏中的“保存”按钮,关闭设计视图。

(4) 通过数据表视图完成此题。

步骤 1:双击打开表“tStud”,右击学号为“20011001”对应的照片列,选择【插入对象】;

步骤 2:在弹出的对话框中选中“由文件创建”单选钮,单击“浏览”按钮,找到要插入的图片文件名,如图 1-8-3 所示,单击“确定”按钮。

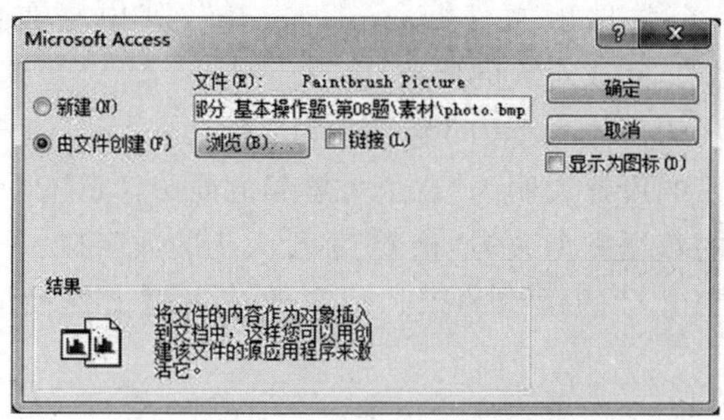

图 1-8-3　插入图片对话框

(5) 通过数据表视图完成此题。

步骤 1:在数据表视图中右击任一字段,选择【取消隐藏字段】;

步骤 2:单击“党员否”复选框,然后单击“关闭”按钮。

(6) 通过数据表视图完成此题。

步骤 1:在数据表视图中,右击“备注”列,选择【删除字段】;

步骤 2:在弹出的对话框中单击“是”;

步骤 3:单击工具栏中的“保存”按钮,关闭数据表视图和 Access。

〖**本题小结**〗

本题涉及数据表视图的显示格式设置和隐藏字段的显示;字段属性的设置;图片字段的记录输入以及字段的删除等操作。

第9题

素材文件夹下,“samp1. accdb”数据库文件中已建立3个关联表对象(名为“职工表”“物品表”和“销售业绩表”)和一个窗体对象(名为“fTest”)。请按以下要求,完成表和窗体的各种操作。

(1) 分析表对象“销售业绩表”的字段构成,判断并设置其主键。

(2) 将表对象“物品表”中的“生产厂家”字段重命名为“生产企业”。

(3) 建立表对象“职工表”“物品表”和“销售业绩表”的表间关系,并实施参照完整性。

(4) 将素材文件夹下Excel文件Test. xls中的数据链接到当前数据库中,要求数据中的第一行作为字段名,链接表对象命名为“tTest”。

(5) 将窗体fTest中名为“bTitle”的控件设置为“特殊效果:阴影”显示。

(6) 在窗体fTest中,以命令按钮“bt1”为基准,调整命令按钮“bt2”和“bt3”的大小和水平位置。

要求:按钮“bt2”和“bt3”的大小尺寸与按钮“bt1”相同,左边界与按钮“bt1”左对齐。

〖**解题思路**〗

第(1)、(2)小题在表设计视图中设置字段属性;第(3)小题在关系界面中设置表间关系;第(4)小题通过获取外部数据来链接表;第(5)(6)小题在窗体设计视图中右击命令按钮选择【属性】,并在属性窗口设置各种属性。

〖**操作步骤**〗

(1) 打开数据库文件“samp1. accdb”。

步骤1:双击表对象“销售业绩表”,打开数据表视图,观察其中的数据记录,再切换到设计视图。

步骤2:从数据表视图可以看出,要唯一决定该表中的记录,需要“时间”“编号”“物品号”三个字段的联合,所以选择“时间”“编号”“物品号”字段后右击,选择【主键】,保存并关闭设计视图。

(2) 通过表设计视图完成此题。

步骤1:右击表对象“物品表”,从弹出的快捷菜单中选择【设计视图】。

步骤2:在“字段名称”列将“生产厂家”改为“生产企业”。

步骤3:单击工具栏中的“保存”按钮,关闭设计视图。

(3)通过数据库关系视图完成此题。

步骤1:单击数据库工具栏上的“关系”按钮,选择【显示表】,分别添加“职工表”“物品表”和“销售业绩表”,关闭显示表对话框。

步骤2:选中“职工表”中的“编号”字段,拖动鼠标到“销售业绩表”的“编号”字段,放开鼠标,弹出“编辑关系”窗口,选中“实施参照完整性”选项,然后单击“创建”按钮。

注意:如果两表间已存在关系,可以在关系线上右击,选择【编辑关系】,在“编辑关系”窗口,选中“实施参照完整性”选项,然后单击“确定”按钮。

步骤3:同理,拖动“物品表”的“产品号”字段到“销售业绩表”中的“物品号”字段,建立“物品表”同“销售业绩表”之间的关系。单击工具栏中的“保存”按钮,关闭关系窗口。

(4) 通过获取外部数据完成此题。

步骤 1:单击"外部数据"工具栏,在"导入并链接"区单击"Excel"按钮,弹出"获取外部数据"对话框,选中"通过创建链接表来链接到数据源"单选钮;单击"浏览"按钮,在素材文件夹找到要导入的文件,然后选中"Test. xls"文件,单击"打开"按钮,再单击"确定"按钮;

步骤 2:单击"下一步"按钮,选中"第一行包含列标题"复选框,单击"下一步"按钮。

步骤 3:在"链接表名称"中输入"tTest",单击"完成"按钮。

(5) 通过窗体设计视图完成此题。

步骤 1:单击浏览对象按钮,选择【所有 Access 对象】,右击窗体对象"fTest",从弹出的快捷菜单中选择【设计视图】。

步骤 2:右击标题为"控件布局设计"的标签控件"bTitle",从弹出的快捷菜单中选择【属性】,在属性表窗口"格式"选项卡的"特殊效果"右侧下拉列表中选中"阴影"。

(6) 通过窗体设计视图完成此题。

步骤 1:单击标题为"Button1"的"bt1"按钮,在属性表窗口中查看"左""宽度"和"高度"的数值并记录下来;

步骤 2:单击"bt2"按钮,在"左""宽度"和"高度"行输入记录下的数值;

步骤 3:单击"bt3"按钮,在"左""宽度"和"高度"行输入记录下的数值,关闭属性窗口;

步骤 4:单击工具栏"保存"按钮,关闭 Access。

〖**本题小结**〗

本题涉及字段属性的设置;建立表间关系;创建外部数据源的链接表;窗体中命令按钮属性设置等操作,第(4)小题导入外部 Excel 表的数据链接到当前数据库操作相对较复杂。

第 10 题

在素材文件夹下的"samp1. accdb"数据库文件中已建立两个表对象(名为"员工表"和"部门表")。请按以下要求,顺序完成表的各种操作。

(1) 将"员工表"的行高设为 15。

(2) 设置表对象"员工表"的年龄字段有效性规则为:大于 17 且小于 65(不含 17 和 65);同时设置相应的有效性文本为"请输入有效年龄"。

(3) 在表对象"员工表"的年龄和职务两个字段之间新增一个字段,字段名称为"密码",数据类型为文本,字段大小为 6,同时,要求设置输入掩码使其以星号方式(密码)显示。

(4) 冻结员工表中的姓名字段。

(5) 将表对象"员工表"数据导出到素材文件夹下,以文本文件形式保存,命名为"Test. txt"。

要求,第一行包含字段名称,各数据项间以分号分隔。

(6) 建立表对象"员工表"和"部门表"的表间关系,实施参照完整性。

〖**解题思路**〗

第(1)、(4)小题在数据表视图中设置行高和冻结字段;第(2)、(3)小题在设计视图中设置字段属性和添加新字段;第(5)小题右击表名选择【导出】;第(6)小题在关系窗口通过鼠标的拖动来设置表间关系。

〖操作步骤〗

(1) 打开数据库“samp1. accdb”。

步骤1:双击“员工表”,打开数据表视图。

步骤2:在行选择区右击,选择【行高】,在“行高”对话框中输入15,单击“确定”按钮。

步骤3:单击工具栏中的“保存”按钮。

(2) 通过表设计视图完成此题。

步骤1:单击工具栏视图按钮,单击【设计视图】。

步骤2:单击“年龄”字段行任一点,在“有效性规则”行输入“＞17 And ＜65”,在“有效性文本”行输入“请输入有效年龄”。

(3) 通过表设计视图完成此题。

步骤1:在“职务”字段行上右击,从弹出的快捷菜单中选择【插入行】。

步骤2:在“字段名称”列输入“密码”,单击“数据类型”列,在“字段大小”行输入“6”。

步骤3:单击“输入掩码”右侧的“…”按钮,在弹出的“输入掩码向导”对话框中选择“密码”行,单击“下一步”按钮,单击“完成”按钮。

步骤4:单击工具栏中的“保存”按钮。

(4) 通过数据表视图完成此题。

步骤1:单击工具栏视图按钮,单击【数据表视图】。

步骤2:选中“姓名”字段列,右击,从弹出的快捷菜单中选择【冻结字段】。

步骤3:单击工具栏中的“保存”按钮,关闭数据表视图。

(5) 通过导出,生成外部文本文件完成此题。

步骤1:右击“员工表”,从弹出的快捷菜单中选择【导出】→【文本文件】。

步骤2:在对话框中单击“浏览”按钮找到要放置文件的位置,在“文件名”文本框中将默认的“员工表. txt”改为“Test. txt”,单击“确定”按钮。在其后的向导对话框中单击“完成”按钮,最后单击“关闭”按钮。

(6) 通过数据库关系视图完成此题。

步骤1:单击工具栏【数据库工具】下的“关系”按钮,在弹出的显示表窗口中,分别双击添加部门表和员工表,单击“关闭”按钮,关闭“显示表”对话框。

步骤2:选中部门表中的“部门号”字段,拖动鼠标到员工表的“所属部门”字段,放开鼠标,选中“实施参照完整性”选项,然后单击“确定”按钮,如图1-10-1所示。

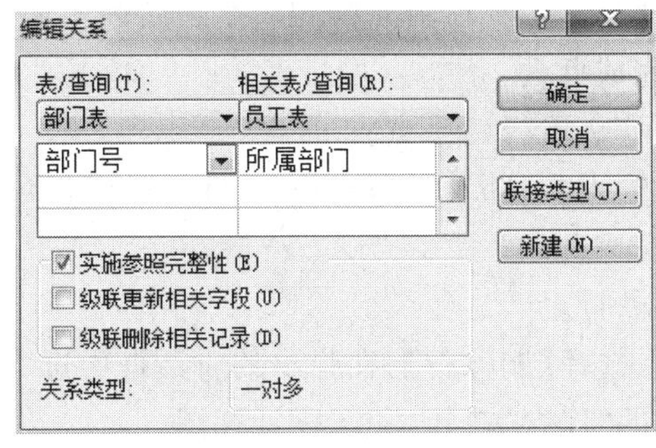

图1-10-1　编辑关系对话框

步骤 3:单击工具栏中的“保存”按钮,关闭“关系”窗口,并关闭 Access。

〖本题小结〗

本题涉及设置数据表视图显示行高;设置字段有效性文本、有效性规则;添加新字段;设置冻结字段、建立表间关系和导出数据库表等操作。其中第(2)小题设置年龄字段的有效性规则和第(5)小题将数据库表数据导出为文本文件相对较难。

第 11 题

素材文件夹下的“samp1. accdb”数据库文件中已建立表对象“tEmp”。请按以下操作要求,完成对表“tEmp”的编辑修改和操作。

(1) 将“编号”字段改名为“工号”,并设置为主键。

(2) 设置“年龄”字段的有效性规则为:不能是空值。

(3) 设置“聘用时间”字段的默认值为系统当前的 1 月 1 号。

(4) 删除表结构中的“简历”字段。

(5) 将素材文件夹下“samp0. mdb”数据库文件中的表对象“tTemp”导入到“samp1. accdb”数据库文件中。

(6) 完成上述操作后,在“samp1. accdb”数据库文件中对表对象“tEmp”备份,命名为“tEL”。

〖解题思路〗

第(1)小题修改字段名并设置为主键,第(2)小题设置有效性规则,第(3)小题设置字段的默认值,第(4)小题删除字段,第(5)小题获取外部数据,从外部数据库中导入表对象,第(6)小题备份表数据。

〖操作步骤〗

(1) 打开数据库“samp1. accdb”。

步骤 1:右击表对象“tEmp”,在快捷菜单中选择【设计视图】,进入设计视图。

步骤 2:在“字段名称”列将“编号”改为“工号”,选中“工号”字段行,右击选择【主键】,或单击工具栏“主键”按钮。

(2) 通过表设计视图完成此题。

步骤 1:单击“年龄”字段行任一点。

步骤 2:在“有效性规则”行输入“Is Not Null”,*注意此处不能直接输入“不能是空值”。*

(3) 通过表设计视图完成此题。

步骤 1:单击“聘用时间”字段行任一点。

步骤 2:在“默认值”行输入“=DateSerial(Year(Date()),1,1)”。

(4) 通过表设计视图完成此题。

步骤 1:选中“简历”字段行。

步骤 2:右击“简历”行,选择【删除行】,在弹出的对话框中选“是”按钮。

步骤 3:单击工具栏中的“保存”按钮,关闭设计视图。

(5) 通过获取外部数据完成此题。

步骤 1:单击“外部数据”工具栏,单击“Access”按钮,弹出“获取外部数据”对话框。

步骤 2:在对话框中选中“将表、查询、窗体、报表、宏和模块导入当前数据库”选项,单击“浏览”按钮,找到数据库文件“samp0. mdb”,单击“确定”按钮,弹出“导入对象”对话框。

步骤 3:在表选项卡的列表中,单击选中“tTemp”,单击“确定”按钮,最后单击“关闭”按钮。

(6) 通过对象另存为完成此题。

步骤 1:单击选中表对象“tEmp”,单击“文件”菜单,选择【对象另存为】,弹出“另存为”对话框,如图 1-11-1 所示。

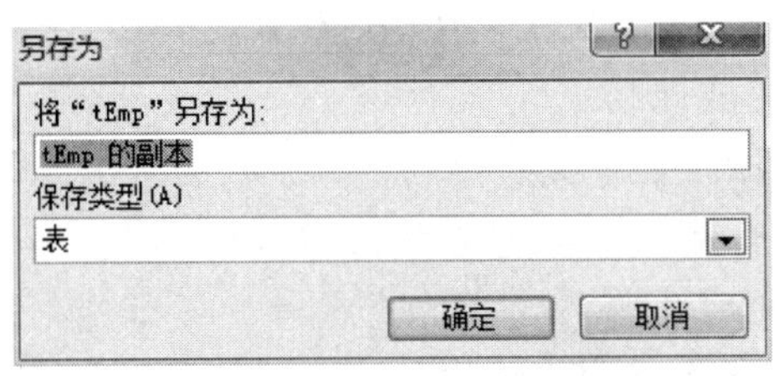

图 1-11-1　备份表数据

步骤 2:在文本框中输入“tEL”,按“确定”按钮,关闭 Access。

〖**本题小结**〗

本题涉及修改字段、删除字段、设置字段有效性规则和默认值属性、从另一个 Access 数据库导入数据表等操作。其中第(2)小题年龄字段非空的表达、第(3)小题默认值的表达要用到日期函数等是本题的难点。

第 12 题

在素材文件夹下有一个数据库文件“samp1. accdb”,里面已经设计好表对象“tEmployee”。请按以下要求,完成表的编辑。

(1) 根据“tEmployee”表的结构,判断并设置主键。

(2) 设置“性别”字段的“有效性规则”属性为:只能输入“男”或“女”。

(3) 设置“年龄”字段的输入掩码为只能输入两位数字,并设置其默认值为 19。

(4) 删除表结构中的“照片”字段;并删除表中职工编号为“000004”和“000014”的两条记录。

(5) 使用查阅向导建立“职务”字段的数据类型,向该字段键入的值为“职员”“主管”或“经理”等固定常数。

(6) 在编辑完的表中追加以下新记录:

编号	姓名	性别	年龄	职务	所属部门	聘用时间	简历
000031	刘红	女	25	职员	02	2000-9-3	熟悉软件开发

〖**解题思路**〗

第(1)、(2)、(3)、(4)、(5)小题在设计视图中设置字段属性和删除字段;第(4)、(6)小题在数据表视图中删除记录和添加记录。

〖操作步骤〗

(1) 打开数据库文件“samp1. accdb”,在导航窗口显示出所有 Access 对象。

步骤 1:右击表对象“tEmployee”,在快捷菜单中选择【设计视图】。

步骤 2:在设计视图中,右击“编号”行,在快捷菜单中选择【主键】。

(2) 通过表设计视图完成此题。

步骤 1:单击“性别”字段行任一点。

步骤 2:在“有效性规则”行输入“in("男","女")” 或者 “("男" or "女")”,*注意此处不能直接输入题目中给定的文本,且必须使用英文双引号。*

(3) 通过表设计视图完成此题。

步骤 1:单击“年龄”字段行任一点。

步骤 2:在“输入掩码”行输入 00,在“默认值”行输入 19。

(4) 通过表设计视图完成此题。

步骤 1:选中“照片”字段行,右击“照片”行选择【删除行】,在弹出的对话框中单击“是”按钮。

步骤 2:单击工具栏中的“保存”按钮,在弹出的对话框中单击“是”按钮。

步骤 3:单击左上角工具栏中的“视图”按钮,切换到数据表视图。单击选择区选中职工编号为“000004”的数据行,右击该行选择【删除记录】,在弹出的对话框中单击“是”按钮。

步骤 4:按步骤 3 删除职工编号为“000014”的另一条记录。

步骤 5:单击工具栏中的“保存”按钮。

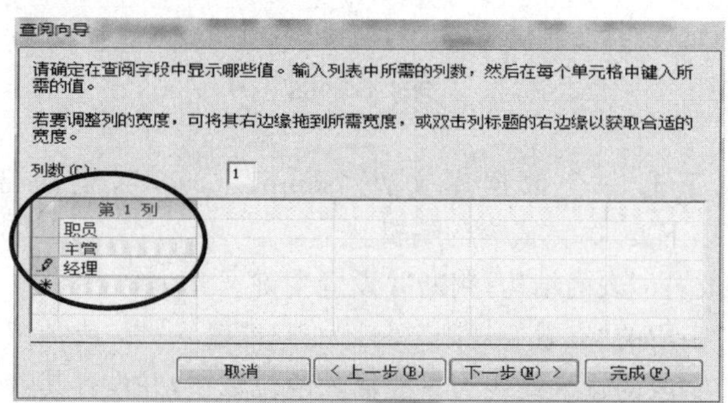

图 1-12-1　输入职务字段查阅项的值

(5) 通过查阅向导完成此题。

步骤 1:单击左上角工具栏“视图”按钮,切换到设计视图。

步骤 2:在“职务”字段的“数据类型”下拉列表中选中“查阅向导”,在弹出的“查阅向导”对话框中选中“自行键入所需的值”单选框,单击“下一步”按钮,在光标处输入“职员”、“主管”“经理”,如图 1-12-1 所示,单击“下一步”按钮,单击“完成”按钮。

步骤 3:单击工具栏中的“保存”按钮。

(6) 通过数据表视图完成此题。

步骤 1:单击左上角工具栏中的“视图”按钮,切换到数据表视图。

步骤 2:按题目中给定的内容输入,创建新记录。

步骤 3:单击“保存”按钮,并关闭 Access。

〖本题小结〗

本题涉及在设计视图中设置主键、字段默认值、输入掩码、删除字段等操作和在数据表视图中删除记录、添加记录等操作。第(5)小题使用查阅向导建立职务字段的数据类型，和第(2)小题中要把性别字段的有效性规则理解成正确的表达式，是本题的难点。

第 13 题

在素材文件夹下，存在一个数据库文件“samp1. accdb”。在数据库文件中已经建立了五个表对象“tOrder”“tDetail”“tEmployee”“tCustom”和“tBook”。试按以下操作要求，完成各种操作。

(1) 分析“tOrder”表对象的字段构成，判断并设置其主键。

(2) 设置“tDetail”表中“订单明细 ID”字段和“数量”字段的相应属性，使“订单明细 ID”字段在数据表视图中的显示标题为“订单明细编号”，将“数量”字段取值大于 0。

(3) 删除“tBook”表中的“备注”字段；并将“类别”字段的“默认值”属性设置为“计算机”。

(4) 为“tEmployee”表中“性别”字段创建查阅列表，列表中显示“男”和“女”两个值。

(5) 将“tCustom”表中“邮政编码”和“电话号码”两个字段的数据类型改为“文本”，将“邮政编码”字段的“输入掩码”属性设置为“邮政编码”，将“电话号码”字段的输入掩码属性设置为“010-XXXXXXXX”，其中，“X”为数字位，且只能是 0～9 之间的数字。

(6) 建立五个表之间的关系。

〖解题思路〗

第(1)、(2)、(3)、(4)、(5)小题在设计视图中设置字段属性和删除字段；第(6)小题在关系窗口添加表并通过鼠标的拖动操作建立表间的关系。

〖操作步骤〗

(1) 打开数据库文件“samp1. accdb”，在导航窗口显示出所有 Access 对象。

步骤 1：右击表对象 tOrder，在快捷菜单中选【设计视图】。

步骤 2：在 tOrder 表中，“订单 ID”字段可以唯一决定一条记录，故设置该字段为主键。选中“订单 ID”行，右击该行，在快捷菜单中选中【主键】。

步骤 3：单击“保存”按钮，并关闭设计视图。

(2) 通过表设计视图完成此题。

步骤 1：右击表对象“tDetail”，单击快捷菜单中的【设计视图】。

步骤 2：单击“订单明细 ID”字段行，在“标题”行输入“订单明细编号”。单击“数量”字段行，在“有效性规则”行输入“>0”。

步骤 3：单击“保存”按钮，并关闭设计视图。

(3) 通过表设计视图完成此题。

步骤 1：右击表对象“tBook”，单击快捷菜单中的【设计视图】。

步骤 2：选中“备注”字段行，右击“备注”行，在快捷菜单中选【删除行】，在弹出的对话框中单击“是”按钮。

步骤 3：单击“类别”字段行，在“默认值”行输入“计算机”。

步骤 4：单击“保存”按钮，并关闭设计视图。

(4) 通过查阅向导完成此题。

步骤 1：右击表对象“tEmployee”，进入表结构设计视图。

步骤 2：单击“性别”字段的“数据类型”列，在列表中选“查阅向导”，并在弹出的“查阅向导”对话框中选中“自行键入所需要的值”单选钮，单击“下一步”按钮。

步骤 3：在弹出的对话框中依次输入“男”“女”，单击“下一步”按钮，最后单击“完成”按钮，如图 1-13-1 所示。

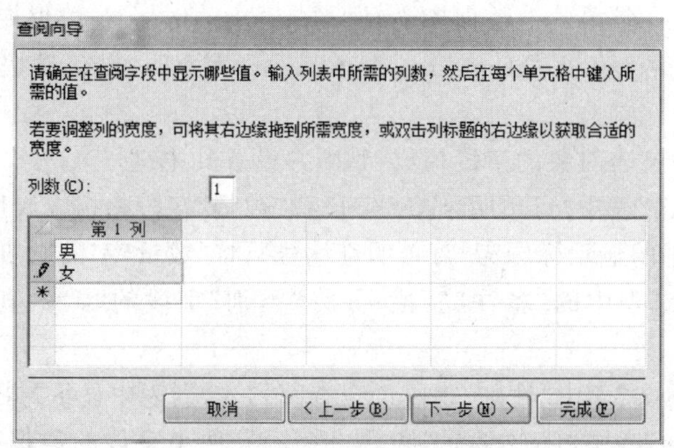

图 1-13-1　输入性别字段查阅项的值

步骤 4：单击“保存”按钮，并关闭设计视图。

(5) 通过表设计视图完成此题。

步骤 1：右击表对象“tCustom”，进入表结构设计视图。

步骤 2：单击“邮政编码”字段的“数据类型”列，在列表中选“文本”，同样方法设置“电话号码”字段。

步骤 3：单击“邮政编码”字段，在“输入掩码”行右侧单击“…”按钮，在“输入掩码向导”中选择“邮政编码”，单击“完成”按钮。单击“电话号码”字段行，在“输入掩码”行输入“010-”00000000，单击“保存”按钮，关闭设计视图。

(6) 通过数据库关系视图完成此题。

步骤 1：单击“数据库工具”栏下的“关系”按钮，弹出“关系”窗口，在该窗口内右击，选择【显示表】，在显示表窗口分别添加表“tOrder”“tDetail”“tEmployee”“tCustom”和“tBook”，单击“关闭”按钮，关闭显示表对话框。

步骤 2：选中“tBook”表中“书籍号”字段，拖动到表“tDetail”中“书籍号”字段，放开鼠标，在弹出的对话框中选中“实施参照完整性”选项，单击“创建”按钮。

步骤 3：选中“tCustom”表中“客户号”字段，拖动到表“tOrder”中“客户号”字段，放开鼠标，在弹出的对话框中选中“实施参照完整性”选项，单击“创建”按钮。

步骤 4：选中“tOrder”表中“订单 ID”字段，拖动到表“tDetail”中“订单 ID”字段，放开鼠标，在弹出的对话框中选中“实施参照完整性”选项，单击“创建”按钮。

步骤 5：选中“tEmployee”表中“雇员号”字段，拖动到表“tOrder”中“雇员号”字段，放开鼠标，在弹出的对话框中选中“实施参照完整性”选项，单击“创建”按钮。创建的关系如图

1-13-2 所示。

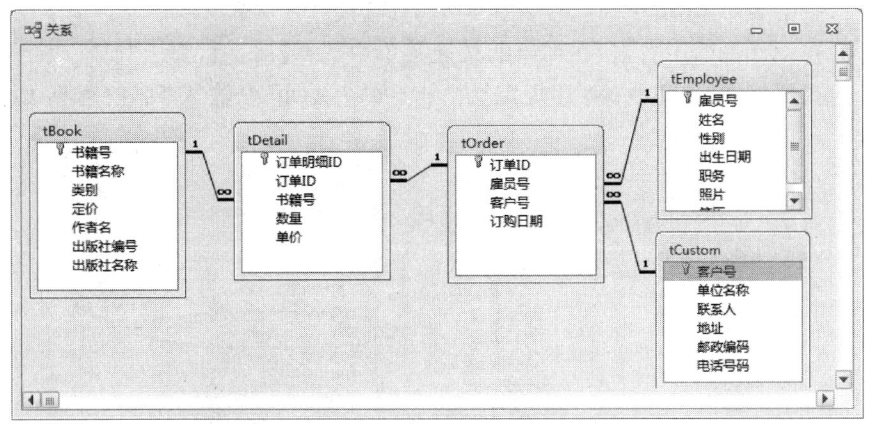

图 1-13-2　创建 5 张表间的关系

步骤 6：单击工具栏中的"保存"按钮，关闭"关系"界面。关闭 Access。

〖**本题小结**〗

本题涉及在设计视图中删除字段、设置字段有效性规则、设置默认值、设置主键、设置字段查阅向导、输入掩码以及建立表间关系等操作，其中第(5)小题创建电话号码的输入掩码和第(6)小题建立表间关系相对复杂，是本题的难点。

第 14 题

在素材文件夹下，"samp1. accdb"数据库文件中已建立两个表对象(名为"员工表"和"部门表")。试按以下要求，完成表的各种操作。

(1) 分析两个表对象"员工表"和"部门表"的构成，判断其中的外键属性，将其属性名称作为"员工表"的对象说明内容进行设置。

(2) 将"员工表"中有摄影爱好的员工其"备注"字段的值设为 True(即复选框里打上钩)。

(3) 删除员工表中年龄超过 55 岁(不含 55)的员工纪录。

(4) 将素材文件夹下文本文件 Test. txt 中的数据导入追加到当前数据库的"员工表"相应字段中。

(5) 设置相关属性，使表对象"员工表"中密码字段最多只能输入五位 0～9 的数字。

(6) 建立"员工表"和"部门表"的表间关系，并实施参照完整性。

〖**解题思路**〗

第(1)小题要在表设计视图中打开"属性表"窗口，在其中输入外键，第(2)小题和第(3)小题都在相应字段的筛选目标中输入相应的条件，第(4)小题通过获取外部数据来导入数据，第(5)小题设置字段的输入掩码，第(6)小题通过拖动操作，创建两表间的关系。

〖**操作步骤**〗

(1) 打开数据库文件"samp1. accdb"，在导航窗口显示出所有 Access 对象。

分析：分别打开员工表和部门表的设计视图，可以看到两表有公共属性"部门号"，而员工表中的部门号字段就是部门表中的主键，所以员工表中的部门号字段是外键。

步骤 1：右击表对象“员工表”，在快捷菜单中选【设计视图】。

步骤 2：在设计视图中右击，在弹出的快捷菜单中选择【属性】，弹出“属性表”窗口。

步骤 3：在属性表窗口中的“常规”选项卡下的“说明”中输入“部门号”，如图 1-14-1 所示。

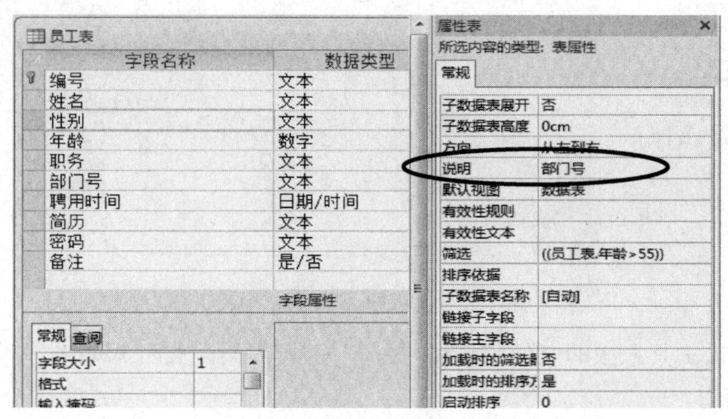

图 1-14-1　设置员工表的说明属性

步骤 4：单击工具栏中的“保存”按钮，保存“员工表”设计，关闭“员工表”设计视图。

(2) 通过数据表视图完成此题。

步骤 1：在表对象中双击打开“员工表”。

步骤 2：在员工表的“简历”字段列任意位置右击，在快捷菜单中选择【文本筛选器】，再选择【包含】，在“自定义筛选”对话框中填入“＊摄影＊”，如图 1-14-2 所示，然后单击“确定”按钮。

图 1-14-2　自定义筛选文本对话框

图 1-14-3　自定义筛选数值对话框

步骤 3：在筛选出的记录的“备注”字段的复选框里打上钩。

步骤 4：单击工具栏上的“保存”按钮，保存“员工表”，关闭“员工表”数据视图。

(3) 通过数据表视图完成此题。

步骤 1：在表对象中双击打开“员工表”。

步骤 2：在“员工表”的年龄字段列的任意位置右击，在快捷菜单中选择【数字筛选器】，再选择【大于】，在“自定义筛选”对话框中填入 56，*注意不能输入＞＝56*，如图 1-14-3 所示，然后单击“确定”按钮。

步骤 3：将筛选出的记录全部选中，单击“记录”工具栏的“删除”按钮，在弹出的对话框中单击“是”按钮，单击“保存”按钮保存该表，并关闭数据表视图。

(4) 通过获取外部数据完成此题。

步骤 1：单击“外部数据”菜单，单击“文本文件”按钮，打开“获取外部数据-文本文件”对话框。

步骤 2:单击“浏览”按钮,找到 Test. txt 文件,单击“向表中追加一份记录的副本”单选钮,在组合框中选择“员工表”,如图 1-14-4 所示,单击“确定”按钮。

步骤 3:在“导入文本向导”对话框单击“下一步”,选中“第一行包含字段名称”复选框,再单击“下一步”,单击“完成”按钮,最后单击“关闭”按钮。

步骤 4:在导航窗口双击“员工表”,在最后几条刚添加记录的部门号字段的数字前加 0,保证该字段是 2 位数字,在编号字段的数字前加 000,保证该字段为 6 位数字。

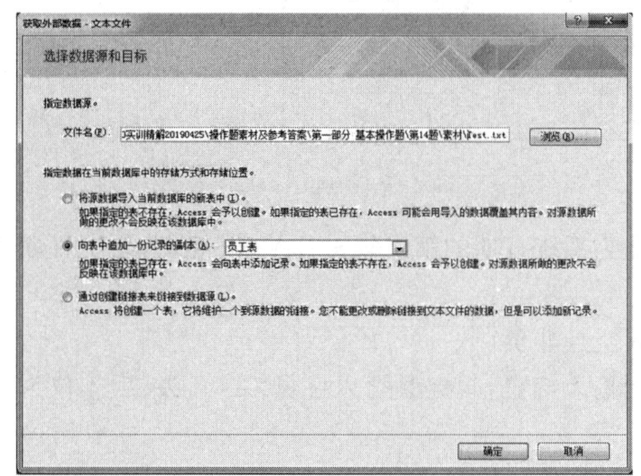

图 1-14-4　获取外部文本文件数据对话框

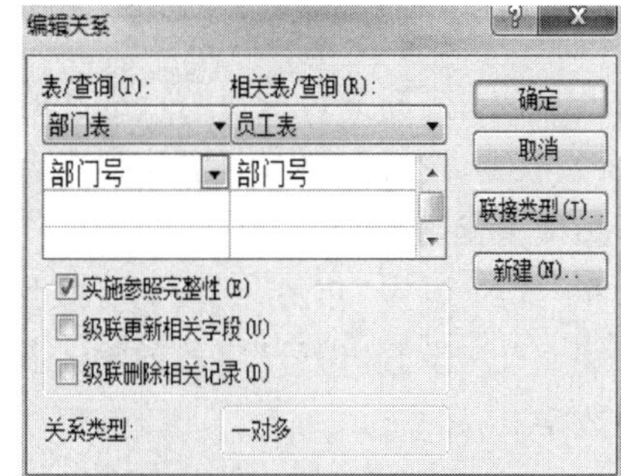

图 1-14-5　编辑关系对话框

注意:此步骤是为第(6)小题正确创建两表间的关系而做的,不修改的话,则不能创建关系。

(5) 通过表设计视图完成此题。

在所有 Access 对象列表中右击“员工表”,单击【设计视图】,进入表设计视图,选择“密码”字段,在输入掩码中输入 00000,保存并关闭该表。

(6) 通过数据库关系视图完成此题。

步骤 1:选择“数据库工具”菜单,单击“关系”按钮,在“显示表”对话框中分别双击“部门表”和“员工表”,以添加到关系窗口,单击“关闭”按钮关闭“显示表”对话框。

步骤 2:将“部门表”中的“部门号”字段拖动到“员工表”中的“部门号”的位置上,在弹出的对话框中选择“实施参照完整性”选项,如图 1-14-5 所示,单击“创建”按钮,保存关系。

〖**本题小结**〗

本题涉及外键的判断、在数据表视图中显示符合字段值的记录、删除表记录、获取外部数据、表之间关系的创建等。第(2)、(3)小题显示符合条件的记录要注意正确地输入条件,第(4)小题导入外部文本文件中的数据,步骤较多,且为保证第(6)小题的完成需要改变部门号字段的值,需要特别注意。

第 15 题

(1) 在素材文件夹下,“samp1. accdb”数据库文件中建立表“tTeacher”,表结构如下:

字段名称	数据类型	字段大小	格式
编号	文本	5	
姓名	文本	4	
性别	文本	1	
年龄	数字	整型	
工作时间	日期/时间		短日期
职称	文本	5	
联系电话	文本	12	
在职否	是/否		是/否
照片	OLE 对象		

(2) 判断并设置"tTeacher"的主键。

(3) 设置"工作时间"字段的默认值属性为系统日期的第二年 1 月 1 日(规定:系统日期必须由函数获取)。

(4) 设置"年龄"字段的有效性规则为非空且非负。

(5) 设置"编号"字段的输入掩码为只能输入 5 位,规定必须以字母"A"开头、后 4 位为数字。

(6) 在"tTeacher"表中输入以下一条记录:

编号	姓名	性别	年龄	工作时间	职称	联系电话	在职否	照片
A2016	李丽	女	32	1992-9-3	讲师	010-62392774	√	位图图像

注意:教师李丽的"照片"字段数据设置为素材文件夹下的"李丽.bmp"图像文件。

〖**解题思路**〗

第(1)小题使用表设计视图创建表,第(2)、(3)、(4)、(5)小题在设计视图中设置字段的属性,第(6)小题在数据表视图输入记录的值。

〖**操作步骤**〗

(1) 打开数据库文件"samp1.accdb"。

选择"创建"工具栏中的"表设计"按钮,打开表设计视图,根据题目提供的要求建立表结构,输入字段名称及设置相应字段的数据类型和属性。

(2) 通过表设计视图完成此题。

在表设计视图中右击"编号"字段,选择【主键】。保存表为"tTeacher"。

(3) 通过表设计视图完成此题。

选择"工作时间"字段,在"默认值"行输入"=DateSerial(Year(Date())+1,1,1)"。

(4) 通过表设计视图完成此题。

选择"年龄"字段,在"有效性规则"行输入"Is Not Null and >=0"。

(5) 通过表设计视图完成此题。

选择"编号"字段,在"输入掩码"行输入"A"0000。单击"保存"按钮,切换表设计视图到数据表视图。

(6) 通过数据表视图完成此题。

双击 tTeacher 打开数据表视图,按题目中要求输入给定的数据,在“照片”字段右击,选择“插入对象”,在打开的对话框中选中“由文件创建”单选钮,单击“浏览”按钮,找到图片文件“李丽. bmp”,单击“确定”按钮。如图 1-15-1 所示。单击工具栏中的“保存”按钮,关闭数据表视图。退出 Access。

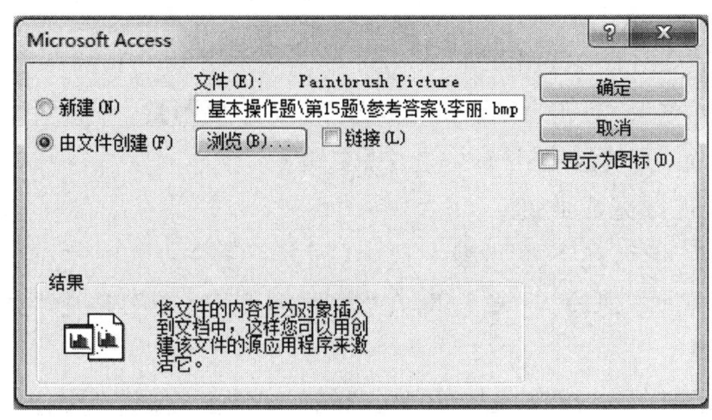

图 1-15-1　选择图文件录入图片字段

〖本题小结〗

本题涉及创建表结构,设置字段的属性,输入记录的数据等操作。其中第(3)小题设置工作时间的默认值用到了日期函数,第(4)小题设置年龄字段的有效性规则表达式相对复杂,是本题的难点。

第 16 题

在素材文件夹下,存在一个数据库文件“samp1. accdb”和一个 Excel 文件“tQuota. xls”。在数据库文件中已经建立了一个表对象“tStock”。试按以下操作要求,完成各种操作。

(1) 分析“tStock”表的字段构成,判断并设置其主键。

(2) 在“tStock”表的“规格”和“出厂价”字段之间增加一个新字段,字段名称为“单位”,数据类型为文本,字段大小为 1;设置有效性规则,保证只能输入“只”或“箱”。

(3) 删除“tStock”表中的“备注”字段,并为该表的“产品名称”字段创建查阅列表,列表中显示“灯泡”“节能灯”和“日光灯”三个值。

(4) 向“tStock”表中输入如下要求的数据:第一,“出厂价”只能输入 3 位整数和 2 位小数(整数部分可以不足 3 位),第二,“单位”字段的默认值为“只”。设置相关属性以实现这些要求。

(5) 将考生文件夹下的“tQuota. xls”文件导入到“samp1. accdb”数据库文件中,表名不变,分析该表的字段构成,判断并设置其主键;设置表的相关属性,保证输入的“最低储备”字段值低于“最高储备”字段值,当输入的数据违反有效性规则时,提示“最低储备值必须低于最高储备值”。

(6) 建立“tQuota”表与“tStock”表之间的关系。

〖解题思路〗

第(1)、(2)、(3)、(4)小题在表设计视图中设置主键、添加新字段、设置默认值、删除字段、建立字段的查阅列表，以及设置字段的输入掩码。第(5)小题通过获取外部数据来导入Excel数据并在表设计视图中设置表的相关属性。第(6)小题通过拖动操作，创建两表间的关系。

〖操作步骤〗

(1) 打开数据库“samp1. accdb”。

步骤1：选中“表”对象，右击“tStock”表，选择【设计视图】。

步骤2：选中“产品ID”行，右击该行选中【主键】。

(2) 通过表设计视图完成此题。

步骤1：右击“出厂价”，在下拉列表中选中【插入行】。

步骤2：在“字段名称”列输入“单位”，在“数据类型”列表中选中“文本”，在“字段大小”行输入“1”。

步骤3：在“有效性规则”行输入“"只" or"箱"”，单击“保存”按钮，在弹出的窗口选择“是”。

(3) 通过表设计视图完成此题。

步骤1：右击“备注”行，在列表中选中【删除行】，在弹出的对话框中单击“是”。

步骤2：在“产品名称”行的“数据类型”列的列表中选中“查阅向导”，在弹出对话框中选中“自行键入所需要的值”，单击“下一步”按钮。

步骤3：在弹出对话框中依次输入“灯泡”“节能灯”和“日光灯”，单击“完成”按钮。

(4) 通过表设计视图完成此题。

步骤1：单击“出厂价”字段行，在“字段大小”行列表中选择“小数”，“精度”行输入“5”，“数值范围”行输入“2”。

步骤2：单击“单位”字段行，在“默认值”行中输入“只”。

步骤3：按Ctrl＋S保存修改，关闭设计视图。

(5) 通过获取外部数据完成此题。

步骤1：单击“外部数据”工具栏，在“导入并链接”区单击“Excel”按钮，弹出“获取外部数据”对话框，单击“浏览”，在素材文件夹找到要导入的文件“tQuota. xls”，单击“打开”，单击“确定”。

步骤2：单击“下一步”按钮，确认勾选“第一行包含列标题”，连续两次单击“下一步”按钮，选择“我自己选择主键”，在下拉列表中选中“产品ID”，如图1-16-1所示，单击“下一步”按钮，在“导入到表”文本框中输入tQuota，如图1-16-2所示单击“完成”按钮。

步骤3：右击“tQuota”表选择【设计视图】，右击“设计视图”任一点选择【属性】，在“属性表”界面中“有效性规则”行输入“[最低储备]＜[最高储备]”，“有效性文本”行输入“最低储备值必须低于最高储备值”，如图1-16-3所示。

步骤4：单击“保存”按钮，在弹出的窗口中选择“是”，关闭设计视图。

(6) 通过数据库关系视图完成此题。

步骤1：选择“数据库工具”菜单，单击“关系”按钮，在“显示表”对话框中分别双击“tQuota”表与“tStock”表，关闭显示表对话框。

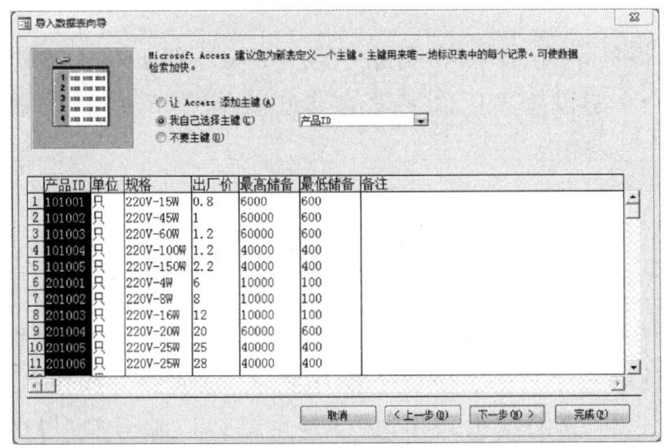

图 1-16-1　导入数据表向导设置主键

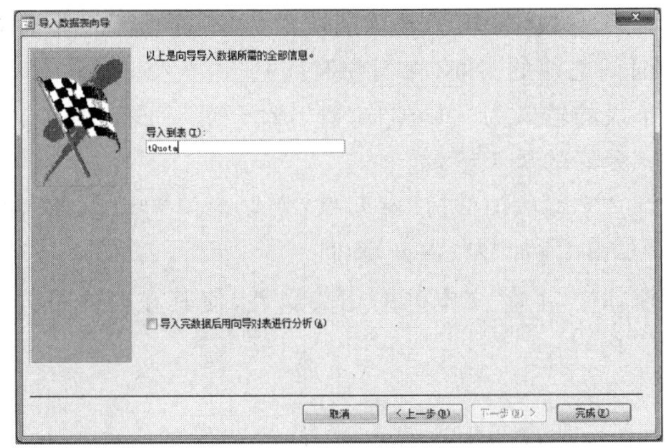

属性表

所选内容的类型：表属性

常规

断开连接时为只读	否
子数据表展开	否
子数据表高度	0cm
方向	从左到右
说明	
默认视图	数据表
有效性规则	[最低储备]<[最高储备]
有效性文本	最低储备值必须低于最高储备值
筛选	
排序依据	
子数据表名称	[自动]

图 1-16-3　tQuota 表属性设置

步骤 2:将表“tStock”中“产品 ID”字段拖动到表“tQuota”中“产品 ID”字段,放开鼠标,在弹出对话框中勾选“实施参照完整性”,单击“创建”按钮。

步骤 3:按 Ctrl+S 保存修改,关闭“关系”界面。

〖本题小结〗

本题涉及字段属性的设置;添加和删除字段;导入外部 Excel 表数据到数据库;建立表间关系等操作。第(4)小题设置出厂价字段的类型以及第(5)小题设置 tQuota 表的属性操作相对较复杂。

第 17 题

在素材文件夹下,存在一个数据库文件"samp1. accdb",里面已经建立了一个表对象"tEmployee"和窗体对象"fList"。试按以下操作要求,完成各种操作。

(1) 根据"tEmployee"表的结构,判断并设置主键;将"编号"字段的字段大小改为 7;删除"照片"字段。

(2) 设置"性别"字段的"有效性规则"属性为只能输入"男"或"女";设置"年龄"字段的"输入掩码"为只能输入两位数字,并设置其默认值为 19;设置"工作时间"的"有效性规则"属性为只能输入当前时间之前的时间(含当前时间)。

(3) 设置"职务"字段的输入为"职员""主管"或"经理"列表选择。

(4) 删除有"摄影"爱好的员工记录。

(5) 根据"所属部门"字段的值修改"编号","所属部门"为 01,将原"编号"前加"1";"所属部门"为"02",将原"编号"前加"2",以此类推。

(6) 设置"fList"窗体中"Txt"文本框的相关属性,使其在窗体打开时输出"tEmployee"表里员工张娜的"简历"内容。

〖解题思路〗

第(1)、(2)、(3)在表设计视图中设置主键、修改字段的大小、删除字段、设置有效性规则、输入掩码、默认值以及建立字段的查阅列表。第(4)小题删除记录。第(5)小题修改记录。第(6)小题设置窗体属性。

〖操作步骤〗

(1) 打开数据库"samp1. accdb"。

步骤 1:选择"表"对象,右击"tEmployee"表,在弹出的快捷菜单中选择【设计视图】命令。

步骤 2:右击"编号"行,在弹出的快捷菜单中选择"主键"命令,在其"常规"选项卡下的"字段大小"行中输入"7"。

步骤 3:右击"照片"行,在弹出的快捷菜单中选择【删除行】命令,在弹出的对话框中单击"是"按钮。

(2) 通过表设计视图完成此题。

步骤 1:单击"性别"字段行任一点,在其"常规"选项卡下的"有效性规则"行输入"男 or 女",或者输入"In("男","女")"。

步骤 2:单击"年龄"字段行的任一点,在其"常规"选项卡下的"输入掩码"行中键入"00",在其"默认值"行中输入"19"。

步骤 3:单击"工作时间"字段行任一点,在其"常规"选项卡下的"有效性规则"行中键入"<=Date( )"。

步骤 4：单击快速工具栏中的“保存”按钮，在弹出的对话框中选择“是”按钮。

(3) 通过表设计视图完成此题。

步骤 1：在“职务”字段的“数据类型”列表中选择“查阅向导”命令。

步骤 2：在弹出对话框中选择“自行键入所需的值”命令，单击“下一步”按钮，在第一列的每行分别输入“职员”“主管”“经理”，然后单击“完成”按钮。

步骤 3：单击快速工具栏中的“保存”按钮，关闭设计视图。

(4) 通过数据表视图完成此题。

步骤 1：双击“tEmployee”表，打开数据表视图。在“tEmployee”表的“简历”字段列中选中“摄影”两字，单击“开始”选项卡下“筛选和排序”组中的“选择”按钮，在其下拉列表中选择“包含“摄影””命令。

步骤 2：选中其筛选出的全部记录，单击“记录”功能区中的“删除”按钮，在弹出对话框中单击“是”按钮。如图 1-17-1 所示。

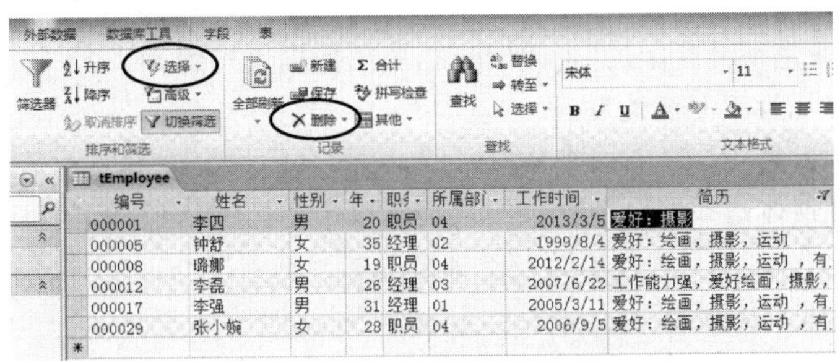

图 1-17-1　tEmployee 表的记录筛选

步骤 3：单击“简历”字段右侧的下三角按钮，勾选“全选”复选框，然后单击“确定”按钮。如图 1-17-2 所示。

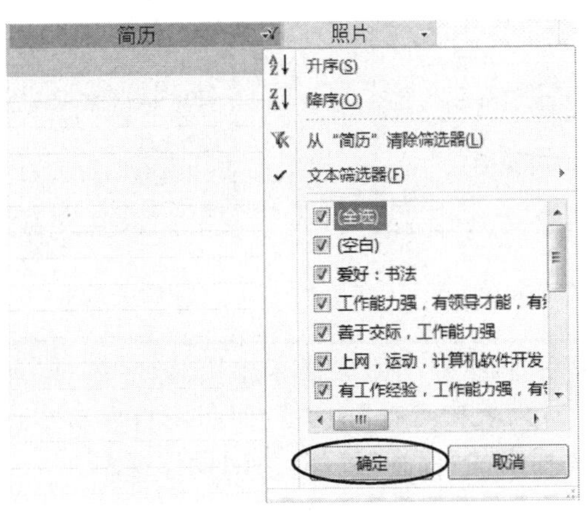

图 1-17-2　tEmployee 表的记录查看

步骤 4：单击快速工具栏中的“保存”按钮，保存修改。

(5) 通过数据表视图完成此题。

步骤 1：单击“所属部门”字段右侧的下三角按钮，勾选“01”对应的复选框，将“所属部门”为“01”的记录对应的“编号”字段前增加“1”字样。如图 1-17-3 所示。

图 1-17-3 修改 tEmployee 表中记录

步骤 2:单击“所属部门”字段右侧的下三角按钮,勾选“02”对应的复选框,将“所属部门”为“02”的记录对应的“编号”字段前增加“2”字样。单击“所属部门”字段右侧的下三角按钮,勾选“03”对应的复选框,将“所属部门”为“03”记录对应的“编号”字段前增加“3”字样。单击“所属部门”字段右侧的下三角按钮,勾选“04”对应的复选框,将“所属部门”为“04”记录对应的“编号”字段前增加“4”字样。

步骤 3:单击“所属部门”字段右侧的下三角按钮,勾选“全选”复选框,然后单击“确定”按钮。

步骤 4:单击快速工具栏中的“保存”按钮,关闭数据表视图。

(6) 通过窗体属性表完成此题。

步骤 1:选中“窗体”对象,右击窗体“fList”,从弹出的快捷菜单中选择【设计视图】;

步骤 2:右击“窗体选择器”,从弹出的快捷菜单中选择【属性】,然后单击“数据”选项卡,在“筛选”行中键入“[姓名]=“张娜””,在“加载时的筛选器”行右侧下拉列表中选择“是”,关闭属性界面,如图 1-17-4 所示。

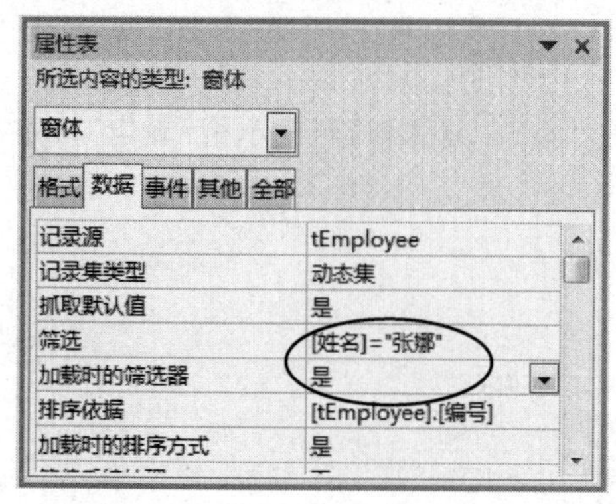

图 1-17-4 窗体属性的设置

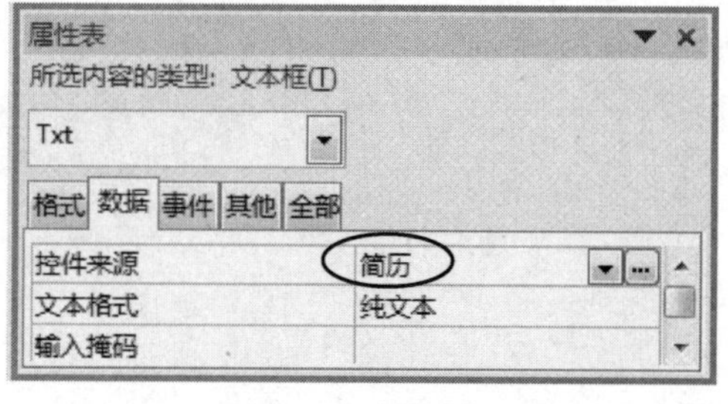

图 1-17-5 Txt 文本框属性的设置

步骤 3:右击“Txt”文本框,从弹出的快捷菜单中选择“属性”命令,单击“数据”选项卡,在“控件来源”行右侧的下拉列表中选择“简历”,如图 1-17-5 所示,关闭属性界面。

步骤 4:单击快速工具栏中的“保存”按钮,关闭设计视图。

〖**本题小结**〗

本题涉及字段属性的设置;删除满足一定条件的数据表记录,修改满足一定条件的表记录以及窗体和控件属性的设置等操作。第(2)小题设置工作时间字段的有效性规则表达式,第(5)小题修改满足一定条件的数据表记录,第(6)小题设置控件的属性使其在窗体打开时输出满足条件的内容是本题的难点。

第 18 题

在素材文件夹下，“samp1. accdb”数据库文件中已建立两个表对象（名为“员工表”和“部门表”）。试按以下要求，顺序完成表的各种操作。

(1) 将“员工表”的行高设为 15。

(2) 设置表对象“员工表”的年龄字段有效性规则为：大于 17 且小于 65（不含 17 和 65）；同时设置相应的有效性文本为“请输入有效年龄”。

(3) 在表对象“员工表”的年龄和职务两字段之间新增一个字段，字段名称为“密码”，数据类型为文本，字段大小为 6，同时，要求设置输入掩码使其以密码方式显示。

(4) 查找年龄在平均年龄上下 1 岁（含）范围内的员工，其简历信息后追加“（平均）”文字标识信息。

(5) 设置表对象“员工表”的聘用时间字段默认值为：系统日期当前年当前月的 1 号；冻结表对象“员工表”的姓名字段。

(6) 建立表对象“员工表”和“部门表”的表间关系，实施参照完整性。

〖**解题思路**〗

第(2)、(3)、(5)小题在表设计视图中设置有效性规则、有效性文本、添加新字段、设置输入掩码、默认值。第(1)、(4)、(5)小题在数据表视图设置行高、修改满足条件的记录以及冻结表的字段。第(6)小题通过拖动操作，创建两表间的关系。

〖**操作步骤**〗

(1) 打开数据库“samp1. accdb”。

步骤 1：双击“员工表”，打开数据表视图。

步骤 2：在数据表视图的表记录选择区上右击，选择【行高】，在弹出的“行高”对话框中，输入 15，单击“确定”按钮，单击工具栏中的“保存”按钮。

步骤 3：单击工具栏中的“保存”按钮。

(2) 通过表设计视图完成此题。

步骤 1：右击“员工表”，在弹出的快捷菜单中选择【设计视图】。

步骤 2：单击“年龄”字段行的任一点，在“常规”选项卡下的“有效性规则”行中输入“＞17 And ＜65”，在“有效性文本”行中输入“请输入有效年龄”。

(3) 通过表设计视图完成此题。

步骤 1：选中“职务”字段行，右击“职务”行，从弹出的快捷菜单中选择【插入行】命令。

步骤 2：在“字段名称”列中输入“密码”，单击“数据类型”列，在下拉列表框中选择“文本”，在“常规”选项卡下的“字段大小”行中输入“6”。

步骤 3：单击“输入掩码”右侧的“…”按钮，在弹出的“输入掩码向导”对话框中选择“密码”行，单击“下一步”按钮，单击“完成”按钮。

步骤 4：单击工具栏中的“保存”按钮。

(4) 通过数据表视图完成此题。

步骤 1：双击“员工表”，打开数据表视图。

步骤 2：单击“开始”选项卡“排序和筛选”组中的“高级”按钮，选择“高级筛选/排序”命令。双击“年龄”字段，在与之对应的“条件”行输入“＜＝((select Avg(年龄) from [员工表])+1) And ＞＝((select Avg(年龄) from [员工表])-1)”。如图 1-18-1 所示。

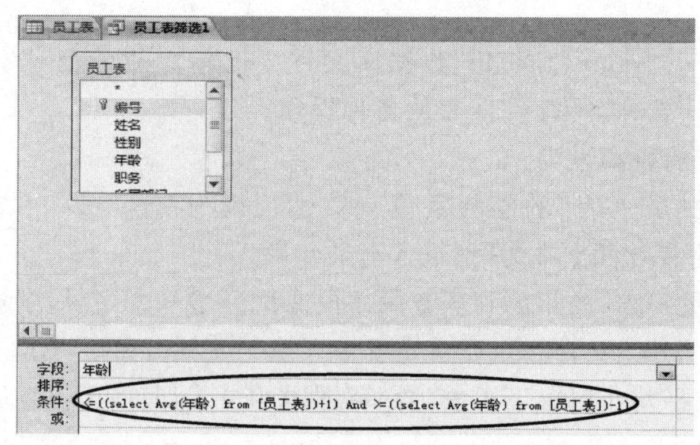

图 1-18-1　高级筛选条件的设置

步骤 3：单击“开始”选项卡“排序和筛选”组中的“切换筛选”按钮，进入数据表视图，对所有记录“简历”字段里追加输入“（平均）”。如图 1-18-2 所示。

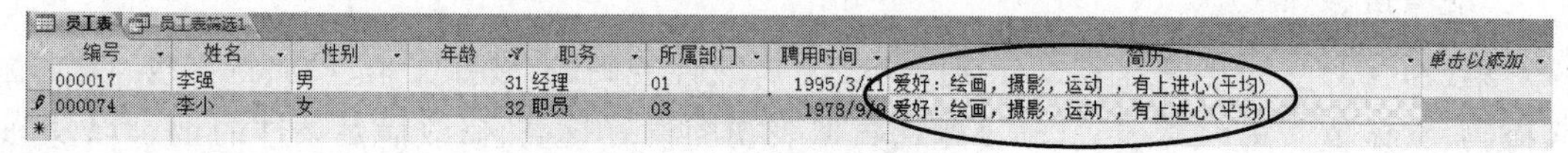

编号	姓名	性别	年龄	职务	所属部门	聘用时间	简历	单击以添加
000017	李强	男	31	经理	01	1995/3/1	爱好：绘画，摄影，运动，有上进心(平均)	
000074	李小	女	32	职员	03	1978/9/9	爱好：绘画，摄影，运动，有上进心(平均)	

图 1-18-2　简历字段值的修改

步骤 4：单击快速工具栏中的“保存”按钮，关闭表。

(5) 通过表设计视图完成此题。

步骤 1：右击“员工表”，在弹出的快捷菜单中选择【设计视图】。

步骤 2：单击“聘用时间”字段行任一点，在“常规”选项卡下的“默认值”行中输入“=DateSerial(Year(Date()),Month(Date()),1)”，单击快速工具栏中的“保存”按钮，关闭设计视图。

步骤 3：双击“员工表”，打开数据表视图。

步骤 4：右击“姓名”字段列，从弹出的快捷菜单中选择【冻结字段】；

步骤 5：单击快速工具栏中的“保存”按钮，关闭表。

(6) 通过数据库关系视图完成此题。

步骤 1：选择“数据库工具”菜单，单击“关系”按钮，在“显示表”对话框中分别双击“部门表”和“员工表”(如果不出现“显示表”对话框，可以右键选择【显示表】)，以添加到关系窗口，单击“关闭”按钮关闭“显示表”对话框。

步骤 2：将“部门表”中的“部门号”字段拖动到“员工表”中的“所属部门”的位置上，在弹出的对话框中选择“实施参照完整性”选项，单击“创建”按钮，保存关系并关闭。

〖**本题小结**〗

本题涉及字段属性的设置；添加字段、冻结字段；设置表间关系等；以及修改满足一定条件的数据表记录。第(4)小题创建高级筛选记录并修改记录，第(5)小题聘用时间字段的默认值表达式的设置是本题的难点。

第 19 题

在素材文件夹下，存在一个数据库文件“samp1. accdb”、一个 Excel 文件“tScore. xls”和一个图像文件“photo. bmp”。在数据库文件中已经建立了一个表对象“tStud”。试按以下要求，顺序完成表的各种操作。

(1) 设置“ID”字段为主键；设置“ID”字段的相应属性，使该字段在数据表视图中的显示标题为“学号”。

(2) 将“年龄”字段的默认值属性设置为表中现有记录学生的平均年龄值（四舍五入取整），“入校时间”字段的格式属性设置为“长日期”。

(3) 设置“入校时间”字段的有效性规则和有效性文本。有效性规则为：输入的入校时间必须为 9 月；有效性文本内容为“输入的月份有误，请重新输入”。

(4) 将学号为“20041002”学生的“照片”字段值设置为考生文件夹下的“photo. bmp”图像文件（要求使用“由文件创建”方式）。

(5) 将“政治面目”字段改为下拉列表选择，选项为“团员”“党员”和“其他”三项。

(6) 将考生文件夹下的“tScore. xlsx”文件导入到“samp1. mdb”数据库文件中，第一行包含列标题，表名同 Excel 文档文件名，主键为表中的“ID”字段。

〖**解题思路**〗

第(1)、(2)、(3)、(5)小题在表设计视图中设置主键、字段的标题、默认值、数据格式、有效性规则和有效性文本以及字段的查阅列表。第(4)小题在数据表中输入数据。第(6)小题通过获取外部数据来导入 Excel 数据。

〖**操作步骤**〗

(1) 打开数据库“samp1. accdb”。

步骤 1：右击“tStud”表，在弹出的快捷菜单中选择【设计视图】。

步骤 2：右击“ID”行，选择【主键】，在其“常规”选项卡的“标题”行中输入“学号”。

步骤 3：单击工具栏中的“保存”按钮，然后关闭设计视图。

(2) 通过查询设计视图完成此题。

步骤 1：单击“创建”工具栏下的“查询设计”按钮以新建查询，在“显示表”对话框中双击“tStud” 表，关闭“显示表”对话框。

步骤 2：双击“年龄”字段，单击“查询工具”的“设计”选项卡，在其“显示/隐藏”组中单击“汇总”按钮，在“年龄”字段的“总计”行的下拉列表中选择“平均值”；如图 1-19-1 所示。再单击工具栏中的“运行”按钮，记录其运行的结果“19. 0666666666667”，关闭该查询的视图，且不保存该查询。

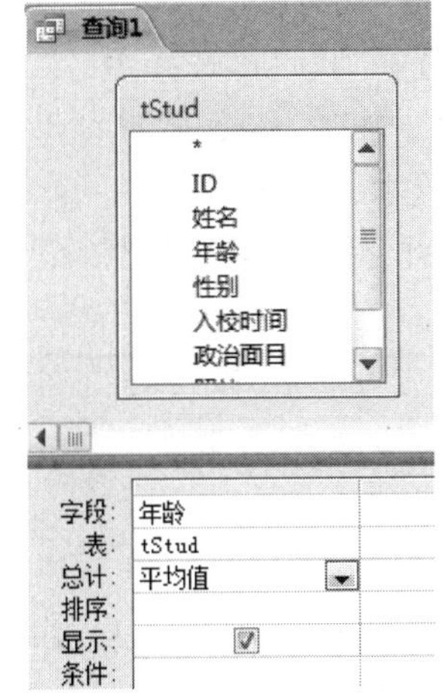

图 1-19-1 创建选择查询

步骤 3：选择“表”对象，右击“tStud”表，在弹出的快捷菜单中选择【设计视图】。

步骤 4:单击“年龄”字段行任一点,在“默认值”行中输入“19”。

步骤 5:单击“入校时间”字段行任一点,在“格式”行的下拉列表中选择“长日期”。

步骤 6:单击工具栏中的“保存”按钮,然后关闭设计视图。

(3) 通过表设计视图完成此题。

步骤 1:右击“tStud”表,在弹出的快捷菜单中选择【设计视图】。

步骤 2:单击“入校时间”字段行任一点,在“有效性规则”行中输入“Month([入校时间])=9”,在“有效性文本”行中输入“输入的月份有误,请重新输入”。

步骤 3:单击工具栏中的“保存”按钮,单击“是”按钮,然后关闭设计视图。

(4) 通过数据表视图完成此题。

步骤 1:双击“tStud”表,即可打开数据表视图。

步骤 2:右击学号为“20041002”对应的照片列,选择【插入对象】;在弹出的对话框中选中“由文件创建”单选钮,单击“浏览”按钮,在素材文件夹找到“photo. bmp”文件并选中,单击“确定”按钮。

步骤 3:单击工具栏中的“保存”按钮,然后关闭数据表视图。

(5) 通过表设计视图完成此题。

步骤 1:右击“tStud”表,在弹出的快捷菜单中选择【设计视图】。

步骤 2:在“政治面目”行的“数据类型”列的下拉列表中选择“查阅向导”命令。在弹出的“查阅向导”对话框中选择“自行键入所需要的值”命令,然后单击“下一步”按钮。

步骤 3:在弹出的对话框中依次输入“团员”“党员”“其他”,然后单击“完成”按钮。

步骤 4:单击工具栏中的“保存”按钮,然后关闭设计视图。

(6) 通过获取外部数据完成此题。

步骤 1:单击“外部数据”工具栏,在“导入并链接”区单击“Excel”按钮,弹出“获取外部数据”对话框,单击“浏览”,在素材文件夹找到要导入的文件“tScore. xlsx”,单击“打开”,选择“将数据导入当前数据库的新表中”按钮,单击“确定”。

步骤 2:单击“下一步”按钮,确认勾选“第一行包含列标题”,连续两次单击“下一步”按钮,选择“我自己选择主键”,在下拉列表中选中“ID”,单击“下一步”按钮,在“导入到表”文本框中输入“tScore”,单击“完成”按钮。最后单击“关闭”按钮即可。

〖**本题小结**〗

本题涉及字段属性的设置;照片字段记录值的录入;导入外部 Excel 表数据到数据库等操作。第(2)小题年龄字段默认值的输入需要首先通过查询设计器创建查询并运行得到平均值方可填入,以及第(3)小题入校时间字段的有效性规则表达式的设置都是难点。

第 20 题

在素材文件夹下,存在一个数据库文件“samp1. accdb”,里面已经设计好表对象“tStud”和宏对象“打开表”。请按照以下要求,完成对表的修改。

(1) 将“年龄”字段的字段大小改为“整型”;将“简历”字段的说明设置为“自上大学起的简历信息”;将“备注”字段删除。

(2) 设置表对象的有效性规则为:学生的出生年份应早于(不含)入校年份;同时设置相

应的有效性文本为“请输入合适的年龄和入校时间”。要求:使用函数返回有关年份。

(3) 设置“性别”字段的默认值为“女”;设置“性别”字段值的输入方式为从下拉列表中选择“男”或“女”选项值。

(4) 设置数据表显示的字体大小为 12,行高为 18,设置数据表中显示所有字段。

(5) 将学号为“20011001”学生的照片信息换成考生文件夹下的“photo. bmp”图像文件;将姓名中的“青”改为“菁”;在党员学生的简历文字的句号前加“,在校入党”等文字。

(6) 将宏“打开表”重命名为自动执行的宏。

〖**解题思路**〗

第(1)、(3)小题在表设计视图中设置字段大小、字段说明、默认值;设置字段的查阅列表;删除字段。第(2)小题设置表对象的有效性规则和有效性文本。第(4)、(5)小题在数据表视图设置字体大小、行高、字段显示以及修改满足条件的表记录。第(6)小题直接右击宏名选择【重命名】。

〖**操作步骤**〗

(1) 打开数据库“samp1. accdb”。

步骤 1:右击“tStud”表,在弹出的快捷菜单中选择【设计视图】。

步骤 2:单击“年龄”行的任一点,然后在“字段大小”行的下拉列表框中选择“整型”。

步骤 3:单击“简历”行的“说明”列,并输入“自上大学起的简历信息”。

步骤 4:右击“备注”行,从快捷菜单中选择【删除行】。

步骤 5:单击工具栏中的“保存”按钮。

(2) 通过表设计视图完成此题。

步骤 1:右击“设计视图”任一点选择【属性】,在“属性表”界面中“有效性规则”行输入“Year(Date())-[年龄]< Year([入校时间])”,“有效性文本”行输入“请输入合适的年龄和入校时间”。如图 1-20-1 所示。

步骤 2:单击工具栏中的“保存”按钮,在弹出的窗口选择“是”,最后关闭表。

图 1-20-1 tStud 表的属性设置

(3) 通过表设计视图完成此题。

步骤 1:右击“tStud”表,在弹出的快捷菜单中选择【设计视图】。

步骤 2:单击“性别”行任一点,在“默认值”行中输入“女”。

步骤 3：在“性别”字段的“数据类型”下拉列表中选中“查阅向导”，在弹出的“查阅向导”对话框中选中“自行键入所需的值”单选框，单击“下一步”按钮，在光标处输入“男”“女”，单击“下一步”按钮，单击“完成”按钮。

步骤 4：单击“保存”按钮，最后关闭表。

(4) 通过数据表视图完成此题。

步骤 1：双击“tStud”表，打开数据表视图。

步骤 2：单击“开始”选项卡下的“文本格式”组中“字号”右侧的下三角按钮，在弹出的下拉列表中选择“12”。

步骤 3：在行选择器上右击，选择【行高】，在弹出的“行高”对话框中，输入 18，然后单击“确定”按钮。

步骤 4：在任一字段名上右击，选择【取消隐藏字段】，弹出“取消隐藏列”对话框，勾选“党员否”字段，单击“关闭”按钮，就可以将隐藏的“党员否”字段重新显示出来。

步骤 5：单击工具栏中的“保存”按钮。

(5) 通过数据表视图完成此题。

步骤 1：在“学号”字段列任意位置右击，在快捷菜单中选择【文本筛选器】，再选择【等于】，在该对话框的“学号 等于”行的文本框中输入“20011001”，然后单击“确定”按钮，即可找到“学号”为“20011001”的记录。

步骤 2：右击该记录所在行的“照片”列，选择【插入对象】；在弹出的对话框中选中“由文件创建”单选钮，单击“浏览”按钮，找到要插入的图片文件名，单击“确定”按钮。单击工具栏上“切换筛选”按钮显示出全部记录。

步骤 3：单击“姓名”列的任一点，然后单击“开始”选项卡下“查找”组中的“查找”按钮，弹出“查找和替换”对话框。单击“替换”选项卡，在“查找内容”文本框中输入“青”，在“替换为”文本框中输入“菁”，在“匹配”行选择“字段任何部分”，然后单击“全部替换”按钮，如图 1-20-2 所示。单击“是”按钮，然后关闭“查找和替换”对话框，最后单击工具栏中的“保存”按钮。

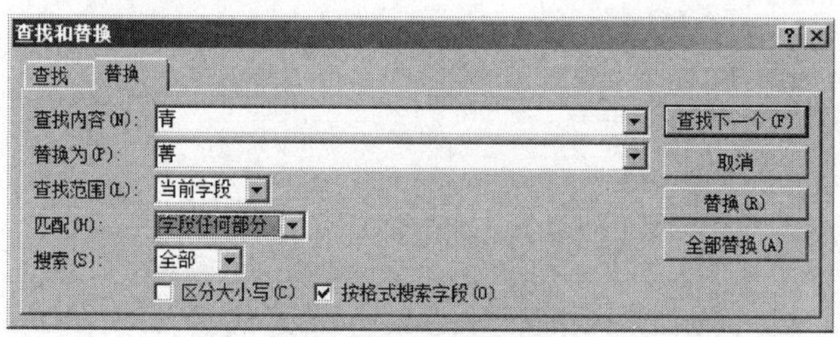

图 1-20-2　查找和替换对话框

步骤 4：单击“开始”选项卡“排序和筛选”组中的“高级”按钮，选择“高级筛选/排序”命令。双击“党员否”字段，在与之对应的“条件”行输入“True”。如图 1-20-3 所示。单击“开始”选项卡“排序和筛选”组中的“应用筛选”按钮，进入数据表视图，在筛选出的记录集中，单击“简历”字段的任一点，然后单击“开始”选项卡下“查找”组中的“查找”按钮，弹出“查找和替换”对话框。单击“替换”选项卡，在“查找内容”文本框中输入“。”，在“替换为”文本框中输入“，在校入党。”，在“匹配”行选择“字段任何部分”，单击“全部替换”按钮。如图 1-20-4 所示。单击“是”按钮，然后关闭“查找和替换”对话框，最后单击工具栏中的“保存”按钮。

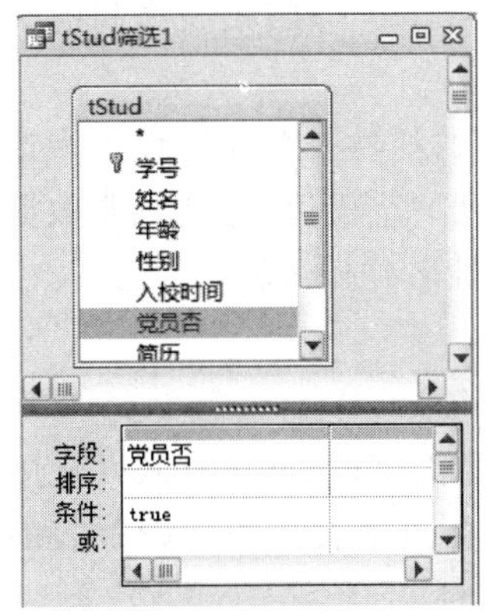

图 1-20-3　高级筛选对话框

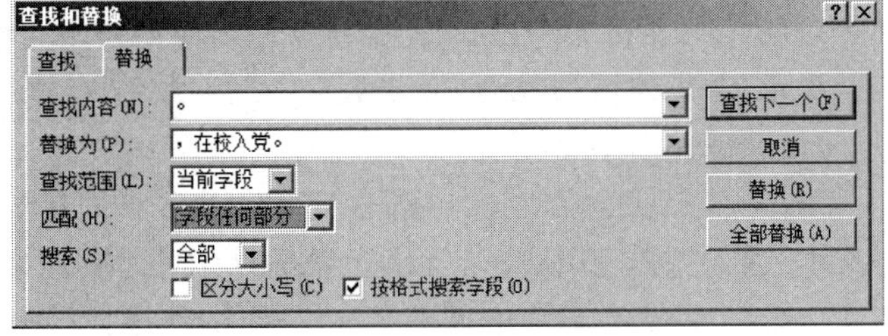

图 1-20-4　查找和替换对话框

(6) 重命名宏对象。

步骤 1：右击宏对象“打开表”，从弹出的快捷菜单中选择【重命名】。

步骤 2：在光标处输入“AutoExec”。

步骤 3：单击工具栏中的“保存”按钮，关闭 Access。

〖**本题小结**〗

本题涉及字段属性的设置；表的有效性规则和有效性文本的设置；数据表中字体、行高、显示字段的设置；以及利用高级筛选修改满足条件的记录，宏的重命名等。第(2)小题表的有效性规则的设置区别于字段的有效性规则，第(5)小题通过查找替换对话框修改满足条件的记录是难点。

第 21 题

在素材文件夹下，存在一个数据库文件“samp1.mdb”，里面已经设计好了表对象“tDoctor”“tOffice”“tPatient”和“tSubscribe”，同时还设计了窗体对象“fSubscribe”。试按以下操作要求，完成各项操作。

(1) 分析“tSubscribe”预约数据表的字段构成，判断并设置其主键。设置“科室 ID”字段的字段大小，使其与“tOffice”表中相关字段的字段大小一致。删除医生“专长”字段。

(2) 设置“tSubscribe”表中“医生 ID”字段的相关属性，使其输入的数据只能为第一个字符为“A”，从第二个字符开始后三位只能是 0～9 之间的数字，并设置该字段为必填字段。设置“预约日期”字段的有效性规则为：只能输入系统时间以后的日期。

要求：使用函数获取系统时间。

(3) 设置“tDoctor”表中“性别”字段的默认值为“男”，并设置该字段值的输入方式为从下拉列表中选择“男”或“女”选项值。设置“年龄”字段的有效性规则和有效性文本，有效性规则为：输入年龄必须在 18 岁至 60 岁之间(含 18 岁和 60 岁)，有效性文本内容为：“年龄应在 18 岁到 60 岁之间”。

(4) 设置“tDoctor”表的显示格式，使表的背景颜色为“褐色 2”，网格线为“黑色”。设置数据表中显示所有字段。

(5) 通过相关字段建立“tDoctor”“tOffice”“tPatient”和“tSubscribe”等四张表之间的关系,并实施参照完整性。

(6) 将窗体“fSubscribe”主体节区内文本框“tDept”和“tDoct”的控件来源属性设置为计算控件。要求该控件可以根据窗体数据源里的“科室 ID”和“医生 ID”字段值,分别从非数据源表对象“tPatient”和“tDoctor”中检索出对应的科室名称和医生姓名并显示输出。

提示:考虑使用 DLookUp 函数。

〖**解题思路**〗

第(1)、(2)、(3)在表设计视图中设置主键、修改字段的大小、删除字段、设置有效性规则与文本、输入掩码、默认值以及建立字段的查阅列表。第(4)小题在数据表视图中设置表的格式。第(5)小题创建多表间的关系。第(6)小题设置窗体控件属性。

〖**操作步骤**〗

(1) 打开数据库“samp1. accdb”。

步骤 1:右击“tSubscribe”表,在弹出的快捷菜单中选择【设计视图】命令。

步骤 2:右击“预约 ID”行,选择【主键】命令。单击“保存”按钮。

步骤 3:右击“tOffice”表,选择【设计视图】命令。单击“科室 ID”行,记录其“常规”选项卡的“字段大小”行的值“8”。然后关闭“tOffice”表。

步骤 4:再单击“tSubscribe”表中的“科室 ID”字段,在其“字段大小”行中输入“8”。

步骤 5:单击工具栏中的“保存”按钮,单击“是”按钮,关闭“tSubscribe”表。

步骤 6:右击“tDoctor”表,【设计视图】命令。

步骤 7:右击“专长”字段,选择【删除行】命令,单击“是”按钮,单击“保存”按钮,关闭“tDoctor”表。

(2) 通过表设计视图完成此题。

步骤 1:右击“tSubscribe”表,选择【设计视图】命令。

步骤 2:单击“医生 ID”行,在其“输入掩码”行中输入“A”000,在其“必需”行的下拉列表框中选择“是”。

步骤 3:单击“预约日期”行,在其“有效性规则”行中输入“>Date()”。

步骤 4:单击“保存”按钮,单击“是”按钮,最后关闭设计视图。

(3) 通过表设计视图完成此题。

步骤 1:右击“tDoctor”表,选择【设计视图】命令。

步骤 2:单击“性别”行,在“默认值”行中输入“男”。

步骤 3:在“性别”字段的“数据类型”下拉列表中选中“查阅向导”,在弹出的“查阅向导”对话框中选中“自行键入所需的值”单选框,单击“下一步”按钮,在光标处输入“男”“女”,单击“下一步”按钮,最后单击“完成”按钮。

步骤 4:单击“年龄”行,在其“有效性规则”行中输入“>=18 And <=60”,在其“有效性文本”行中输入“年龄应在 18 岁到 60 岁之间”。

步骤 5:单击“保存”按钮,单击“是”按钮,最后关闭表。

(4) 通过数据表视图完成此题。

步骤 1:双击“tDoctor”表,打开数据表视图。

步骤 2:单击“开始”选项卡的“文本格式”组右下角的“设置数据表格式”对话框启动器按钮,打开“设置数据表格式”对话框,单击“背景色”右侧的下三角按钮,选择“标准色”组中的“褐色 2”颜色按钮。单击“网格线颜色”,单击“标准色”组中的“黑色”颜色按钮。如图 1-21-1 所示。

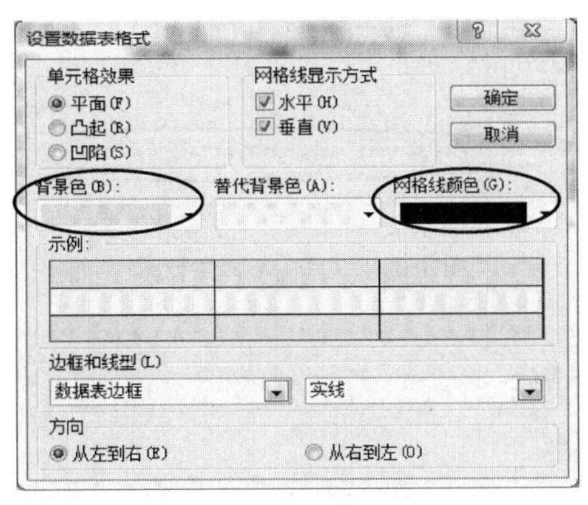

图 1-21-1　设置数据表格式对话框

步骤 3:在任一字段名上右击,选择【取消隐藏字段】,勾选“年龄”字段,单击“关闭”按钮,就可以将隐藏的“年龄”字段重新显示出来。

步骤 4:单击“保存”按钮,关闭数据表视图。

(5) 通过数据库关系视图完成此题。

步骤 1:选择“数据库工具”菜单,单击“关系”按钮,在“显示表”对话框中分别双击“tDoctor”“tOffice”“tPatient”和“tSubscribe” 表以添加到关系窗口,单击“关闭”按钮关闭“显示表”对话框。

步骤 2:将“ tOffice ”中的“科室 ID ”字段拖动到“ tSubscribe ”中的“科室 ID ”的位置上,在弹出的对话框中选择“实施参照完整性”选项,单击“创建”按钮,保存关系。将“ tDoctor ”中的“医生 ID ”字段拖动到“ tSubscribe ”中的“医生 ID ”的位置上,在弹出的对话框中选择“实施参照完整性”选项,单击“创建”按钮,保存关系。将“ tPatient ”中的“病人 ID ”字段拖动到“ tSubscribe ”中的“病人 ID ”的位置上,在弹出的对话框中选择“实施参照完整性”选项,单击“创建”按钮,保存关系并关闭。

(6) 通过窗体属性表完成此题。

步骤 1:右击“fSubscribe”窗体,选择【设计视图】命令。

步骤 2:右击显示为“预约日期”的文本框控件“tDept”,选择【属性】命令,单击“数据”选项卡,在“控件来源”行中输入“ =DLookUp("[科室名称]","tOffice","[科室 ID]='" & [科室 ID] & "'") ",最后关闭“属性表”对话框。如图 1-21-2 所示。

步骤 3:右击文本框控件“tDoct”,选择【属性】命令,单击“数据”选项卡,在“控件来源”行中输入“ =DLookUp("[姓名]","tDoctor","[医生 ID]='"&[医生 ID]&"'")"",关闭“属性表”对话框。如图 1-21-3 所示。

步骤 4:单击“保存”按钮,关闭设计视图。

〖**本题小结**〗

本题涉及字段属性的设置,包括:主键、字段大小、输入掩码、必填字段、有效性规则和文本、默认值等；删除字段；表的格式设置，包括背景色、网格线等。表之间关系的创建以及控件的属性设置。第(2)小题预约日期字段的有效性规则表达式使用日期函数，第(6)小题两个文本框控件的控件来源属性引用了 DLookUp 函数均相对复杂，是本题的难点。

图 1-21-2　tDept 属性设置

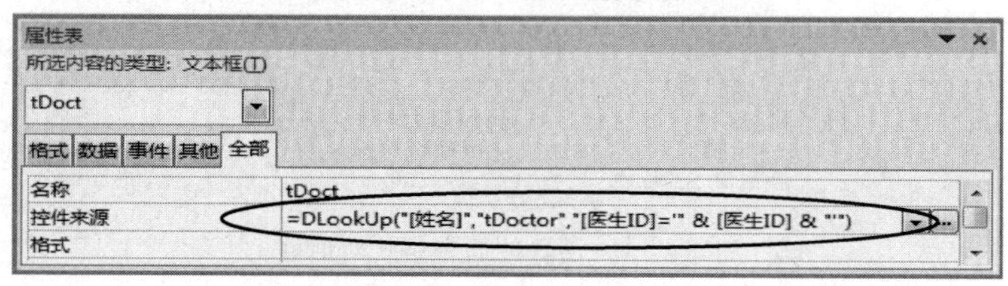

图 1-21-3　tDoct 属性设置

第 22 题

在素材文件夹下，已有“samp1. mdb”数据库文件和“tCourse. xlsx”文件，“samp1. mdb”中已建立表对象“tStud”和“tGrade”，试按以下要求，完成表的各种操作：

(1) 将素材文件夹下的“tCourse. xlsx”文件导入到“samp1. mdb”数据库中，表名不变；按下图所示内容修改“tCourse”表的结构；根据“tCourse”表字段构成，判断并设置主键。

字段名称	数据类型	字段大小	格式
课程编号	文本	8	
课程名称	文本	20	
学时	数字	整型	
学分	数字	单精度型	
开课日期	日期/时间		短日期
必修否	是/否		是/否
简介	备注		

(2) 设置“tCourse”表“学时”字段的有效性规则为：必须输入非空且大于等于 0 的数据；设置“开课日期”字段的默认值为本年度九月一日(要求：本年度年号必须由函数获取)。设置表的格式为：浏览数据表时，“课程名称”字段列不能移出屏幕，且网格线颜色为黑色。

(3) 设置“tStud”表“性别”字段的输入方式为从下拉列表中选择“男”或“女”选项值；设置“学号”字段的相关属性为：只允许输入 8 位 0～9 数字，将姓名中的“小”字改为“晓”。

(4) 将“tStud”表中“善于表现自己”的学生记录删除，设置表的有效性规则为：学生的出生年份应早于(不含)入校年份；设置表的有效性文本为：请输入合适的年龄和入校时间。要求：使用函数获取有关年份。

(5) 在“tGrade”表中增加一个字段，字段名为“总评成绩”，字段值为：总评成绩＝平时成绩 * 40%＋考试成绩 * 60%，计算结果的“结果类型”为“整型”，“格式”为“标准”，“小数位”为 0。

(6) 建立三张表之间的关系。

〖**解题思路**〗

第(1)小题通过导入来获取外部数据；第(1)、(2)、(3)小题在表设计视图中修改表结构、设置主键、设置有效性规则与文本、输入掩码、默认值以及建立字段的查阅列表。第(2)、(3)、(4)小题在数据表视图中设置表的格式、修改表记录、删除表记录。第(5)小题增加新的计算字段。第(6)小题创建多表间的关系。

〖**操作步骤**〗

(1) 打开数据库“samp1. accdb”。

步骤 1：单击“外部数据”工具栏，在“导入并链接”区单击“Excel”按钮，弹出“获取外部数据”对话框，单击“浏览”，在素材文件夹找到要导入的文件“tCourse. xlsx”，单击“打开”，单击“确定”。

步骤 2：单击“下一步”按钮，确认勾选“第一行包含列标题”，连续两次单击“下一步”按钮，选择“我自己选择主键”，在下拉列表中选中“课程号”，单击“下一步”按钮，在“导入到表”文本框中输入 tCourse，单击“完成”按钮。

步骤 3：右击“tCourse”表，选择【设计视图】，单击“课程号”字段，修改“课程号”字段名称为“课程编号”，在其“字段大小”行输入“8”。修改“课程名”字段名称为“课程名称”，并在其“字段大小”行输入“20”。单击“学时”字段，在其“字段大小”行选择“整型”。单击“学分”字段，在其“字段大小”行选择“单精度型”。单击“开课日期”字段，在其“格式”行选择“短日期”。单击“必修否”字段，在其“格式”行选择“是/否”。在“简介”行的“数据类型”列选择“备注”。

步骤 4：单击“保存”按钮，在弹出的窗口中选择“是”。

(2) 通过表设计视图完成此题。

步骤 1：单击“学时”字段，在“有效性规则”行中输入“Is Not Null And >＝0”，单击“开课日期”字段，在“默认值”行中输入“＝DateSerial(Year(Date()),9,1)”。

步骤 2：单击“保存”按钮，单击“是”按钮。

步骤 3：双击“tCourse”表，打开数据表视图。

步骤 4：右击“课程名称”的列头，单击【冻结字段】按钮。

步骤 5：单击“开始”选项卡下的“文本格式”组中的“设置数据表格式”对话框启动器按钮，打开“设置数据表格式”对话框，单击“网格线颜色”，单击“标准色”组中的“黑色”颜色按钮。

步骤 6：单击“保存”按钮，然后关闭表。

(3) 通过表设计视图完成此题。

步骤 1：右击“tStud”表，选择【设计视图】命令。

步骤 2:在“性别”字段的“数据类型”下拉列表中选中“查阅向导”,在弹出的“查阅向导”对话框中选中“自行键入所需的值”单选框,单击“下一步”按钮,在光标处输入“男”“女”,单击“下一步”按钮,单击“完成”按钮。单击“学号”字段,在“输入掩码”行中输入“00000000”。

步骤 3:双击“tStud”表,打开数据表视图。

步骤 4:单击“姓名”字段,再单击“查找”按钮,弹出“查找和替换”对话框。

步骤 5:单击“替换”选项卡,在“查找内容”文本框中输入“小”,在“替换为”文本框中输入“晓”,在“匹配”行选择“字段任何部分”,然后单击“全部替换”按钮。

步骤 6:单击“是”按钮,关闭对话框,单击“保存”按钮。

步骤 7:单击“保存”按钮。

(4) 通过数据表视图和表设计视图完成此题。

步骤 1:在 tStud 表的“简历”字段列任意位置右击,在快捷菜单中选择【文本筛选器】,再选择【包含】,在“自定义筛选”对话框中填入“善于表现自己”,如图 1-22-1 所示,然后单击“确定”按钮。

步骤 2:选中其筛选出的全部记录,单击“记录”功能区中的“删除”按钮,在弹出对话框中单击“是”按钮。

步骤 3:右击“tStud”表,选择【设计视图】命令。

步骤 4:右击“设计视图”任一点选择【属性】,在“属性表”界面中“有效性规则”行输入“Year(Date())-[年龄] < Year([入校时间])”,“有效性文本”行输入“请输入合适的年龄和入校时间”。如图 1-22-2 所示。

图 1-22-1 自定义筛选文本对话框

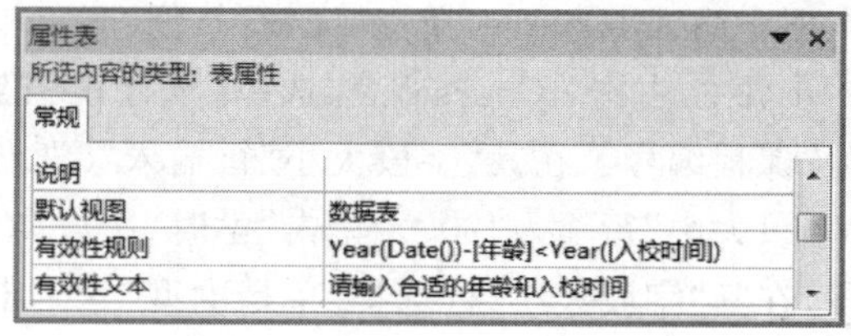

图 1-22-2 tStud 表的属性设置

步骤 5:单击“保存”按钮,选择“是”,最后关闭设计视图。

(5) 通过表设计视图完成此题。

步骤 1:右击“tGrade”表,选择【设计视图】命令。

步骤 2:在“考试成绩”字段的下一行的“字段名称”列中输入“总评成绩”“数据类型”选择“计算”,弹出“表达式生成器”对话框,输入“[平时成绩] * 0.4 + [考试成绩] * 0.6”,单击“确定”按钮。“结果类型”选择“整型”,“格式”选“标准”,“小数位数”输入“0”。如图 1-22-3 所示。

步骤 3:单击“保存”按钮,单击“是”按钮,最后关闭设计视图。

(6) 通过数据库关系视图完成此题。

步骤 1:选择“数据库工具”菜单,单击“关系”按钮,在“显示表”对话框中分别双击“tStud”“tGrade”和“tCourse”表以添加到关系窗口,单击“关闭”按钮关闭“显示表”对话框。

步骤 2:将“tStud”中的“学号”字段拖动到“tGrade”中的“学号”的位置上,在弹出的对话框中选择“实施参照完整性”选项,单击“创建”按钮,保存关系。将“tCourse”中的“课程编号”字段拖动到“tGrade”中的“课程编号”的位置上，在弹出的对话框中选择“实施参照完整性”选项，单击“创建”按钮，保存关系并关闭。

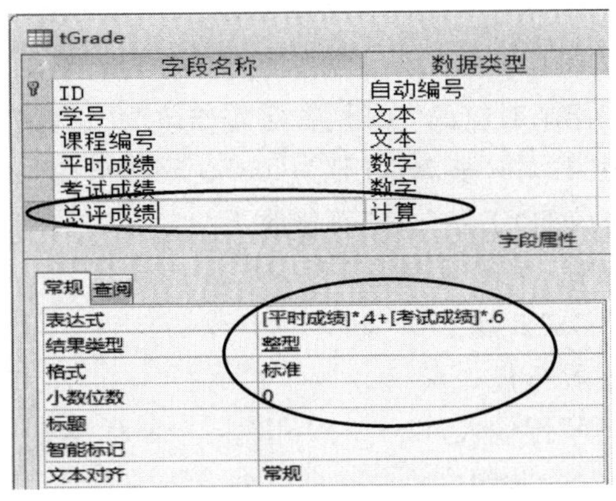

图 1-22-3　tGrade 表的总评成绩字段设置

〖**本题小结**〗

本题涉及向 Access 数据库导入表；修改表结构增加计算字段；字段属性的设置，包括有效性规则与文本，默认值，查阅列表，输入掩码；修改表数据和删除表数据；数据表格式的设置；表的有效性规则和有效性文本的设置；以及建立表间关系和参照完整性等。第(2)小题学时字段有效性规则的设置和第(4)小题 tStud 表的有效性规则的设置必须区分开。第(5)小题增加一个计算字段，对其表达式的设置是难点。

第 23 题

在素材文件夹下“samp1. mdb”数据库文件中已建立表对象“tEmp”。试按以下操作要求，完成对表“tEmp”的编辑修改和操作。

(1) 将“编号”字段改名为“工号”，并设置为主键；按所属部门修改工号，修改规则为：部门“01”的“工号”首字符为“1”，部门“02”首字符为“2”，依此类推。

(2) 设置“年龄”字段的有效性规则为不能是空值。

(3) 设置“聘用时间”字段默认值为系统当前年的一月一号。

(4) 删除表结构中的“简历”字段；设置“聘用时间”字段的相关属性，使该字段按照“XXXX/XX/XX”格式输入，例如，2013/07/08。

(5) 将考生文件夹下“samp0. accdb”数据库文件中的表对象“tTemp”导入到“samp1. accdb”数据库文件中。

(6) 完成上述操作后，在“samp1. accdb”数据库文件中做一个表对象“tEmp”的备份，命名为“tEL”。

〖**解题思路**〗

第(1)、(2)、(3)、(4)小题在设计视图中设置字段属性和删除字段；第(5)小题通过【获取外部数据】导入表；第(6)小题右击表名选择【另存为】。

〖**操作步骤**〗

(1) 打开数据库“samp1. accdb”。

步骤 1:右击“tEmp”表,选择【设计视图】。

步骤 2:在“字段名称”列将“编号”改为“工号”,右击“工号”字段,选择【主键】,单击“保存”按钮。

步骤 3:单击“视图”按钮切换至“数据表视图”,单击“所属部门”右侧箭头选择“升序”,依次将“所属部门”为“01”记录对应的“工号”首字符修改为“1”,将“所属部门”为“02”记录对应的“工号”首字符修改为“2”,将“所属部门”为“03”记录对应的“工号”首字符修改为“3”,将“所属部门”为“04”记录对应的“工号”首字符修改为“4”。

步骤 4:单击“保存”按钮,关闭数据表视图。

(2) 通过表设计视图完成此题。

步骤 1:单击“年龄”字段行任一点。

步骤 2:在“有效性规则”行输入“Is Not Null”。

(3) 通过表设计视图完成此题。

步骤 1:单击“聘用时间”字段行任一点。

步骤 2:在“默认值”行输入“=DateSerial(Year(Date()),1,1)”。

(4) 通过表设计视图完成此题。

步骤 1:右击“简历”字段,选择【删除行】命令,单击“是”按钮,单击“保存”按钮。

步骤 2:单击“聘用时间”字段行任一点,在“格式”行输入“yyyy/mm/dd”。

步骤 3:单击“保存”按钮,关闭设计视图。

(5) 通过导入对象完成此题。

步骤 1:单击“外部数据”工具栏,单击“Access”按钮;

步骤 2:在弹出的“获取外部数据-Access 数据库”对话框中,单击“浏览”按钮,在素材文件夹中选中“samp0.accdb”文件,单击“确定”按钮;

步骤 3:在“导入对象”的表选项中选中“tTemp”,单击“确定”按钮。此时“tTemp”导入到“samp1.accdb”数据库中。

(6) 通过对象另存为完成此题。

步骤 1:单击选中表对象“tEmp”,单击“文件”菜单,选择【对象另存为】,弹出“另存为”对话框。

步骤 2:在文本框中输入“tEL”,按“确定”按钮,关闭 Access。

〖**本题小结**〗

本题涉及修改字段、删除字段、设置字段有效性规则和默认值属性、修改表记录;从另一个 Access 数据库导入数据表等操作。其中第(1)小题修改表记录,第(2)小题年龄字段非空的表达、第(3)小题默认值的表达要用到日期函数、第(4)小题聘用时间字段的格式设置等是本题的难点。

第 24 题

在素材文件夹下,“samp1.accdb”数据库文件中已创建两个表对象“员工表”和“部门表”及一个窗体对象“fEmp”。试按以下要求顺序,完成表及窗体的各种操作。

(1) 对表对象“员工表”操作,按照员工性别不同,为编号字段值增补前置字符,男性员工编号前增补字符“8”，女性员工编号前增补字符“6”，如男性的 000001 更改为 8000001，女性的 000002 更改为 6000002。

(2) 查出员工“张汉望”的对应密码内容，将密码实际值追加到其简历内容末尾。

(3) 设置表对象“员工表”的部门号字段值为列表框下拉选择，其值引用“部门表”的对应字段。

(4) 将“员工表”姓名中的所有“小”字替换为“晓”。

(5) 依据“员工表”中的职务信息，在经理和主管员工对应的“说明”字段内输入“干部”信息。

(6) 设置窗体对象“fEmp”的“记录源”属性和“筛选”属性，使其打开后输出“员工表”的女员工信息。

〖**解题思路**〗

第(1)、(2)、(4)小题通过创建查询来修改表记录；第(3)、(5)小题在设计视图中设置字段属性；第(6)小题设置窗体的记录源属性。

〖**操作步骤**〗

(1) 打开数据库“samp1. accdb”。

步骤 1：单击“创建”工具栏下的“查询设计”按钮以新建查询，在“显示表”对话框中双击“员工表”，关闭“显示表”对话框。

步骤 2：双击“编号”“性别”两个字段添加到查询字段。

步骤 3：单击设计选项卡中的“更新”按钮，在“编号”字段“更新到”行输入““8”＋[编号]”，在“性别”字段“条件”行输入“男”字样，如图 1-24-1 所示。单击“运行”按钮，在弹出对话框中单击“是”按钮，完成男性员工编号的增补。

步骤 4：仿照图 1-24-1，修改“编号”字段“更新到”行为““6” ＋ [编号]”，在“性别”字段“条件”行输入“女”字样，单击“运行”按钮，在弹出对话框中单击“是”按钮，完成女性员工编号的增补。

步骤 5：保存该查询，查询名称任意，或不保存查询，关闭设计视图。

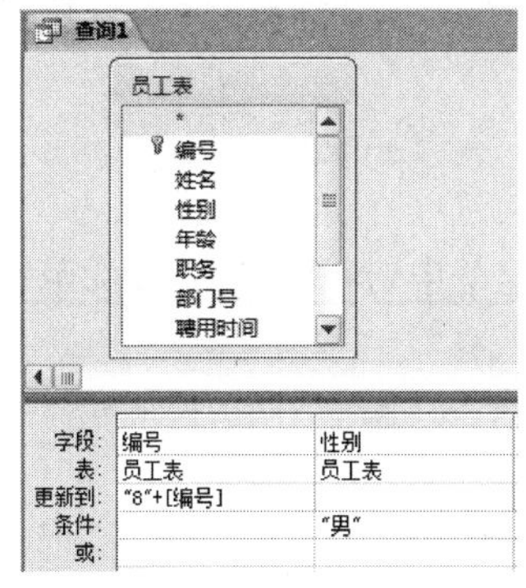

图 1-24-1　更新男性员工编号

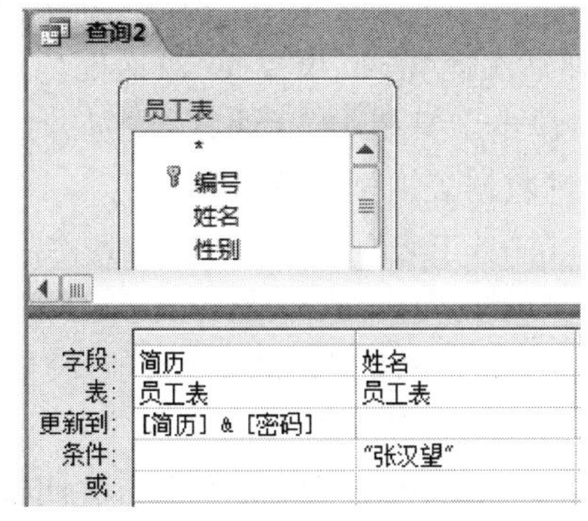

图 1-24-2　更新指定员工的简历信息

(2) 通过查询设计视图完成此题。

步骤 1：单击“创建”工具栏下的“查询设计”按钮以新建查询，在“显示表”对话框中双击“员工表”，关闭“显示表”对话框。

步骤 2:双击“姓名”“简历”两个字段添加到“字段”行。

步骤 3:单击设计选项卡中的“更新”按钮,在“姓名”字段“条件”行输入“张汉望”,在“简历”字段“更新到”行输入“[简历] & [密码]”,图 1-24-2 所示。单击“运行”按钮,在弹出对话框中单击“是”按钮,完成更新操作。

步骤 4:保存该查询,查询名称任意,或不保存查询,关闭设计视图。

(3) 通过表设计视图完成此题。

步骤 1:选中“表”对象,右击“员工表”,选择【设计视图】。

步骤 2:单击“部门号”字段行任一处,在下面的“查阅”选项卡中的“显示控件”行选择“列表框”,“行来源类型”中选择“表/查询”,“行来源”右侧下拉箭头选择“部门表”。如图 1-24-3 所示。

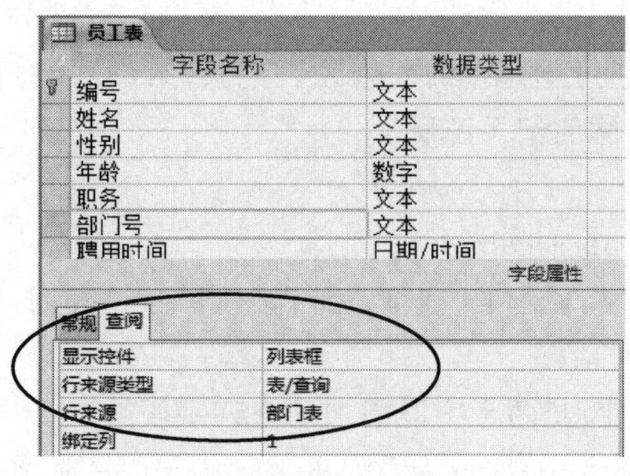

图 1-24-3 设定员工表部门号字段属性

步骤 3:按 Ctrl+S 保存修改,保存该表,关闭设计视图。

(4) 通过数据表视图完成此题。

步骤 1:双击“员工表”,打开数据表视图。

步骤 2:单击“姓名”列的任一点,然后单击“开始”选项卡下“查找”组中的“查找”按钮,弹出“查找和替换”对话框。单击“替换”选项卡,在“查找内容”文本框中输入“小”,在“替换为”文本框中输入“晓”,在“匹配”行选择“字段任何部分”,然后单击“全部替换”按钮。单击“是”按钮,然后关闭“查找和替换”对话框。

步骤 3:单击工具栏中的“保存”按钮。

(5) 通过数据表视图完成此题。

步骤 1:在“员工表”的“职务”字段列的右侧下拉菜单中,取消“全选”,选中“经理”和“主管”,然后单击“确定”。

步骤 2:在筛选出的记录的“说明”字段依次填写“干部”两字。按上述操作方法,选回全部记录。

步骤 3:按 Ctrl+S 保存“员工表”,关闭数据表视图。

(6) 通过窗体属性表完成此题。

步骤 1:右击“fEmp”窗体,选择【设计视图】命令。

步骤 2:右击“窗体选择器”,从弹出的快捷菜单中选择【属性】,然后单击“数据”选项卡,在“记录源”行右侧下拉列表中选中“员工表”,在“筛选”行中键入“(([员工表].[性别]=“女”))”,在“加载时的筛选器”行右侧下拉列表中选择“是”,如图 1-24-4 所示。关闭属性界面，切换到窗体视图，运行窗体。如图 1-24-5 所示。

步骤 3：按 Ctrl＋S 保存该窗体，关闭设计视图。

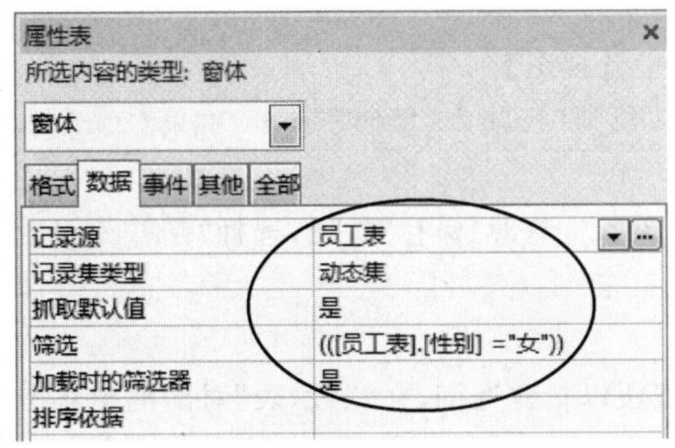

图 1-24-4 设定窗体属性表属性

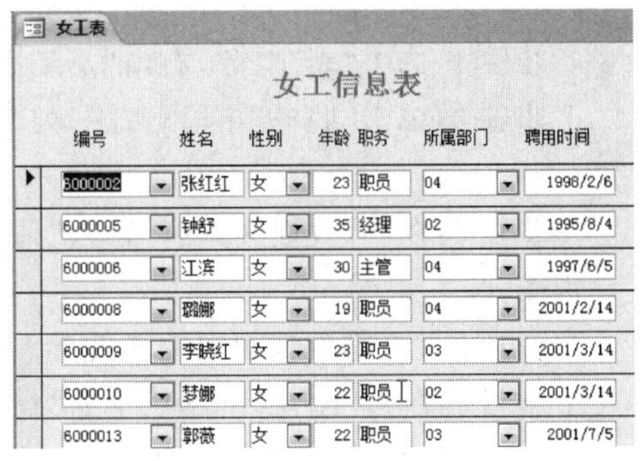

图 1-24-5 窗体运行示意

〖**本题小结**〗

本题涉及修改字段属性、修改表记录，以及窗体记录属性的修改等操作。其中第(1)、(2)、(4)、(5)小题均为修改表记录，但采用了不同的方法。第(1)、(2)小题使用更新查询来修改表中记录。第(4)、(5)小题通过查找筛选找到相应记录并修改。第(3)小题在查阅选项卡设置字段的属性以及第(6)小题设置属性使得窗体打开时输出满足条件的内容是本题的难点。

第 25 题

在素材文件夹下，“samp1. accdb”数据库文件中已建立两个表对象“员工表”和“部门表”及一个报表对象“rEmp”。试按以下要求顺序，完成表及报表的各种操作。

(1) 设置“员工表”的职务字段有效性规则为只能输入“经理”“主管”和“职员”三者之一；同时设置相应的有效性文本为“请输入有效职务”。

(2) 分析员工的聘用时间，将截止到 2018 年聘用期在 20 年(含 20 年)以上的员工其“说明”字段的值设置为“老职工”。

要求：以 2018 年为截止期判断员工的聘用期，不考虑月日因素。比如，聘用时间在 2000 年的员工，其聘用期为 18 年。

(3) 删除员工表中姓名含“钢”字的员工记录。

(4) 将“员工表”中女职员的前四列信息(编号，姓名，性别，年龄)导出到素材文件夹下，以文本文件形式保存，命名为 Test. txt。

要求各数据项间以逗号分隔，且第一行包含字段名称。

(5) 建立表对象“员工表”和“部门表”的表间关系，并实施参照完整性。

(6) 将报表对象“rEmp”的记录源设置为表对象“员工表”。

〖**解题思路**〗

第(1)小题在设计视图中设置字段有效性规则和有效性文本；第(2)、(3)小题在数据表视图中修改和删除满足条件的记录。第(4)小题将数据库表文件导出为 txt 文件。第(5)小题建立表间关系并设置参照完整性。第(6)小题设置报表数据源属性。

〖操作步骤〗

(1) 打开数据库“samp1.accdb”。

步骤1:选中“表”对象,右击“员工表”,选择【设计视图】。

步骤2:单击“职务”字段行任一处,在“有效性规则”行输入“‘经理’ Or ‘主管’ Or ‘职员’”。

步骤3:在“有效性文本”行输入“请输入有效职务”,单击“保存”按钮,选择“是”,关闭设计视图。

(2) 通过查询设计视图完成此题。

步骤1:单击“创建”工具栏下的“查询设计”按钮以新建查询,在“显示表”对话框中双击“员工表”,关闭“显示表”对话框。

步骤2:分别双击“聘用时间”“说明”字段添加到字段行。

步骤3:单击设计选项卡中的“更新”按钮,在“聘用时间”字段的“字段”行输入“2018-year([聘用时间]),在条件行输入“>=20”,在“说明”字段“更新到”行输入“老职工”,如图1-25-1所示,单击“运行”按钮,单击“是”按钮,完成更新操作。更新后部分记录的“说明”字段被填写为“老职工”。

步骤4:关闭设计视图,在弹出对话框中单击“否”按钮不保存查询,要保存的话则单击“是”按钮。

(3) 通过查询设计视图完成此题。

步骤1:单击“创建”工具栏下的“查询设计”按钮以新建查询,在“显示表”对话框中双击“员工表”,关闭“显示表”对话框。

步骤2:单击设计选项卡中的“删除”按钮。

步骤3:双击“姓名”字段添加到“字段”行,在“条件”行输入“Like "*钢*"”。如图1-25-2所示。

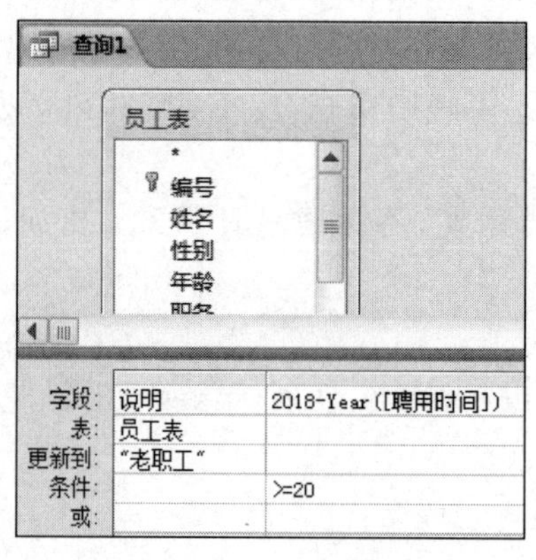

图1-25-1 更新查询

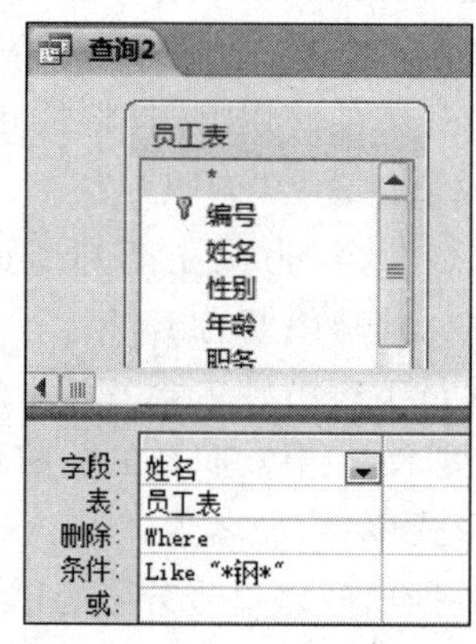

图1-25-2 删除查询

步骤4:单击“运行”按钮,单击“是”按钮,完成更新操作。

步骤5:关闭设计视图,在弹出对话框中单击“否”按钮,不保存查询,要保存的话则单击“是”按钮。

（4）通过查询设计视图完成此题。

步骤 1：单击“创建”工具栏下的“查询设计”按钮以新建查询，在“显示表”对话框中双击“员工表”，关闭“显示表”对话框。

步骤 2：单击设计选项卡中的“生成表”按钮，输入表名称“Test”，单击“确定”按钮。

步骤 3：双击“编号”“姓名”“性别”和“年龄”字段。

步骤 4：在“性别”字段的条件行中输入“女”，单击“运行”按钮，在弹出的窗口中选择“是”，完成生成表操作。关闭设计视图，在弹出对话框中单击“否”按钮。

步骤 5：右击表“Test”，从弹出的快捷菜单中选择【导出】→【文本文件】。

步骤 6：在对话框中单击“浏览”按钮找到要放置文件的位置，保存类型为“文本文件”，输入文件名“Test”，单击“保存”按钮，然后单击“确定”按钮，接着单击“下一步”按钮，确认“字段分隔符”为逗号，勾选“第一行包含字段名称”，单击“下一步”按钮，确认文件导出的路径无误，单击“完成”按钮。最后单击“关闭”按钮。

（5）通过数据库关系视图完成此题。

步骤 1：单击工具栏【数据库工具】下的“关系”按钮，在弹出的显示表窗口中，分别双击添加部门表和员工表，单击“关闭”按钮，关闭“显示表”对话框。

步骤 2：选中部门表中的“部门号”字段，拖动鼠标到员工表的“所属部门”字段，放开鼠标，选中“实施参照完整性”选项，然后单击“创建”按钮。

步骤 3：单击工具栏中的“保存”按钮，关闭“关系”窗口。

（6）通过报表设计视图完成此题。

步骤 1：右击“rEmp”报表，选择【设计视图】命令。

步骤 2：右击“报表选择器”，从弹出的快捷菜单中选择【属性】，然后单击“数据”选项卡，在“记录源”行右侧下拉列表中选中“员工表”，关闭属性窗口，切换到报表视图，运行报表。

步骤 3：保存修改，关闭设计界面。

〖**本题小结**〗

本题涉及修改字段属性、修改表记录、删除记录；以及导出表数据、建立表间关系、设置报表数据源等操作。其中第(2)、(3)、(4)小题通过建立查询来修改删除和生成表数据。第(4)小题需要先通过查询生成满足条件的表，再利用导出功能导出表数据到 txt 文件是本题的难点。

第 26 题

在素材文件夹下，已有“samp1. accdb”数据库文件和 Stab. xls 文件，“samp1. mdb”中已建立表对象“student”和“grade”，试按以下要求，完成表的各种操作。

（1）将考生文件夹下的 Stab. xls 文件导入到“student”表中。

（2）将“student”表中 1975 年和 1976 年出生的学生记录删除。

（3）将“student”表中“性别”字段的默认值属性设置为“男”；将“学号”字段的相关属性设置为只允许输入 9 位的 0～9 数字；将姓名中的“丽”改为“莉”。

（4）将“student”表拆分为两个新表，表名分别为“tStud”和“tOffice”。其中“tStud”表结构为：学号，姓名，性别，出生日期，院系，籍贯，主键为“学号”，“tOffice”表结构为：院系，院长，院办电话，主键为“院系”。

要求：保留“student”表。

（5）在“grade”表中增加一个字段，字段名为“总评成绩”，字段值为：总评成绩＝平时成绩＊30％＋考试成绩＊70％，计算结果的“结果类型”为“整型”，“格式”为“标准”，“小数位数”为0。

〖**解题思路**〗

第(1)小题通过导入来获取外部数据；第(2)小题删除记录；第(3)小题在设计视图中设置默认值及输入掩码并在数据视图中修改记录；第(4)小题通过创建生成表查询来拆分表；第(5)小题增加新的计算字段。

〖**操作步骤**〗

（1）打开数据库“samp1. accdb”。

步骤1：在表对象“student”上右击，在快捷菜单中选中【导入/Excel】；

步骤2：在弹出的“获取外部数据”对话框中单击“浏览”按钮，选择素材文件夹下的Excel文件“Stab. xls”，选中“向表中追加一份记录的副本”单选钮，在组合框中选择“student”表，单击“确定”按钮；

步骤3：在接下来的“导入数据表向导”对话框中依次单击“下一步”按钮，最后单击“完成”按钮，结束操作。

（2）通过数据表视图完成此题。

步骤1：双击“student”表，打开数据表视图。

步骤2：右击“出生日期”字段列的任一点，在弹出的快捷菜单中选择【日期筛选器】选项，在弹出的级联子菜单中，单击【期间】项，弹出“始末日期之间”对话框。

步骤3：在该对话框的“最旧”文本框中输入“1975-1-1”，在“最新”文本框中输入“1976-12-31”，然后单击“确定”按钮，即可筛选出符合要求的记录。如图1-26-1所示。

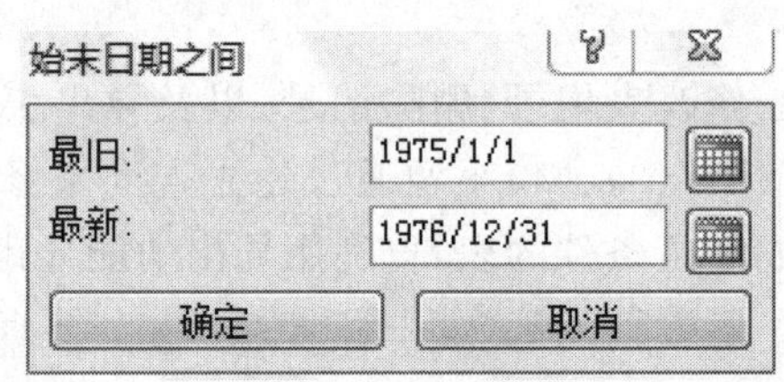

图1-26-1　设定始末日期

步骤4：选中筛选出的所有记录，单击“开始”选项卡下“记录”组中的“删除”按钮。

步骤5：单击“是”按钮，再单击“排序和筛选”组中的“切换筛选”按钮，最后单击“保存”按钮，关闭表。

（3）通过表设计视图和数据表视图完成此题。

步骤1：右击表对象“student”，选择【设计视图】，进入设计视图窗口；

步骤2：选中“性别”字段，在“字段属性”区的“默认值”行输入“男”，单击“学号”行任一点，在“输入掩码”行中输入“000000000”。单击“保存”按钮，关闭设计视图。

步骤3：双击“student”表，打开数据表视图。单击“姓名”列的任一点。单击“开始”选项卡下“查找”组中的“查找”按钮，弹出“查找和替换”对话框。单击“替换”选项卡，在“查找内容”行的文本框里输入“丽”，在“替换为”行的文本框里输入“莉”，在“匹配”行选择“字段任何部分”，再单击“全部替换”按钮即可。

步骤 4：单击工具栏中的“保存”按钮，关闭数据表视图。

(4) 通过查询设计视图完成此题。

步骤 1：单击“查询设计”按钮，在“显示表”对话框中选中表“student”，单击“添加”按钮，关闭“显示表”对话框；

步骤 2：依次双击“学号”“姓名”“性别”“出生日期”“院系”“籍贯”字段，在工具栏上单击“生成表”按钮，在弹出的对话框中输入表名“tStud”，单击“确定”按钮；

步骤 3：单击工具栏“运行”按钮，在弹出的对话框中单击“是”按钮，关闭视图，不保存查询。

步骤 4：在表对象“tStud”上右击，选择【设计视图】，选中“学号”字段，单击工具栏中的“主键”按钮，单击工具栏中的“保存”按钮，关闭设计视图。

步骤 5：单击“查询设计”按钮，在“显示表”对话框中选中表“student”，单击“添加”按钮，关闭“显示表”对话框，然后依次双击添加“院系”“院长”“院办电话”字段，单击工具栏中的“汇总”按钮，单击“生成表”按钮，在弹出的对话框中输入表名“tOffice”，单击“确定”按钮。运行查询，生成表。关闭不保存查询。在表对象“tOffice”上右击，选择“设计视图”，选择“院系”字段，单击工具栏中的“主键”按钮，保存并关闭视图。

或者不单击“汇总”按钮，切换到【SQL 视图】，在 Select 后添加 Distinct 子句，也可以得到“tOffice”表。

(5) 通过表设计视图完成此题。

步骤 1：右击“tGrade”表，选择【设计视图】命令。

步骤 2：在“考试成绩”字段的下一行的“字段名称”列中输入“总评成绩”，“数据类型”选择“计算”，弹出“表达式生成器”对话框，输入“[平时成绩] ＊0.3＋[考试成绩] ＊0.7”，单击“确定”按钮。“结果类型”选择“整型”，“格式”选“标准”，“小数位数”输入“0”。

步骤 3：单击“保存”按钮，单击“是”按钮，最后关闭表。

〖**本题小结**〗

本题涉及 Excel 文件的导入、删除记录、字段默认值、输入掩码及主键的设置、增加计算字段、表的拆分与表的生成等操作。其中第(4)小题表的拆分要理解成通过查询设计生成 2 张新表，第(2)小题中的日期条件要掌握正确的书写方式。第(5)小题增加一个计算字段，对其表达式的设置是难点。

第 27 题

在素材文件夹下，“samp1.accdb”数据库文件中已建立表对象“tEmployee”。试按以下操作要求，完成表的编辑。

(1) 根据“tEmployee”表的结构，判断并设置主键；删除表中的“学历”字段。

(2) 将“出生日期”字段的有效性规则设置为只能输入大于 16 岁的日期(要求：必须用函数计算年龄)；将“聘用时间”字段的有效性规则设置为只能输入上一年度 9 月 1 日以前(不含 9 月 1 日)的日期(要求：本年度年号必须用函数获取)；将表的有效性规则设置为输入

的出生日期小于输入的聘用时间。

(3) 在表结构中的"简历"字段后增加一个新字段，字段名称为"在职否"，字段类型为"是/否"型；将其默认值设置为真。

(4) 将有"书法"爱好的记录全部删除。

(5) 将"职务"字段的输入设置为"职员""主管"或"经理"列表选择。

(6) 根据"所属部门"字段的值修改"编号"字段的值，"所属部门"为"01"，将"编号"的第1位改为"1"；"所属部门"为"02"，将"编号"的第1位改为"2"，依次类推。

(可以在数据视图用筛选做，也可以用更新查询做)

〖**解题思路**〗

第(1)小题设置主键、删除字段；第(2)小题设置字段有效性规则和表有效性规则；第(3)小题在设计视图中添加新字段并设置默认值属性；第(4)小题删除表记录；第(5)小题设置字段查阅列表；第(6)小题修改满足条件的表记录内容。

〖**操作步骤**〗

(1) 打开数据库"samp1.accdb"。

步骤1：右击"tEmployee "表，选择【设计视图】命令。

步骤2：右击"编号"行，选择【主键】命令。

步骤3：右击"学历"行，选择【删除行】命令，单击"是"按钮，单击"保存"按钮。

(2) 通过表设计视图完成此题。

步骤1：单击"出生日期"字段行任一点，在"有效性规则"行输入"Year(Date())-Year([出生日期])＞16"。

步骤2：单击"聘用时间"字段行任一点，在"有效性规则"行输入"＜DateSerial(Year(Date())-1,9,1)"。

步骤3：右击"设计视图"任一点，在弹出的快捷菜单中选择【属性】命令，在"有效性规则"行输入"[出生日期]＜[聘用时间]"，然后关闭属性表。

步骤4：单击"保存"按钮，选择"是"按钮。

(3) 通过表设计视图完成此题。

步骤1：在"简历"字段的下一行的"字段名称"处输入"在职否"，在"数据类型"列表中选择"是/否"，在"默认值"行输入"True"，单击"保存"按钮，关闭设计视图。

(4) 通过数据表视图完成此题。

步骤1：双击"tEmployee"表，打开数据表视图。

步骤2：在"tEmployee"表的"简历"字段列的内容中选择"书法"两字，单击"开始"选项卡下的"选择"按钮，在其下拉列表中选择"包含'书法'命令。

步骤3：选中其筛选出的记录，单击"记录"功能区中的"删除"按钮，在弹出的对话框中单击"是"按钮。

步骤4：单击"保存"按钮，关闭数据表视图。

(5) 通过表设计视图完成此题。

步骤1：打开设计视图，在"职务"字段的"数据类型"列表中选择"查阅向导"命令。

步骤2：选择"自行键入所需的值"，单击"下一步"按钮，在第一列的每行分别输入"职员""主管""经理",单击"完成"按钮。

步骤 3:单击"保存"按钮,关闭设计视图。

(6) 通过数据表视图完成此题。

步骤 1:双击"tEmployee"表,打开数据表视图。

步骤 2:单击"所属部门"字段右侧的下三角按钮,勾选"01"对应的复选框,将"所属部门"为"01"的记录对应的"编号"字段第 1 位修改为"1"。

步骤 3:单击"所属部门"字段右侧的下三角按钮,勾选"02"对应的复选框,将"所属部门"为"02"的记录对应的"编号"字段第 1 位修改为"2"。单击"所属部门"字段右侧的下三角按钮,勾选"03"对应的复选框,将"所属部门"为"03"记录对应的"编号"字段第 1 位修改为"3"。单击"所属部门"字段右侧的下三角按钮,勾选"04"对应的复选框,将"所属部门"为"04"记录对应的"编号"字段第 1 位修改为"4"。

步骤 4:单击"所属部门"字段右侧的下三角按钮,勾选"全选"复选框,然后单击"确定"按钮。

步骤 5:单击"保存"按钮,关闭数据表视图。

〖**本题小结**〗

本题涉及修改字段属性、修改表记录、删除记录等操作,其中第(2)题使用日期函数正确表达有效性规则和第(6)小题通过数据表视图修改字段值是本题的难点。

第 28 题

在素材文件夹下的"samp1.accdb"数据库文件中已建立好表对象"tStud"和"tScore"、宏对象"mTest"和窗体"fTest"。请按以下要求,完成各种操作。

(1) 分析并设置表"tScore"的主键。

(2) 将学生"入校时间"字段的默认值设置为下一年度的一月一日(规定:本年度的年号必须用函数获取)。

(3) 冻结表"tStud"中的"姓名"字段列。

(4) 将窗体"fTest"的"标题"属性设置为"测试"。

(5) 将窗体"fTest"中名为"bt2"的命令按钮的宽度设置为 2 厘米、与命令按钮"bt1"左边对齐。

(6) 将宏"mTest"重命名保存为自动执行。

〖**解题思路**〗

第(1)、(2)小题在表设计视图中设置字段属性;第(3)小题在数据表视图中设置冻结字段;第(4)(5)小题直接右击控件选择属性;第(6)小题直接右击宏名选择【重命名】。

〖**操作步骤**〗

(1) 打开数据库文件"samp1.accdb"。

步骤 1:右击表对象"tScore",从弹出的快捷菜单中选【设计视图】;

步骤 2:分析该表结构,"学号"和"课程号"两个字段联合起来才能唯一决定一条记录,所以选中"学号"和"课程号"字段,单击工具栏中的"主键"按钮,如图 1-28-1 所示。

步骤 3:保存并关闭设计视图。

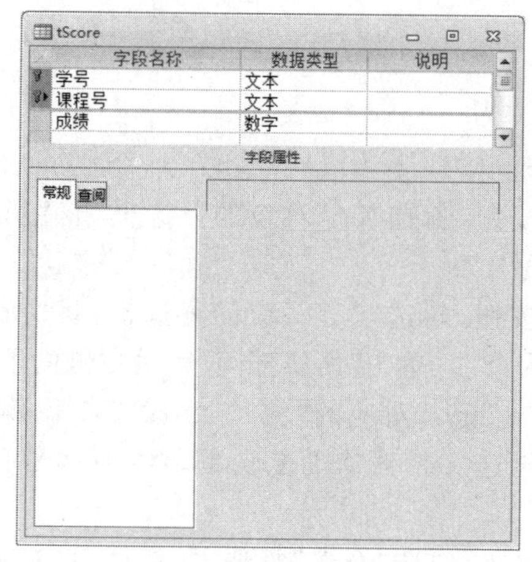

图 1-28-1　将两个字段设为主键

图 1-28-2　入校时间字段默认值的表达式

(2) 通过表设计视图完成此题。

步骤 1:右击表对象“tStud”,从弹出的快捷菜单中选择【设计视图】;

步骤 2:单击“入校时间”字段行,在“字段属性”的“默认值”行输入“=DateSerial(Year(Date())+1,1,1)”,如图 1-28-2 所示;

步骤 3:单击工具栏中的“保存”按钮。

(3) 通过数据表视图完成此题。

步骤 1:单击工具栏上的视图按钮,切换到【数据表视图】;

步骤 2:右击“姓名”字段列,从弹出的快捷菜单中选择【冻结字段】;

步骤 3:单击工具栏中的“保存”按钮,关闭数据表视图。

(4) 通过窗体属性表完成此题。

步骤 1:选中“窗体”对象,右击窗体“fTest”,从弹出的快捷菜单中选择【设计视图】;

步骤 2:右击“窗体选择器”,从弹出的快捷菜单中选择【属性】,在“标题”行输入“测试”,如图 1-28-3 所示。

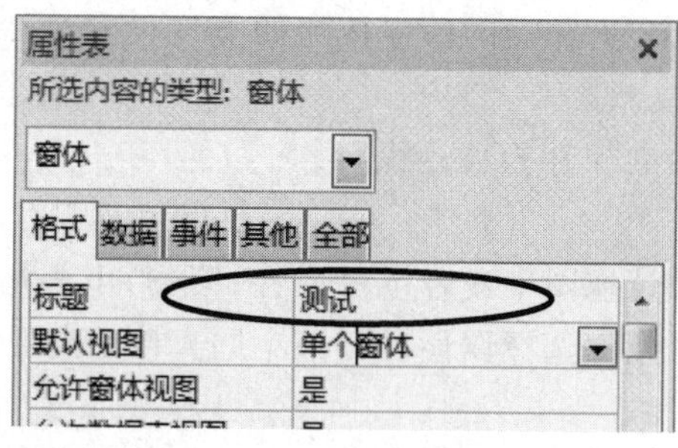

图 1-28-3　设置窗体的标题属性

(5) 通过窗体属性表完成此题。

步骤 1:单击命令按钮“bt2”(该按钮标题是 Button2),在“宽度”行输入 2 cm,如图 1-28-4 所示。

步骤 2:单击命令按钮“bt2”,按住“Shift”键再单击“bt1”,单击“窗体设计工具”上“排列"栏"对齐"按钮下的【靠左】项，或者右击"对齐"按钮下的【靠左】项；

步骤 4：单击工具栏中的"保存"按钮，关闭设计视图。

(6) 重命名宏对象。

步骤 1：右击宏对象"mTest"，在弹出的快捷菜单中选择【重命名】；

步骤 2：在光标处输入"AutoExec"；

步骤 3：单击工具栏中"保存"按钮，关闭 Access。

注意，"AutoExec"宏是一个能自动运行的特殊的宏对象。

〖**本题小结**〗

本题涉及表结构中字段属性中默认值的设置、数据表视图中冻结字段的设置，以及窗体对象中窗体及命令按钮属性的设置、特殊宏对象的命名等操作。在字段默认值设置中，又用到了日期函数 DateSerial()、Year()和 Date()。在窗体对象中要注意区分对象名称和标题这两个属性。

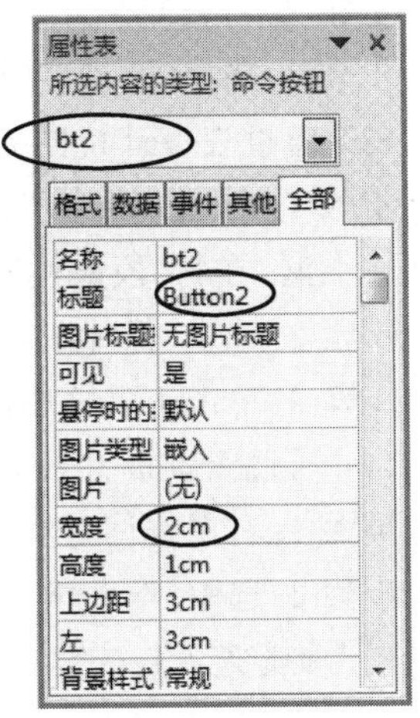

图 1-28-4　设置控件的宽度属性

第 29 题

在素材文件夹下，已有一个数据库文件"samp1. accdb"，其中已经建立了两个表对象"tGrade"和"tStudent"，宏对象"mTest"和查询对象"qT"。请按以下操作要求，完成各种操作。

(1) 设置"tGrade"表中"成绩"字段的显示宽度为 20。

(2) 设置"tStudent"表的"学号"字段为主键，"性别"的默认值属性为"男"。

(3) 在"tStudent"表结构最后一行增加一个字段，字段名为"家庭住址"，字段类型为"文本"，字段大小为 40；删除"像片"字段。

(4) 删除"qT"查询中的"毕业学校"列，并将查询结果按"姓名""课程名"和"成绩"顺序显示。

(5) 将宏"mTest"重命名，保存为自动执行的宏。

〖**解题思路**〗

第(1)小题在数据表中设置字段宽度；第(2)、(3)小题在设计视图设置字段属性、删除字段和添加新字段；第(4)小题在查询设计视图中删除字段；第(5)小题右击宏名选择【重命名】。

〖**操作步骤**〗

(1) 打开数据库文件"samp1. accdb"。

步骤 1：单击浏览类别按钮，选择【所有 Access 对象】，显示出表对象。

步骤 2：在表对象"tGrade"上右击，从弹出的快捷菜单中选择【打开】，进入数据表视图。

步骤 3：右击"成绩"字段名，从弹出的快捷菜单中选择【字段宽度】，在弹出的对话框中输入 20，单击"确定"按钮。

步骤 4：单击工具栏中的"保存"按钮，关闭设计视图。

(2) 通过表设计视图完成此题。

步骤 1:右击表对象“tStudent”,从弹出的快捷菜单中选择【设计视图】。

步骤 2:右击“学号”字段行,从弹出的快捷菜单中选择【主键】。

步骤 3:选择“性别”字段行,在“字段属性”的“默认值”行输入“男”。

(3) 通过表设计视图完成此题。

步骤 1:在“像片”字段的下一行输入“家庭住址”,单击“数据类型”列,数据类型为默认类型文本型,在“字段属性”的“字段大小”行输入 40。

步骤 2:选中“像片”行,右击“像片”行,从快捷菜单中选择【删除行】。

步骤 3:单击工具栏中的“保存”按钮,关闭设计视图。

(4) 通过查询设计视图完成此题。

步骤 1:右击查询对象“qT”,选择【设计视图】,打开查询对象。

步骤 2:选中“毕业学校”字段,单击查询工具设计栏中的“删除列”按钮,或右击,从快捷菜单中选择【剪切】,或键盘上按【Del】键。

步骤 3:选中“姓名”字段,将该字段拖动到“成绩”字段前,放开鼠标。

步骤 4:选中“课程名”字段,将该字段拖动到“成绩”字段前,放开鼠标,设计视图如图 1-29-1 所示。

步骤 5:单击工具栏中的“保存”按钮,关闭设计视图。

(5) 重命名宏对象。

步骤 1:右击宏对象“mTest”,从弹出的快捷菜单中选择【重命名】。

步骤 2:在光标处输入“AutoExec”。

步骤 3:单击工具栏中的“保存”按钮,关闭 Access。

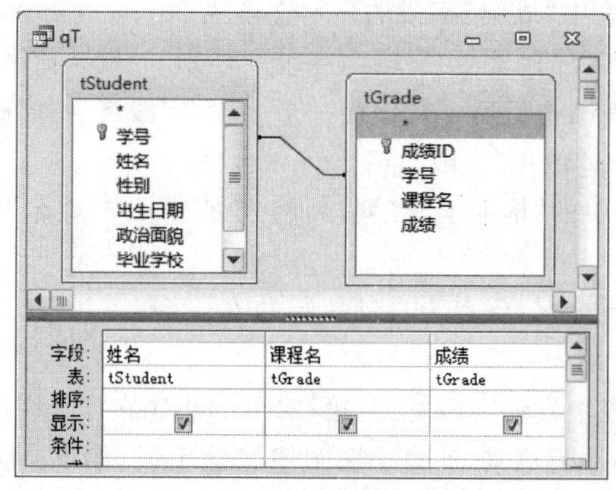

图 1-29-1　查询设计视图

〖本题小结〗

本题操作涉及设置字段、主键、默认值等;涉及删除字段、添加新字段和宏的重命名以及查询设计修改等。

第 30 题

在当前文件夹下，“samp1. accdb”数据库文件中已建立好表对象“tStud”和“tScore”、宏对象“mTest”和窗体“fTest”。具体操作如下。

(1) 分析并设置表“tScore”的主键；冻结表“tStud”中的“姓名”字段列。

(2) 将表“tStud”中的“入校时间”字段的默认值设置为下一年度的 9 月 1 日。要求：本年度的年号必须用函数获取。

(3) 根据表“tStud”中“所属院系”字段的值修改“学号”，“所属院系”为“01”，将“学号”的第 1 位改为“1”；“所属院系”为“02”，将“学号”的第 1 位改为“2”，依此类推。

(4) 在“tScore”表中增加一个字段，字段名为“总评成绩”，字段值为：总评成绩＝平时成绩 * 40%＋考试成绩 * 60%，计算结果的“结果类型”为“整型”，“格式”为“标准”，“小数位数”为 0。

(5) 将窗体“fTest”的“标题”属性设置为“测试”；将窗体中名为“bt2”的命令按钮，其宽度设置为 2 厘米、左边界设置为左边对齐“bt1”命令按钮。

(6) 将宏“mTest”重命名保存为自动执行的宏。

〖**解题思路**〗

本题重点：设置主键和默认值字段属性设置，查询更新，函数表达式的运用以及窗体属性设置，自动运行宏等。

第(1)、(2)、(4)、(5)小题单击表的“设计视图”来设置题目相关要求，第(3)小题单击表的“查询设计”来设置更新查询，第(6)小题单击表右键来设置重命名。

〖**操作步骤**〗

(1) 打开数据库“samp1. accdb”。

步骤 1：打开考生文件夹下的数据库文件 samp1. accdb，双击打开“tScore”表，判断“学号”字段和“课程号”字段的组合取值具有唯一性，关闭“tScore”表设计视图。

步骤 2：右击表“tScore”，从弹出的快捷菜单中选择【设计视图】命令。

步骤 3：单击选中“学号”和“课程号”字段，右击“学号”“课程号”二行的任意一点，在弹出的快捷菜单中选择【主键】命令。

步骤 4：按 Ctrl＋S 保存按钮，关闭“tScore”表。

步骤 5：双击表“tStud”打开数据表视图，选中“姓名”字段列，右击，在弹出的快捷菜单中选择【冻结字段】命令。

步骤 6：按 Ctrl＋S 保存按钮，关闭“tStud”表数据表视图。

(2) 通过表设计视图完成此题。

步骤 1：右击“tStud”表，在弹出的快捷菜单中选择【设计视图】命令，选中“入校时间”字段，在“默认值”行中输入表达式“＝DateSerial(Year(Date())＋1,9,1)”。

步骤 2：按 Ctrl＋S 保存按钮，关闭“tStud”表设计视图。

(3) 通过查询设计视图完成此题。

步骤 1：选择“创建”选项卡“查询”组中的“查询设计”按钮，在弹出的“显示表”对话框中双击表“tStud”，关闭“显示表”对话框。

步骤 2:双击添加“tStud”表中“学号”字段,选择“设计”选项卡“查询类型”组中的“更新”命令。在“更新到”行中输入表达式“Right([所属院系],1) & Mid([学号],2)”,如图 1-30-1 所示。

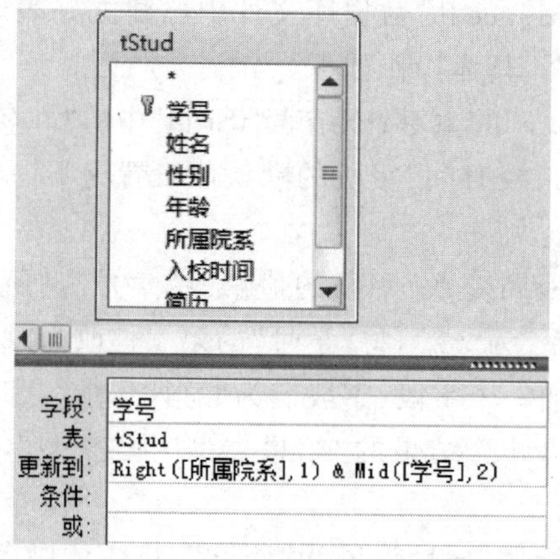

图 1-30-1　更新查询

步骤 3:单击“设计”选项卡“结果”组中的“运行”按钮,在弹出的对话框中单击“是”按钮,不保存该查询语句,关闭查询设计,也可以自己保存该查询。

(4) 通过表设计视图完成此题。

步骤 1:右击“tScore”表,在弹出的快捷菜单中选择【设计视图】命令,在窗格的最后一行中输入字段名“总评成绩”,在右侧的“数据类型”中选择“计算”,弹出“表达式生成器”对话框,输入表达式“=[平时成绩] * 0.4+[考试成绩] * 0.6”,单击“确定”按钮。

步骤 2:在“常规”选项卡下,将“结果类型”设置为“整型”,将“格式”设置为“标准”,将“小数位数”设置为“0”。

步骤 3:按 Ctrl+S 保存按钮,关闭“tScore”表设计视图。

(5) 通过窗体属性表完成此题。

步骤 1:右击“fTest”窗体,在弹出的快捷菜单中选择【设计视图】命令,进入设计视图,在窗体选择器上右击,选择【属性】选项,弹出“属性表”对话框,在“全部”选项卡下的“标题”行中输入“测试”。

步骤 2:单击“Button2”命令按钮,在“全部”选项卡下,将“宽度”属性设置为“2cm”;将“左”属性设置为“3cm”,使其与“Button1”左对齐。

步骤 3:按 Ctrl+S 保存按钮,关闭“fTest”窗体设计视图。

(6) 重命名宏对象。

步骤 1:右击“mTest”宏,在弹出的快捷菜单中选择【重命名】,输入宏名称“AutoExec”。

步骤 2:关闭 samp1. accdb 数据库。

〖**本题小结**〗

创建更新查询生成新的学号时用到的字符串函数,以及创建计算型字段等是本题的难点。

第二部分　简单应用题

第 1 题

素材文件夹下存在一个数据库文件“samp2. accdb”，里面已经设计好表对象“tCourse”“tScore”和“tStud”，试按以下要求完成设计。

(1) 创建一个查询，查找党员记录，并显示“姓名”“性别”和“入校时间”三列信息，所建查询命名为“qT1”。

(2) 创建一个查询，当运行该查询时，屏幕上显示提示信息：“请输入要比较的分数：”，输入要比较的分数后，该查询查找学生选课成绩的平均分大于输入值的学生信息，并显示“学号”和“平均分”两列信息，所建查询命名为“qT2”。

(3) 创建一个交叉表查询，统计并显示各班每门课程的平均成绩，统计显示结果如下图所示(要求：直接用查询设计视图建立交叉表查询，不允许用其他查询做数据源)，所建查询命名为“qT3”。

qT3: 交叉表查询

班级编号	高等数学	计算机原理	专业英语
19991021	68	73	81
20001022	73	73	75
20011023	74	76	74
20041021			72
20051021			71
20061021			67

记录: 1 共有记录数: 6

(4) 创建一个查询，运行该查询后生成一个新表，表名为“tNew”，表结构包括“学号”“姓名”“性别”“课程名”和“成绩”五个字段，表内容为 90 分以上(包括 90 分)或不及格的所有学生记录，并按课程名降序排序，所建查询命名为“qT4”。要求创建此查询后，运行该查询，并查看运行结果。

〖**解题思路**〗

第(1)小题是简单条件查询设计，第(2)小题是根据输入运行的参数查询设计，第(3)小题是交叉表查询设计，第(4)小题是涉及多表的生成表查询设计。

〖**操作步骤**〗

(1) 打开数据库文件“samp2. accdb”。

步骤 1：单击“创建”工具栏下的“查询设计”按钮，在打开的“显示表”对话框中双击“tStud”，关闭“显示表”窗口，然后分别双击“姓名”“性别”“入校时间”和“政治面目”字段。

步骤 2：在“政治面目”字段的“条件”行中输入“党员”，并取消该字段“显示”复选框的勾选，查询设计视图如图 2-1-1 所示。

步骤 3：单击工具栏中的“保存”按钮，将查询保存为“qT1”，运行并退出查询。

（2）通过查询设计视图完成此题。

步骤 1：单击“创建”工具栏下的“查询设计”按钮，在打开的“显示表”对话框中双击“tScore”，关闭“显示表”窗口，然后分别双击“学号”和“成绩”字段。

步骤 2：将“成绩”字段改为“平均分：成绩”，选择“查询工具”栏中的“汇总”按钮，在设计视图的“总计”行中选择该字段的“平均值”，在“条件”行输入“>[请输入要比较的分数：]”，查询设计视图如图 2-1-2 所示。

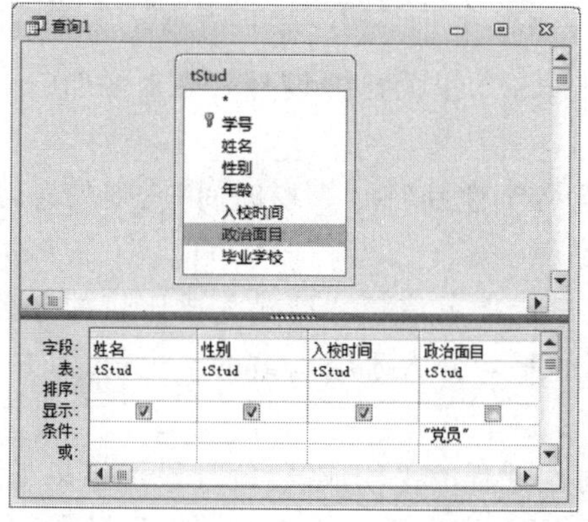

图 2-1-1　创建条件查询

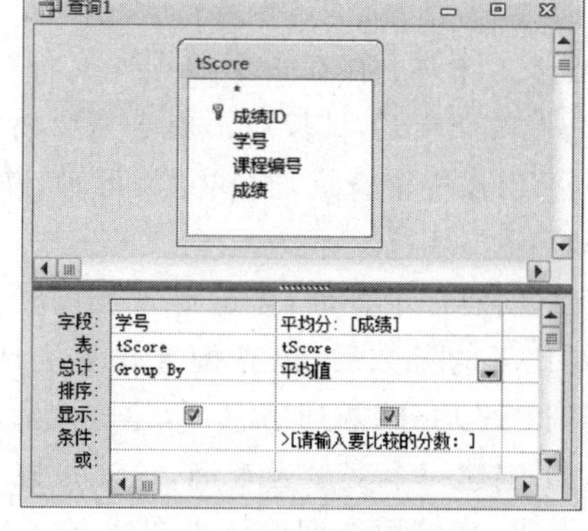

图 2-1-2　创建参数查询

步骤 3：单击工具栏中的“保存”按钮，将查询保存为“qT2”，运行并退出查询。

（3）通过查询设计视图完成此题。

步骤 1：单击“创建”工具栏下的“查询设计”按钮，在打开的“显示表”对话框中双击“tScore”和“tCourse”，关闭“显示表”窗口。

步骤 2：单击“查询工具”栏下的“交叉表”按钮。然后分别双击“学号”“课程名”和“成绩”字段。

步骤 3：修改字段“学号”为“班级编号：Left([tScore]！[学号]，8)”；将“成绩”字段改为“Round(Avg([成绩]))”，并在“总计”行中选择“Expression”。分别在“班级编号”“课程名”和“成绩”字段的“交叉表”行中选择“行标题”“列标题”和“值”，查询设计视图如图 2-1-3 所示。

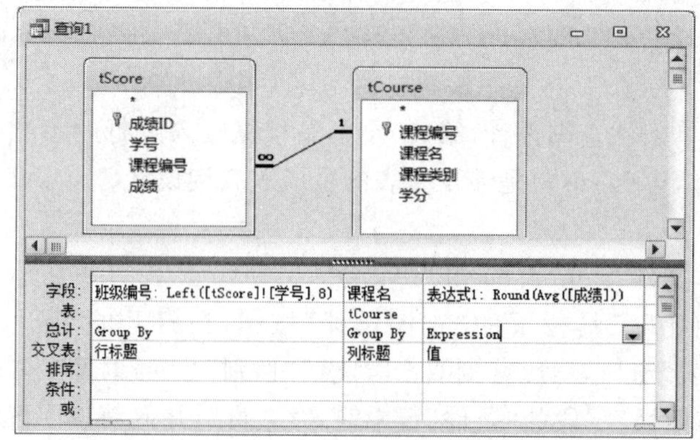

图 2-1-3　创建交叉表查询

步骤 4：单击工具栏中的“保存”按钮，将查询保存为“qT3”，运行并退出查询。

（4）通过查询设计视图完成此题。

步骤 1：单击“创建”工具栏下的“查询设计”按钮，在打开的“显示表”对话框中分别双击“tScore”“tStud”和“tCourse”，关闭“显示表”窗口。

步骤 2：单击“查询工具”栏中的“生成表”按钮，在弹出的对话框中输入新生成表的名字“tNew”。

步骤 3：分别双击“学号”“姓名”“性别”“课程名”和“成绩”字段，在“课程名”字段的“排序”行中选择“降序”，在“成绩”字段的“条件”行中输入“＞＝90 or ＜60”，设计视图如图 2-1-4 所示。

步骤 4：单击工具栏中的“保存”按钮，将查询保存为“qT4”，运行并退出查询。

注意：由于是生成表查询，一定要运行该查询。

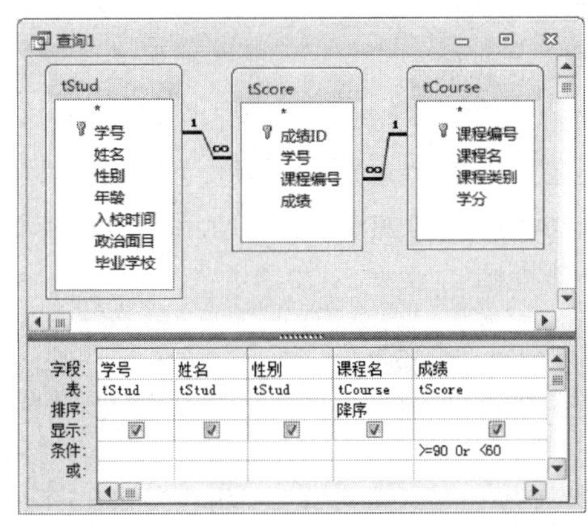

图 2-1-4　创建链接查询

〖**本题小结**〗

本题比较典型，涉及常用的 4 种查询设计：创建条件查询、参数查询、交叉表查询和生成表查询，其中第(3)小题从学号字段中提取班级编号和求取平均成绩是难点，用到字符串函数 Left()、数值函数 Round()和 Avg()。

第 2 题

素材文件夹下有一个数据库文件“samp2. accdb”，其中存在已经设计好的一个表对象“tTeacher”。请按以下要求完成设计。

（1）创建一个查询，计算并输出教师最大年龄与最小年龄的差值，显示标题为“m_age”，将查询命名为“qT1”。

（2）创建一个查询，查找并显示具有研究生学历的教师的“编号”“姓名”“性别”和“系别”4 个字段内容，将查询命名为“qT2”。

（3）创建一个查询，查找并显示年龄小于等于 38、职称为副教授或教授的教师的“编号”“姓名”“年龄”“学历”和“职称”5 个字段，将查询命名为“qT3”。

（4）创建一个查询，查找并统计在职教师按照职称进行分类的平均年龄，然后显示出标题为“职称”和“平均年龄”的两个字段内容，将查询命名为“qT4”。

〖解题思路〗

第(1)小题使用数值函数 Max()和 Min()来求解年龄差值，第(2)小题创建简单查询，第(3)小题创建多条件的简单查询，第(4)小题创建分组查询。

〖操作步骤〗

(1) 打开数据库文件“samp2. accdb”。

步骤 1：单击“创建”工具栏下的“查询设计”按钮以新建查询，在“显示表”对话框中添加表“tTeacher”，关闭“显示表”对话框。

步骤 2：在字段行输入：m_age：Max([tTeacher]！[年龄])-Min([tTeacher]！[年龄])，单击“显示”行的复选框使字段显示，如图 2-2-1 所示。运行查询，单击工具栏中的“保存”按钮，另存为“qT1”，关闭设计视图。

注：也可以不输入“[tTeacher]!”。

(2) 通过查询设计视图完成此题。

步骤 1：同上题步骤 1。

步骤 2：双击“编号”“姓名”“性别”“系别”“学历”字段，在“学历”字段的条件行输入“研究生”，取消“学历”字段的显示的勾选，如图 2-2-2 所示。运行查询，单击工具栏中的“保存”按钮，另存为“qT2”，关闭设计视图。

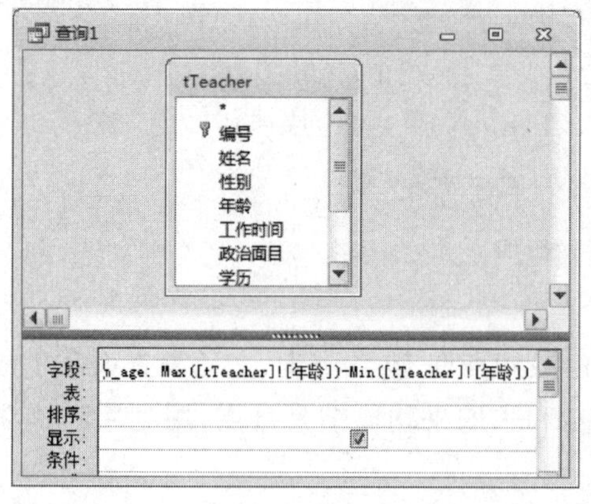

图 2-2-1 最大年龄与最小年龄差值的表达

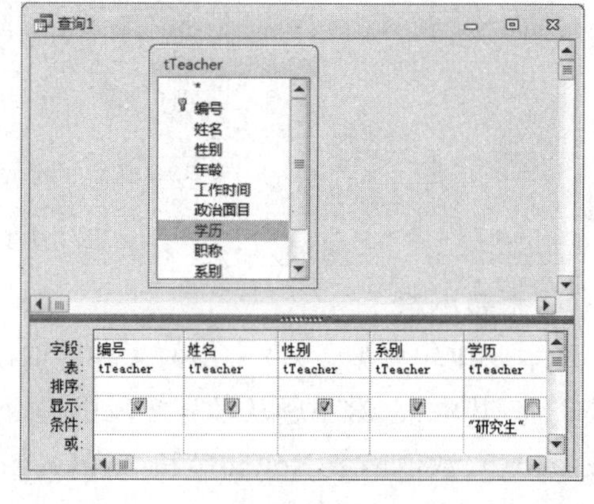

图 2-2-2 创建条件查询

(3) 步骤 1：同上题步骤 1。

步骤 2：双击“编号”“姓名”“年龄”“学历”“职称”字段，在“年龄”字段的条件行输入“<=38”，在“职称”的条件行输入“"教授" or "副教授"”。运行查询，单击工具栏中的“保存”按钮，另存为“qT3”，关闭设计视图。

(4) 步骤 1：同上题步骤 1。

步骤 2：双击“职称”“年龄”“在职否”字段，单击工具栏上的“汇总”按钮，在“年龄”字段的“总计”行选择“平均值”，在“年龄”字段前添加“平均年龄：”字样。在“在职否”的条件行输入 True，取消“在职否”字段的显示的勾选，运行查询，单击工具栏中的“保存”按钮，另存为“qT4”，关闭设计视图。

〖本题小结〗

本题涉及创建条件查询和分组总计查询，在设计中要注意查询字段的命名和显示等。使用数值函数 Max()和 Min()求解年龄差值是难点。

第3题

素材文件夹下有一个数据库文件"samp2. accdb"，其中存在已经设计好的两个表对象"tEmployee"和"tGroup"。请按以下要求完成设计。

(1) 创建一个查询，查找并显示没有运动爱好的职工的"编号""姓名""性别""年龄"和"职务"5 个字段内容，将查询命名为"qT1"。

(2) 建立"tGroup"和"tEmployee"两表之间的一对多关系，并实施参照完整性。

(3) 创建一个查询，查找并显示聘期超过 5 年(使用函数)的开发部职工的"编号""姓名""职务"和"聘用时间"4 个字段内容，将查询命名为"qT2"。

(4) 创建一个查询，检索职务为经理的职工的"编号"和"姓名"信息，然后将两列信息合二为一输出(比如，编号为"000011"、姓名为"吴大伟"的数据输出形式为"000011 吴大伟")，并命名字段标题为"管理人员"，将查询命名为"qT3"。

〖解题思路〗

第(1)、(3)、(4)小题在查询设计视图中创建条件查询，在"条件"行按题目要求填写条件表达式；第(2)小题在关系界面中建立表间关系。

〖操作步骤〗

(1) 打开数据库文件"samp2. accdb"。

步骤 1：单击"创建"工具栏下的"查询设计"按钮以新建查询，在"显示表"对话框中添加表"tEmployee"，关闭"显示表"对话框。

步骤 2：双击"编号""姓名""性别""年龄""职务""简历"字段，取消"简历"字段的显示，在下面的条件行中输入"Not Like " * 运动 * ""，如图 2-3-1 所示。运行该查询，单击工具栏中的"保存"按钮，将查询另存为"qT1"，关闭设计视图。

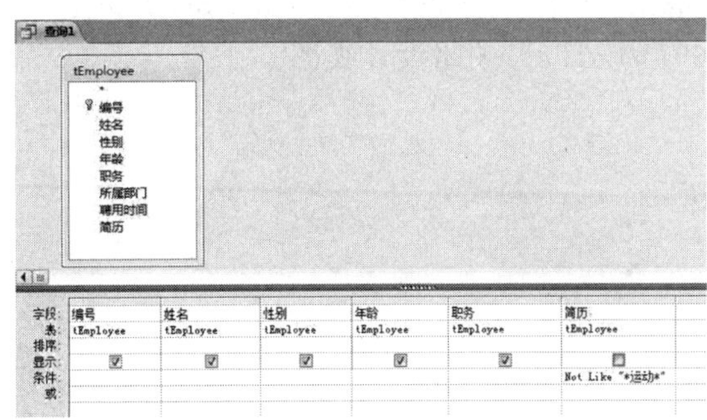

图 2-3-1　创建条件查询

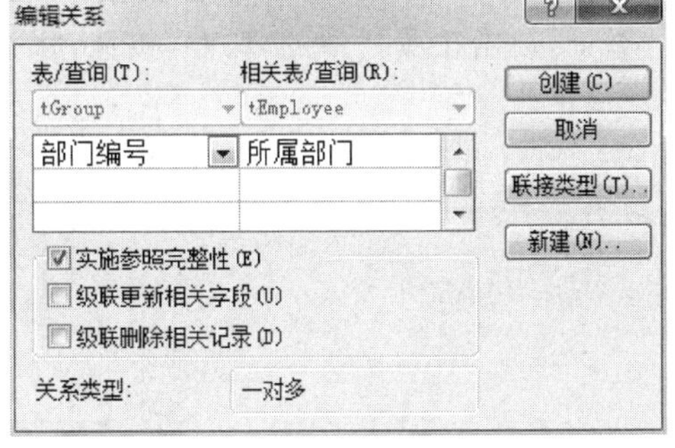

图 2-3-2　创建两表间关系

(2) 通过数据库关系视图完成此题。

步骤 1：单击菜单栏【数据库工具】下的"关系"按钮，弹出"关系"窗口，在该窗口中右击，选择【显示表】，分别添加表"tGroup"和"tEmployee"，关闭显示表对话框。

步骤 2:选中表“tGroup”中的“部门编号”字段,拖动到表“tEmployee”的“所属部门”字段,放开鼠标,单击“实施参照完整性”选项,然后单击“创建”按钮,如图 2-3-2 所示。单击工具栏中的“保存”按钮,关闭“关系”窗口。

(3) 通过查询设计视图完成此题。

步骤 1:单击“创建”工具栏下的“查询设计”按钮以新建查询,在“显示表”对话框中添加表“tGroup”和“tEmployee”,关闭“显示表”对话框。

步骤 2:双击“编号”“姓名”“职务”“名称”“聘用时间”字段,在“名称”字段条件行输入“开发部”,添加新字段“Year(Date())-Year([聘用时间])”,在条件行中输入“>5”,取消该字段和“名称”字段的显示。如图 2-3-3 所示。运行该查询,单击工具栏中的“保存”按钮,将查询另存为“qT2”,关闭设计视图。

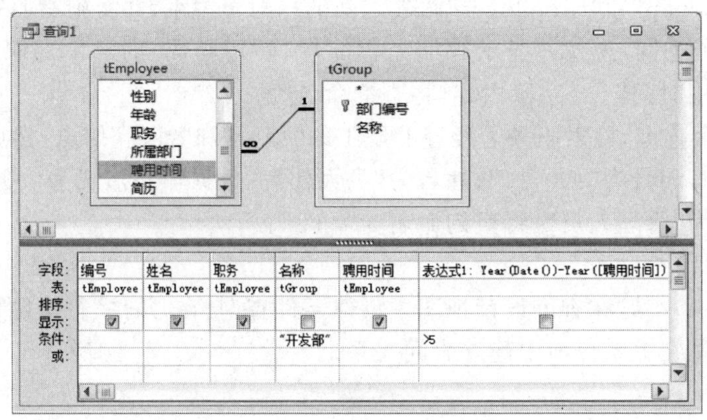

图 2-3-3　创建复杂条件查询

(4) 通过查询设计视图完成此题。

步骤 1:单击“创建”工具栏下的“查询设计”按钮以新建查询,在“显示表”对话框中添加表“tEmployee”,关闭“显示表”对话框。

步骤 2:添加新字段“管理人员:[编号]+[姓名]”,双击添加“职务”字段。

步骤 3:在“职务”字段条件行输入“经理”,取消“职务”字段的显示,如图 2-3-4 所示。运行查询,单击工具栏中的“保存”按钮,将查询另存为“qT3”,关闭设计视图。

图 2-3-4　创建新增字段查询

〖本题小结〗

本题涉及创建条件查询和建立表间关系等操作，要注意新字段的创建和条件表达式的正确书写，第(3)小题中正确创建聘期大于5年的条件表达是本题的难点。

第4题

素材文件夹下有一个数据库文件“samp2.accdb”，其中存在已经设计好的3个关联表对象“tStud”“tCourse”和“tScore”及表对象“tTemp”。请按以下要求完成设计。

(1) 创建一个查询，查找并显示学生的“姓名”“课程名”和“成绩”3个字段内容，将查询命名为“qT1”。

(2) 创建一个查询，查找并显示有摄影爱好的学生的“学号”“姓名”“性别”“年龄”和“入校时间”5个字段内容，将查询命名为“qT2”。

(3) 创建一个查询，查找学生的成绩信息，并显示“学号”和“平均成绩”两列内容。其中“平均成绩”一列数据由统计计算得到，将查询命名为“qT3”。

(4) 创建一个查询，将“tStud”表中女学生的信息追加到“tTemp”表对应的字段中，将查询命名为“qT4”。

〖解题思路〗

第(1)小题创建基于多表的链接查询，第(2)小题创建带有模糊条件的条件查询，第(3)小题创建分组统计查询，第(4)小题创建追加查询。

〖操作步骤〗

(1) 打开数据库文件“samp2.accdb”。

步骤1：单击“创建”工具栏下的“查询设计”按钮以新建查询，在“显示表”对话框中添加表“tStud”“tScore”“tCourse”，关闭“显示表”对话框。

步骤2：双击添加“姓名”“课程名”“成绩”字段，运行该查询，单击工具栏中的“保存”按钮，另存为“qT1”。关闭设计视图。

(2) 通过查询设计视图完成此题。

步骤1：单击“创建”工具栏下的“查询设计”按钮，从“显示表”对话框中添加表“tStud”，关闭“显示表”对话框。

步骤2：双击添加“学号”“姓名”“性别”“年龄”“入校时间”“简历”字段，在“简历”字段的“条件”行输入“Like "*摄影*"”，单击“显示”行取消字段显示的勾选。运行该查询，单击工具栏中的“保存”按钮，另存为“qT2”。关闭设计视图。

(3) 通过查询设计视图完成此题。

步骤1：单击“创建”工具栏下的“查询设计”按钮，从“显示表”对话框中添加表“tScore”，关闭“显示表”对话框。

步骤2：双击“学号”“成绩”字段，单击工具栏上的“汇总”按钮，在“成绩”字段“总计”行下拉列表中选中“平均值”。在“成绩”字段前添加“平均成绩:”字样，如图2-4-1所示。运行该查询，单击工具栏中的“保存”按钮，另存为“qT3”。关闭设计视图。

(4) 通过查询设计视图完成此题。

步骤1：单击“创建”工具栏下的“查询设计”按钮，从“显示表”对话框中添加表“tStud”，关闭“显示表”对话框。

步骤 2:单击工具栏上的“追加”按钮,在“追加”对话框中输入或从组合框中选择“tTemp”,单击“确定”按钮。

步骤 3:双击“学号”“姓名”“性别”“年龄”“所属院系”“入校时间”字段,在“性别”字段的“条件”行输入“女”。

步骤 4:单击工具栏上的“运行”按钮,在弹出的对话框中单击“是”按钮,如图 2-4-2 所示。单击工具栏中的“保存”按钮,另存为“qT4”。关闭设计视图。

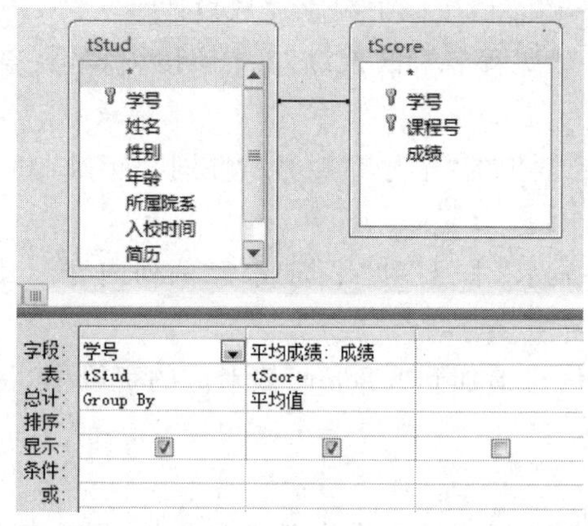

图 2-4-1　创建汇总查询

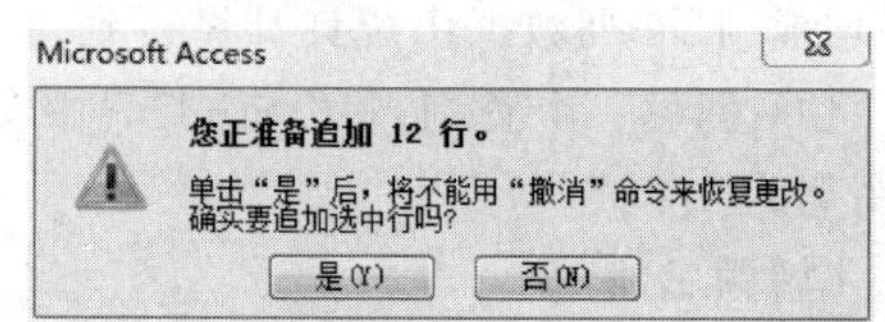

图 2-4-2　运行追加查询

〖本题小结〗

本题创建条件查询、分组统计查询和追加查询。注意追加查询一定要运行查询才能将查询结果追加到目标表中,不运行的话,虽然创建了查询,但 tTemp 表中没有表记录。

第 5 题

素材文件夹下有一个数据库文件“samp2. accdb”,其中存在已经设计好的两个表对象“tTeacher1”和“tTeacher2”及一个宏对象“mTest”。请按以下要求完成设计。

(1) 创建一个查询,查找并显示教师的“编号”“姓名”“性别”“年龄”和“职称”5 个字段内容,将查询命名为“qT1”。

(2) 创建一个查询,查找并显示没有在职的教师的“编号”“姓名”和“联系电话”3 个字段内容,将查询命名为“qT2”。

(3) 创建一个查询,将“tTeacher1”表中年龄小于等于 45 的党员教授或年龄小于等于 35 的党员副教授记录追加到“tTeacher2”表的相应字段中,将查询命名为“qT3”。

(4) 创建一个窗体,命名为“fTest”。将窗体“标题”属性设为“测试窗体”;在窗体的主体节区添加一个命令按钮,命名为“btnR”,标题为“测试”;设置该命令按钮的单击事件属性为给定的宏对象“mTest”。

〖解题思路〗

第(1)小题创建简单查询,第(2)小题创建条件查询,第(3)小题创建追加查询,第(4)小题创建窗体并设置常用属性,建立命令按钮控件,设置属性和单击事件。

〖操作步骤〗

(1) 打开数据库文件“samp2. accdb”。

步骤 1:单击“创建”工具栏下的“查询设计”按钮以新建查询,在“显示表”对话框中添加表“tTeacher1”,关闭“显示表”对话框。

步骤 2:分别双击“编号”“姓名”“性别”“年龄”和“职称”字段添加到“字段”行。

步骤 3:运行查询,单击工具栏中的“保存”按钮,另存为“qT1”。关闭设计视图。

(2) 通过查询设计视图完成此题。

步骤 1:单击“创建”工具栏下的“查询设计”按钮,在“显示表”对话框中双击表“tTeacher1”,关闭“显示表”对话框。

步骤 2:分别双击“编号”“姓名”“联系电话”和“在职否”字段。

步骤 3:在“在职否”字段的“条件”行输入 False 或 No,单击显示行取消字段显示的勾选。

步骤 4:运行查询,单击工具栏中的“保存”按钮,另存为“qT2”。关闭设计视图。

(3) 通过查询设计视图完成此题。

步骤 1:单击“创建”工具栏下的“查询设计”按钮,在“显示表”对话框中双击表“tTeacher1”,关闭“显示表”对话框。

步骤 2:单击工具栏上的“追加”按钮,在弹出的对话框中从组合框选择“tTeacher2”,单击“确定”按钮。

步骤 3:分别双击“编号”“姓名”“性别”“年龄”“职称”和“政治面目”字段,将这些字段添加到查询字段中。

步骤 4:在“年龄”“职称”和“政治面目”字段的“条件”行分别输入“＜＝45”“教授”和“党员”,在“或”行分别输入“＜＝35”“副教授”和“党员”,如图 2-5-1 所示。

步骤 5:运行查询,在弹出的对话框中单击“是”按钮。

步骤 6:单击工具栏中的“保存”按钮,另存为“qT3”。关闭设计视图。

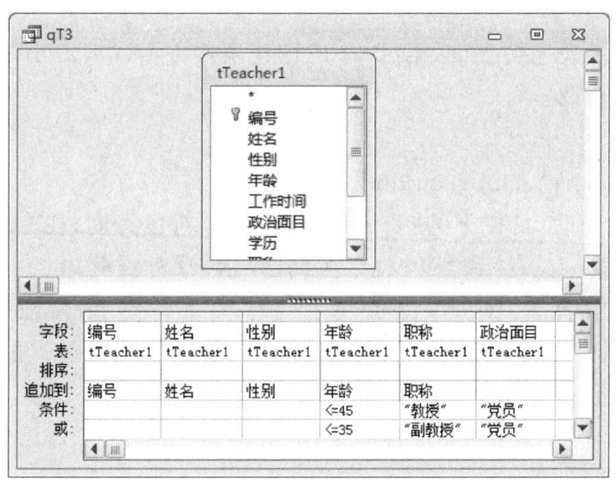

图 2-5-1　创建追加查询

(4) 通过窗体设计视图完成此题。

步骤 1:单击“创建”工具栏下的“窗体设计”按钮,进入窗体设计视图。

步骤 2:在属性表窗口“全部”选项卡的“标题”行输入“测试窗体”。

步骤 3:选择工具栏中的“命令按钮”控件,单击窗体主体区适当位置,弹出“命令按钮向导”对话框,单击“取消”按钮。

步骤 2:单击该命令按钮,单击属性表窗口的“全部”选项卡,在“名称”和“标题”行输入“btnR”和“测试”。

步骤 4:单击“事件”选项卡,在“单击”行右侧下拉列表中选中“mTest”。

步骤 5:单击工具栏中的“保存”按钮,将窗体命名为“fTest”,切换到窗体视图,浏览窗体,关闭视图,退出 Access。

〖**本题小结**〗

本题涉及创建条件查询和追加查询;创建窗体和命令按钮对象,并设置各自的常用属性。第(3)小题创建追加查询中,要注意复杂条件的建立方法。

第6题

素材文件夹下有一个数据库文件“samp2. accdb”,其中存在已经设计好的表对象“tAttend”“tEmployee”和“tWork”,请按以下要求完成设计。

(1) 创建一个查询,查找并显示“姓名”“项目名称”和“承担工作”3 个字段的内容,将查询命名为“qT1”。

(2) 创建一个查询,查找并显示项目经费在 10 000 元以下(包括 10 000 元)的“项目名称”和“项目来源”两个字段的内容,将查询命名为“qT2”。

(3) 创建一个查询,设计一个名为“单位奖励”的计算字段,计算公式为:单位奖励=经费 * 10%,并显示“tWork”表的所有字段内容和“单位奖励”字段,将查询命名为“qT3”。

(4) 创建一个查询,将所有记录的“经费”字段值增加 2000 元,将查询命名为“qT4”。

〖**解题思路**〗

第(1)小题创建多表连接查询,第(2)小题创建条件查询,第(3)小题创建新增字段查询,第(4)小题创建更新查询。

〖**操作步骤**〗

(1) 打开数据库文件“samp2. accdb”。

步骤 1:单击“创建”工具栏下的“查询设计”按钮以新建查询,在“显示表”对话框中分别双击表“tAttend”“tEmployee”和“tWork”,关闭“显示表”对话框。

步骤 2:分别双击“姓名”“项目名称”“承担工作”字段添加到“字段”行。

步骤 3:运行查询,单击工具栏中的“保存”按钮,另存为“qT1”。关闭设计视图。

(2) 通过查询设计视图完成此题。

步骤 1:单击“创建”工具栏下的“查询设计”按钮,在“显示表”对话框中双击表“tWork”,关闭“显示表”对话框。

步骤 2:分别双击“项目名称”“项目来源”和“经费”字段将其添加到“字段”行。

步骤 3:在“经费”字段的“条件”行输入“<=10000”字样,单击“显示”行取消该字段的显示。

步骤 4：运行查询，单击工具栏中的“保存”按钮，另存为“qT2”。关闭设计视图。

（3）通过查询设计视图完成此题。

步骤 1：单击“创建”工具栏下的“查询设计”按钮，在“显示表”对话框中双击表“tWork”，关闭“显示表”对话框。

步骤 2：双击“ * ”字段将其添加到“字段”行。

步骤 3：在“字段”行下一列添加新字段“单位奖励：[经费] * 0.1”，如图 2-6-1 所示。

步骤 4：运行查询，单击工具栏中的“保存”按钮，另存为“qT3”。关闭设计视图。

（4）通过查询设计视图完成此题。

步骤 1：单击“创建”工具栏下的“查询设计”按钮，在“显示表”对话框中双击表“tWork”，关闭“显示表”对话框。

步骤 2：单击工具栏的“更新”按钮，创建更新查询。

步骤 3：双击“经费”字段将其添加到“字段”行，在“更新到”行输入“[经费]＋2000”，如图 2-6-2 所示。

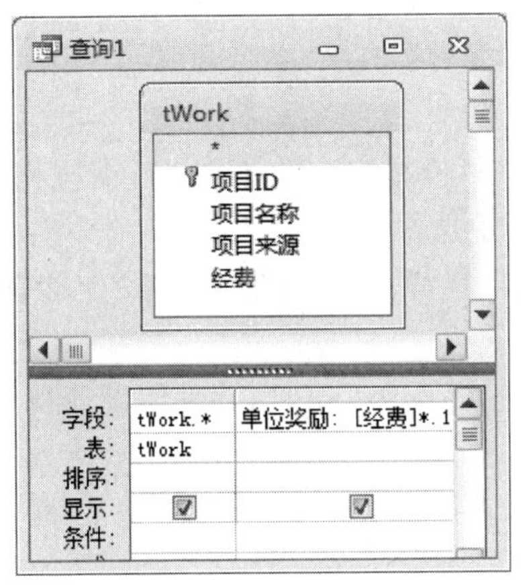

图 2-6-1　新增字段

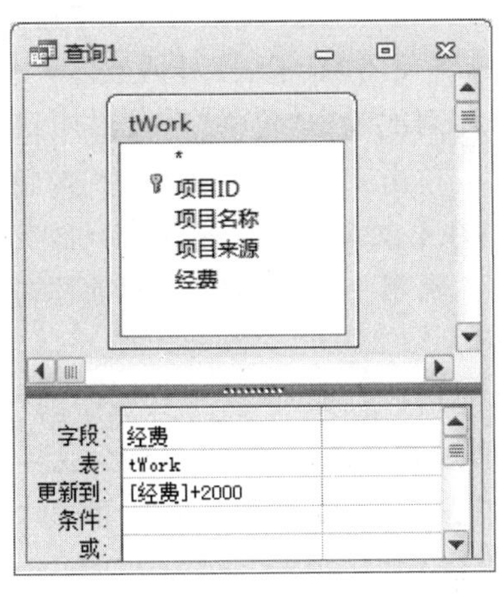

图 2-6-2　创建更新查询

步骤 5：运行查询，单击“是”按钮，单击工具栏中的“保存”按钮，另存为“qT4”。关闭设计视图。退出 Access。

〖**本题小结**〗

本题涉及创建多表连接查询，条件查询、新增字段查询和更新查询等操作。在更新查询设计中，更新到行中的原字段必须要用“[]”括起来，否则会引发更新错误，而且更新查询和追加查询以及删除查询一样，一定要运行查询。

第 7 题

素材文件夹下有一个数据库文件“samp2. accdb”，其中存在已经设计好的表对象“tCollect”“tpress”和“tType”，请按以下要求完成设计。

（1）创建一个查询，查找收藏品中最高价格和最低价格信息并输出，标题显示为“v_Max”和“v_Min”，将查询命名为“qT1”。

(2) 创建一个查询,查找并显示购买"价格"大于 100 元并且"购买日期"在 2001 年以后(含 2001 年)的"CDID""主题名称""价格""购买日期"和"介绍"5 个字段的内容,将查询命名为"qT2"。

(3) 创建一个查询,通过输入 CD 类型名称,查询并显示"CDID""主题名称""价格""购买日期"和"介绍"5 个字段的内容,当运行该查询时,应显示参数提示信息"请输入 CD 类型名称:",将查询命名为"qT3"。

(4) 创建一个查询,对"tType"表记录进行修改,将"类型 ID"等于"05"的记录中的"类型介绍"字段更改为"古典音乐",将查询命名为"qT4"。

〖**解题思路**〗

第(1)小题创建统计查询,第(2)小题创建条件查询,第(3)小题创建参数查询,第(4)小题创建更新查询。

〖**操作步骤**〗

(1) 打开数据库文件"samp2. accdb"。

步骤 1:单击"创建"工具栏下的"查询设计"按钮以新建查询,在"显示表"对话框中双击表"tCollect",关闭"显示表"对话框。

步骤 2:两次双击"价格"字段添加到字段行。

步骤 3:单击工具栏上的"汇总"按钮,在第一个"价格"字段"总计"行下拉列表中选中"最大值",在第二个"价格"字段"总计"行下拉列表中选中"最小值"。

步骤 4:在第一个"价格"字段前添加"v_Max:"字样,在第二个"价格"字段前添加"v_Min:"字样。

步骤 5:运行查询,单击工具栏中的"保存"按钮,另存为"qT1",并关闭设计视图。

(2) 通过查询设计视图完成此题。

步骤 1:单击"创建"工具栏下的"查询设计"按钮,在"显示表"对话框中双击表"tCollect",关闭"显示表"对话框。

步骤 2:双击"CDID""主题名称""价格""购买日期""介绍"字段添加到字段行。

步骤 3:分别在"价格"和"购买日期"字段的条件行输入"＞100"和"＞＝＃2001/1/1＃"。

步骤 4:运行查询,单击工具栏中的"保存"按钮,另存为"qT2",关闭设计视图。

(3) 通过查询设计视图完成此题。

步骤 1:单击"创建"工具栏下的"查询设计"按钮,在"显示表"对话框中双击表"tType"及"tCollect",关闭"显示表"对话框。

步骤 2:双击字段"CDID""主题名称""价格""购买日期""介绍"和"CD 类型名称"字段添加到字段行。

步骤 3:在"CD 类型名称"字段的条件行输入"[请输入 CD 类型名称:]",单击显示行取消该字段显示,如图 2-7-1 所示。

步骤 4:运行查询,单击工具栏中的"保存"按钮,另存为"qT3",关闭设计视图。

(4) 通过查询设计视图完成此题。

步骤 1:单击"创建"工具栏下的"查询设计"按钮,在"显示表"对话框中双击表"tType",关闭"显示表"对话框。

步骤 2:单击工具栏中的"更新"按钮,双击"类型 ID"和"类型介绍"字段。

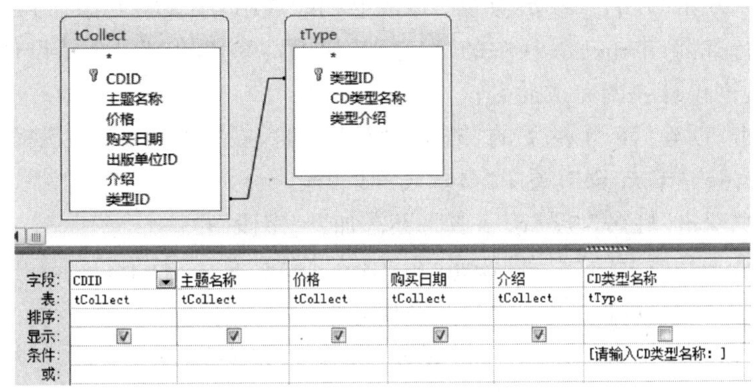

图 2-7-1　创建参数查询

步骤 3：在“类型 ID”字段的条件行输入“05”，在“类型介绍”字段的“更新到”行输入“古典音乐”。

步骤 4：单击“运行”按钮，在弹出的对话框中单击“是”按钮。

步骤 5：单击工具栏中的“保存”按钮，另存为“qT4”，关闭设计视图。

〖**本题小结**〗

本题涉及创建条件查询、参数查询、更新查询等操作，要注意日期型数据的表达方式和更新查询创建后要运行该查询。

第 8 题

素材文件夹下有一个数据库文件“samp2. accdb”，其中存在已经设计好的 3 个关联表对象“tCourse”“tGrade”“tStudent”和一个空表“tSinfo”，请按以下要求完成设计。

(1) 创建一个查询，查找并显示“姓名”“政治面貌”“课程名”和“成绩”4 个字段的内容，将查询命名为“qT1”。

(2) 创建一个查询，计算每名学生所选课程的学分总和，并依次显示“姓名”和“学分”，其中“学分”为计算出的学分总和，将查询命名为“qT2”。

(3) 创建一个查询，查找年龄小于平均年龄的学生，并显示其“姓名”，将查询命名为“qT3”。

(4) 创建一个查询，将所有学生的“班级编号”“学号”“课程名”和“成绩”等值填入“tSinfo”表相应字段中，其中“班级编号”值是“tStudent”表中“学号”字段的前 6 位，将查询命名为“qT4”。

〖**解题思路**〗

第(1)小题创建简单多表链接查询，第(2)小题创建多表链接统计查询，第(3)小题创建嵌套查询，第(4)小题创建追加查询。

〖**操作步骤**〗

(1) 打开数据库文件“samp2. accdb”。

步骤 1：单击“创建”工具栏下的“查询设计”按钮以新建查询，在“显示表”对话框中分别双击表“tStudent”“tCourse”“tGrade”，关闭“显示表”对话框。

步骤 2：分别双击“姓名”“政治面貌”“课程名”和“成绩”字段将其添加到“字段”行。

步骤 3：运行查询，单击工具栏中的“保存”按钮，另存为“qT1”。关闭设计视图。

（2）通过查询设计视图完成此题。

步骤 1：单击“创建”工具栏下的“查询设计”按钮，在“显示表”对话框中分别双击表“tStudent”“tGrade”“tCourse”，关闭“显示表”对话框。

步骤 2：分别双击“姓名”“学分”字段将其添加到“字段”行。

步骤 3：单击工具栏上的“汇总”按钮，在“学分“字段“总计”行下拉列表中选中“合计”。

步骤 4：在“学分”字段前添加“学分：”字样。

步骤 5：运行查询，单击工具栏中的“保存”按钮，另存为“qT2”。关闭设计视图。

（3）通过查询设计视图完成此题。

步骤 1：单击“创建”工具栏下的“查询设计”按钮，在“显示表”对话框中双击表“tStudent”，关闭“显示表”对话框。

步骤 2：分别双击“姓名”“年龄”字段将其添加到“字段”行。

步骤 3：在“年龄”字段条件行输入“<(Select Avg([年龄]) From [tStudent])”，单击“显示”行取消字段显示，如图 2-8-1 所示。

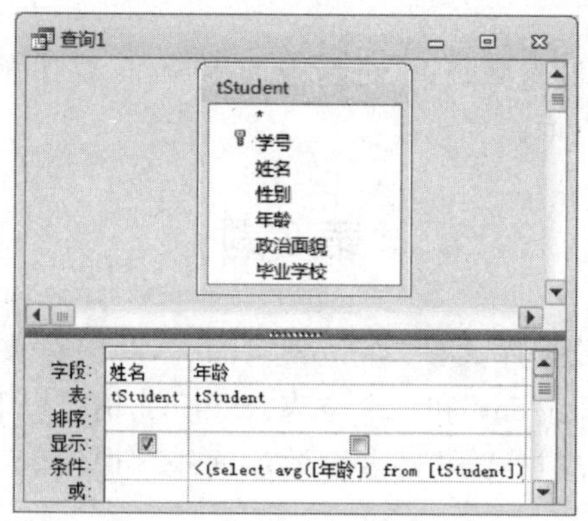

图 2-8-1　查询条件为子查询

步骤 4：运行查询，单击工具栏中的“保存”按钮，另存为“qT3”。关闭设计视图。

（4）通过查询设计视图完成此题。

步骤 1：单击“创建”工具栏下的“查询设计”按钮，在“显示表”对话框中分别双击表“tCourse”“tGrade”“tStudent”，关闭“显示表”对话框。

步骤 2：单击工具栏上的“追加”按钮，在弹出对话框中输入或在组合框中选择“tSinfo”，单击“确定”按钮。

步骤 3：在“字段”行第一列输入“班级编号：Left([tStudent]！[学号]，6)”，分别双击“学号”“课程名”“成绩”字段将其添加到“字段”行，如图 2-8-2 所示。

步骤 4：单击工具栏中的“运行”按钮，在弹出的对话框中单击“是”按钮。

步骤 5：单击工具栏中的“保存”按钮，另存为“qT4”。关闭设计视图。

〖**本题小结**〗

本题涉及创建简单链接查询、统计查询、嵌套查询和追加查询。第(3)小题嵌套查询的条件中又包含子查询以及第(4)小题中新增字段“班级编号”的创建是本题的难点。

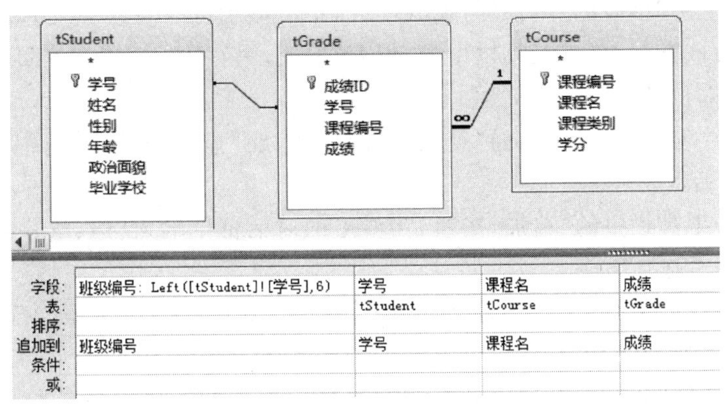

图 2-8-2　创建追加到查询

第 9 题

素材文件夹下有一个数据库文件“samp2. accdb”，其中存在已经设计好的 3 个关联表对象“tStud”“tCourse”“tScore”和一个空表“tTemp”。此外，还提供窗体“fTest”和宏“mTest”，请按以下要求完成设计。

(1) 创建一个查询，查找女学生的“姓名”“课程名”和“成绩”3 个字段的内容，将查询命名为“qT1”。

(2) 创建追加查询，将表对象“tStud”中有书法爱好学生的“学号”“姓名”和“入校年”3 列内容追加到目标表“tTemp”的对应字段内，将查询命名为“qT2”。(规定：“入校年”列由“入校时间”字段计算得到，显示为 4 位数字形式。)

(3) 补充窗体“fTest”上“test1”按钮(名为“bt1”)的单击事件代码，实现以下功能：

打开窗体，在文本框“tText”中输入一段文字，然后单击窗体“fTest”上的“test1”按钮(名为“bt1”)，程序将文本框内容作为窗体中标签“bTitle”的标题显示。

注意：不能修改窗体对象“fTest”中未涉及的控件和属性；只允许在“ ***** Add ***** ”与“ ***** Add ***** ”之间的空行内补充语句、完成设计。

(4) 设置窗体“fTest”上“test2”按钮(名为“bt2”)的单击事件为宏对象“mTest”。

〖**解题思路**〗

第(1)小题创建多表链接的条件查询，第(2)小题创建追加查询；第(3)小题通过代码编辑窗口输入代码，动态改变控件的属性，第(4)小题通过属性表窗口，设置按钮对象的单击事件属性。

〖**操作步骤**〗

(1) 打开数据库文件“samp2. accdb”。

步骤 1：单击“创建”工具栏下的“查询设计”按钮以新建查询，在“显示表”对话框中分别双击表“tStud”“tCourse”和“tScore”，关闭“显示表”对话框。将“tStud”表的学号字段拖动到“tScore”表的学号字段，将“tCourse”表的课程号字段拖动到“tScore”表的课程号字段，以建立三表间的联系。

步骤 2：分别双击“姓名”“性别”“课程名”和“成绩”字段。

步骤 3:在“性别”字段的“条件”行输入“女”,单击显示行取消该字段的显示。

步骤 4:运行该查询,单击工具栏中的“保存”按钮,另存为“qT1”。关闭设计视图。

(2) 通过查询设计视图完成此题。

步骤 1:单击“创建”工具栏下的“查询设计”按钮,在“显示表”对话框中双击表“tStud”,关闭“显示表”对话框。

步骤 2:单击工具栏中的“追加”按钮,在弹出的对话框中输入“tTemp”或从组合框列表中选择该表,单击“确定”按钮。

步骤 3:分别双击字段“学号”“姓名”和“简历”行,将其添加到“字段”行,在“简历”列的条件行输入“Like " * 书法 * " ”。

步骤 4:在“简历”列的下一列输入“入校年:Year([入校时间])”行,“追加到”行输入或选择“入校年”,设计视图如图 2-9-1 所示。

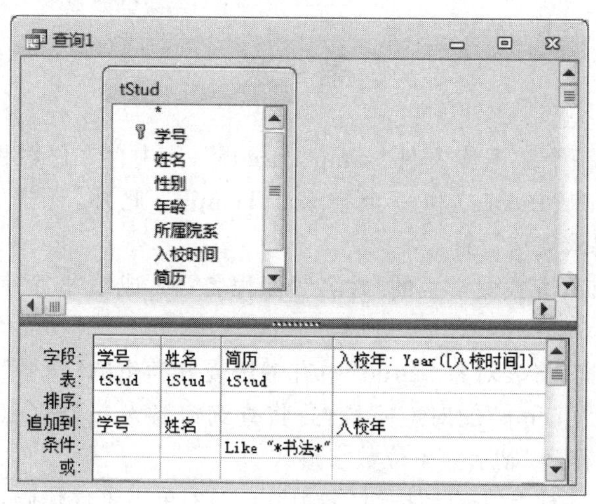

图 2-9-1 创建追加查询

步骤 5:单击工具栏中的“运行”按钮,在弹出的对话框中单击“是”按钮。

步骤 6:单击工具栏中的“保存”按钮,另存为“qT2”。关闭设计视图。

(3) 通过窗体设计视图完成此题。

步骤 1:通过导航窗口,显示窗体对象,右击窗体对象“fTest”,从弹出的快捷菜单中选择【设计视图】。

步骤 2:右击标题为“test1”的按钮,从快捷菜单中选择【事件生成器】,在空格行输入:

```
'*****Add*****
bTitle.Caption = tText.Value                注:.Value 也可省略
'*****Add*****
```

切换到窗体视图,浏览窗体,查看运行效果。关闭代码编辑窗口。

(4) 通过窗体设计视图完成此题。

步骤 1:右击标题为“test2”的按钮,从快捷菜单中选择【属性】,弹出属性表窗口,单击“事件”选项卡,在“单击”行右侧下拉列表中选中“mTest”。

步骤 2:切换到窗体视图,浏览窗体,查看运行效果。单击工具栏中的“保存”按钮,关闭设计视图。

〖本题小结〗

本题涉及创建条件查询和追加查询，在追加查询中，需设置模糊查询子句 Like 和“入校年”字段的创建，相对较难；涉及对窗体中命令按钮的属性进行设置和事件代码的编写，要掌握动态设置控件属性的方法。

第 10 题

在素材文件夹下有一个数据库文件“samp2. accdb”，里面已经设计好两个表对象“tNorm”和“tStock”。请按以下要求完成设计。

(1) 创建一个查询，查找产品最高储备与最低储备相差最小的数量并输出，标题显示为“m_data”，所建查询命名为“qT1”。

(2) 创建一个查询，查找库存数量超过 10 000(不含 10 000)的产品，并显示“产品名称”和“库存数量”。所建查询命名为“qT2”。

(3) 创建一个查询，按输入的产品代码查找其产品库存信息，并显示“产品代码”“产品名称”和“库存数量”。当运行该查询时，应显示提示信息：“请输入产品代码：”。所建查询名为“qT3”。

(4) 创建一个交叉表查询，统计并显示每种产品不同规格的平均单价，显示时行标题为产品名称，列标题为规格，计算字段为单价，所建查询名为“qT4”。

注意：交叉表查询不做各行小计。

〖解题思路〗

通过查询设计视图解答第(1)、(2)、(3)小题，第(4)小题通过向导解答。第(1)小题创建添加字段的查询，第(2)小题创建条件查询，第(3)小题创建参数查询，第(4)小题创建交叉表查询。

〖操作步骤〗

(1) 打开数据库文件“samp2. accdb”。

步骤 1：单击“创建”工具栏下的“查询设计”按钮以新建查询，在“显示表”对话框中双击表“tNorm”添加到关系界面中，关闭“显示表”。

步骤 2：在字段行的第一列输入“m_data: Min([最高储备]-[最低储备])”，单击工具栏中的“汇总”按钮，在总计行下拉列表中选择“Expression”，如图 2-10-1 所示。

步骤 4：运行查询，单击工具栏中的“保存”按钮，另存为“qT1”，关闭设计视图。

(2) 通过查询设计视图完成此题。

步骤 1：单击“创建”工具栏下的“查询设计”按钮，在“显示表”对话框中双击表“tStock”，关闭“显示表”对话框。

步骤 2：分别双击“产品名称”和“库存数量”字段。

步骤 3：在“库存数量”字段的“条件”行输入“>10000”。

步骤 4：运行查询，单击工具栏中的“保存”按钮，另存为“qT2”。关闭设计视图。

(3) 通过查询设计视图完成引题。

步骤 1：单击“创建”工具栏下的“查询设计”按钮，在“显示表”对话框中双击表“tStock”，关闭“显示表”对话框。

步骤 2:分别双击“产品代码”“产品名称”和“库存数量”字段。

步骤 3:在“产品代码”字段的“条件”行输入“[请输入产品代码:]”。

步骤 4:运行查询,根据输入的产品代码,完成查询。单击工具栏中的“保存”按钮,另存为“qT3”。关闭设计视图。

(4) 通过查询向导完成此题。

步骤 1:单击“创建”工具栏下的“查询向导”按钮,选中列表框中的“交叉表查询向导”,单击“确定”按钮。

步骤 2:在“交叉表查询向导”窗口单击视图组中“表”选项按钮,在列表框中选“表:tStock”,单击“下一步”按钮。

步骤 3:在“交叉表查询向导”窗口的“可用字段:”列表中双击“产品名称”作为行标题,单击“下一步”按钮。

步骤 4:在“可用字段:”列表中双击“规格”作为列标题,单击“下一步”按钮。

步骤 5:在“字段”列表中选中“单价”,在函数列表中选中平均“Avg”,单击“下一步”按钮。

步骤 6:在“请指定查询的名称”处输入“qT4”,单击“完成”按钮。设计视图如图 2-10-2 所示。运行查询并关闭视图。

图 2-10-1　创建汇总查询

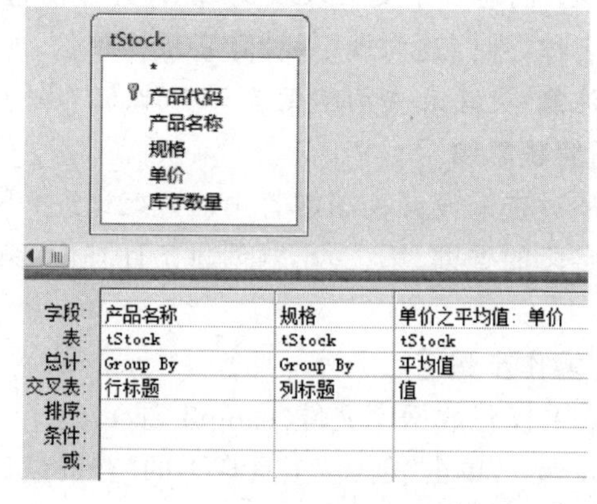

图 2-10-2　创建交叉表查询

〖**本题小结**〗

本题涉及创建汇总查询、条件查询、参数查询和交叉表查询等操作。难点是第(1)小题中使用统计函数并指定查询字段的名称,以及第(4)小题交叉表查询向导中如何正确指定行标题、列标题和值字段。

第 11 题

在素材文件夹下有一个数据库文件“samp2.accdb”,里面已经设计好了 3 个关联表对象“tStud”“tCourse”和“tScore”及一个临时表对象“tTemp”。请按以下要求完成设计。

(1) 创建一个查询,查找并显示入校时间非空的男同学的“学号”“姓名”和“所属院系”3

个字段内容，将查询命名为“qT1”。

(2) 创建一个查询，查找选课学生的“姓名”和“课程名”两个字段内容，将查询命名为“qT2”。

(3) 创建一个交叉表查询，以学生性别为行标题，以所属院系为列标题，统计男女学生在各院系的平均年龄，所建查询命名为“qT3”。

(4) 创建一个查询，将临时表对象“tTemp”中年龄为偶数的人员的“简历”字段清空(用一个空格替换)，所建查询命名为“qT4”。

〖**解题思路**〗

第(1)小题创建简单的条件查询，第(2)小题创建多表连接查询，第(3)小题创建交叉表查询，第(4)小题创建更新查询。

〖**操作步骤**〗

(1) 打开数据库文件“samp2. accdb”。

步骤1：单击“创建”工具栏下的“查询设计”按钮以新建查询，在“显示表”对话框中双击表“tStud”，关闭“显示表”对话框。

步骤2：分别双击“学号”“姓名”“所属院系”“入校时间”“性别”字段。

步骤3：在“入校时间”字段条件行输入“Is Not Null”，在“性别”字段条件行输入“男”，分别单击“显示”行的复选框取消这两个字段的显示。

步骤4：运行查询，单击工具栏中的“保存”按钮，另存为“qT1”。关闭设计视图。

(2) 通过查询设计视图完成此题。

步骤1：单击“创建”工具栏下的“查询设计”按钮，在“显示表”对话框中分别双击表“tStud”“tCourse”“tScore”，关闭“显示表”对话框。

步骤2：建立表间的联系，将tStud表的学号字段拖动到tScore表的学号字段，将tCourse表的课程号字段拖动到tScore表的课程号字段。

步骤3：分别双击“姓名”“课程名”字段将其添加到字段行。

步骤4：运行查询，单击工具栏中的“保存”按钮，另存为“qT2”。关闭设计视图。

(3) 通过查询设计视图完成此题。

步骤1：单击“创建”工具栏下的“查询设计”按钮，在“显示表”对话框中双击表“tStud”，关闭“显示表”对话框。

步骤2：单击工具栏中的“交叉表”按钮，分别双击“性别”“所属院系”“年龄”添加到字段行。

步骤3：在年龄字段的总计行选“平均值”，在交叉表行选“值”。

步骤4：在交叉表行性别字段选“行标题”，在所属院系字段选“列标题”。

步骤5：将年龄字段改为“平均年龄：年龄”，如图2-11-1所示。运行查询，单击工具栏中的“保存”按钮，保存为“qT3”，关闭设计视图。

(4) 通过查询设计视图完成此题。

步骤1：单击“创建”工具栏下的“查询设计”按钮，在“显示表”对话框中双击表“Temp”，关闭“显示表”对话框。

步骤2：单击工具栏中的“更新”按钮，双击“年龄”和“简历”字段。

步骤3：在“年龄”字段的条件行输入“[年龄] Mod 2=0”，在“简历”字段更新到行输入“

"(注意双引号内有一空格符),如图 2-11-2 所示。

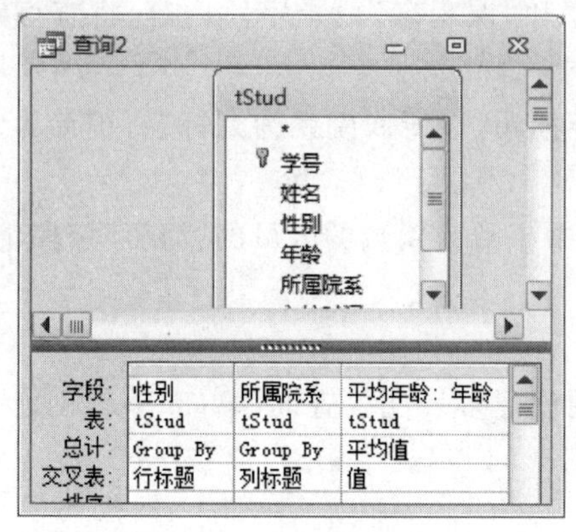

图 2-11-1 创建交叉查询

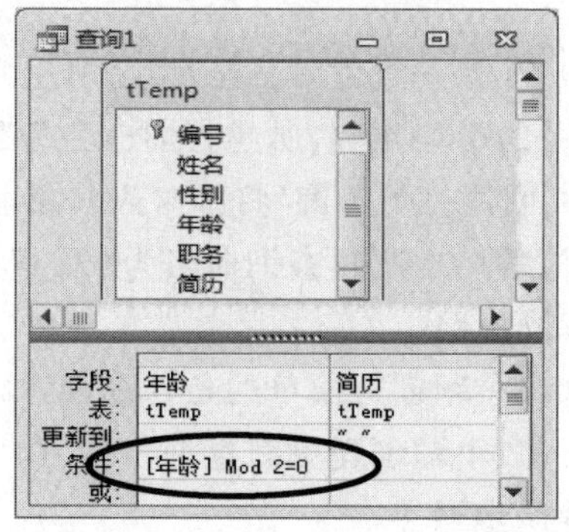

图 2-11-2 年龄为偶数的条件表达式

步骤 4:单击工具栏中的"运行"按钮,在弹出的对话框中单击"是"按钮。

步骤 5:单击工具栏中的"保存"按钮,另存为"qT4"。关闭设计视图。

〖**本题小结**〗

本题涉及创建条件查询、更新查询和交叉表查询等操作。在交叉表查询设计中最后要修改字段的显示名称,在更新查询中要注意年龄为偶数和清空字段的表达方式,在第(1)小题的查询中要注意非空的表达方式,在第(2)小题中,添加表后要通过鼠标的拖动操作创建表间的联系。

第 12 题

素材文件夹下有一个数据库文件"samp2. accdb",其中存在已经设计好的两个表对象"tTeacher1"和"tTeacher2"。请按以下要求完成设计。

(1) 创建一个查询,查找并显示在职教师的"编号""姓名""年龄"和"性别"4 个字段内容,将查询命名为"qT1"。

(2) 创建一个查询,查找教师的"编号""姓名"和"联系电话"3 个字段内容,然后将其中的"编号"与"姓名"两个字段合二为一,这样,查询的 3 个字段内容以两列形式显示,标题分别为"编号姓名"和"联系电话",将查询命名为"qT2"。

(3) 创建一个查询,按输入的教师的"年龄"查找并显示教师的"编号""姓名""年龄"和"性别"4 个字段内容,当运行该查询时,应显示参数提示信息:"请输入教工年龄",将查询命名为"qT3"。

(4) 创建一个查询,将"tTeacher1"表中的党员教授的记录追加到"tTeacher2"表相应的字段中,将查询命名为"qT4"。

〖**解题思路**〗

通过查询设计视图解答各题。第(1)小题创建简单查询,第(2)小题创建新增字段简单查询,第(3)小题创建参数查询,第(4)小题在查询设计视图中创建不同的查询,按题目要求填添加字段和条件表达式。

〖操作步骤〗

(1) 打开数据库文件“samp2. accdb”。

步骤 1:单击“创建”工具栏下的“查询设计”按钮以新建查询,在“显示表”对话框中双击表“tTeacher1”,关闭“显示表”对话框。

步骤 2:分别双击“编号”“姓名”“年龄”“性别”和“在职否”字段,添加到“字段”行。

步骤 3:取消“在职否”列的显示,在“在职否”的条件行输入 True,运行查询并单击工具栏中的“保存”按钮,另存为“qT1”。关闭设计视图。

(2)

步骤 1:单击“创建”工具栏下的“查询设计”按钮,在“显示表”对话框中双击表“tTeacher1”,关闭“显示表”对话框。

步骤 2:在“字段”行第一列输入“编号姓名:[编号]+[姓名]”,双击“联系电话”字段添加到“字段”行,如图 2-12-1 所示。

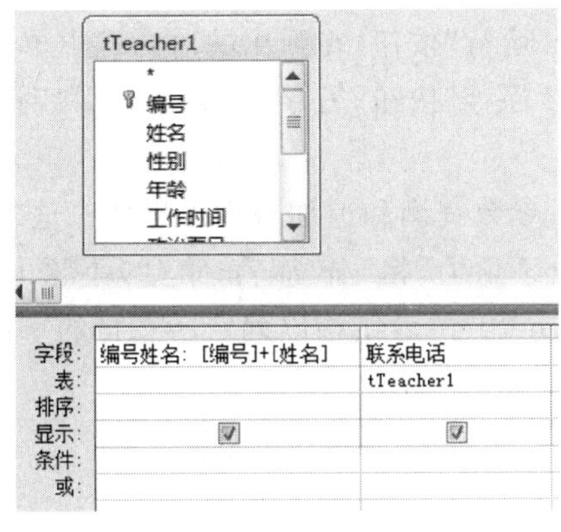

图 2-12-1 创建编号姓名字段的表达形式

步骤 3:运行查询并单击工具栏中的“保存”按钮,另存为“qT2”。关闭设计视图。

(3)

步骤 1:单击“创建”工具栏下的“查询设计”按钮,在“显示表”对话框中双击表“tTeacher1”,关闭“显示表”对话框。

步骤 2:分别双击“编号”“姓名”“年龄”“性别”字段添加到“字段”行。

步骤 3:在“年龄”字段的“条件”行输入“[请输入教工年龄]”。

步骤 4:单击工具栏中的“保存”按钮,另存为“qT3”。关闭设计视图。

(4)

步骤 1:单击“创建”工具栏下的“查询设计”按钮,在“显示表”对话框中双击表“tTeacher1”,关闭“显示表”对话框。

步骤 2:单击工具栏中的“追加”按钮,在弹出对话框的组合框中选择“tTeacher2”,单击“确定”按钮。

步骤 3:查看表“tTeacher2”的表结构,该表中共有“编号”“姓名”“年龄”“性别”和“职称”五个字段,所以从“tTeacher1”表中分别双击“编号”“姓名”“年龄”“性别”“职称”和“政治面目”字段添加到“字段”行。

步骤 4:在“职称”字段的条件行输入“教授”。

步骤 5:在“政治面目”字段的条件行输入“党员”,如图 2-12-2 所示。

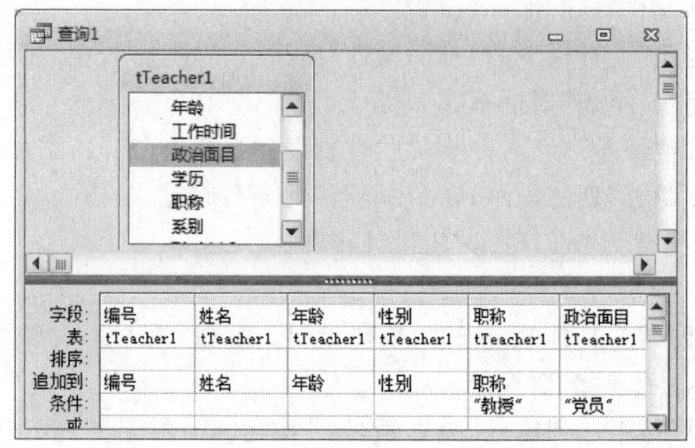

图 2-12-2 创建追加查询

步骤 6:单击工具栏中的“运行”按钮,在弹出的对话框中单击“是”按钮。

步骤 7:单击工具栏中的“保存”按钮,另存为“qT4”。关闭设计视图。

〖**本题小结**〗

本题涉及创建条件查询、参数查询和追加查询等操作。这 4 道查询题相对简单,查询条件的创建不复杂,操作步骤也不烦琐,相比较而言,第(2)小题中新增字段的表达是难点,第(4)小题中要先查看表“tTeacher2”的表结构以确定所选择的字段再进行查询设计是难点。

第 13 题

在素材文件夹下有一个数据库文件“samp2.accdb”,里面已经设计好表对象“档案表”和“水费”,请按以下要求完成设计。

(1) 设置“档案表”表中的“性别”字段的有效性规则为其值只能为“男”或“女”,有效性文本为“性别字段只能填写男或女”。

(2) 创建一个查询,查找未婚职工的记录,并显示“姓名”“出生日期”和“职称”。所建查询名为“qT1”。

(3) 创建一个更新查询,用于计算水费,计算公式:

水费 = 3.7 * (本月水－上月水)

所建查询名为“qT2”。

(4) 创建一个查询,查找水费为零的记录,并显示“姓名”,所建查询名为“qT3”。

〖**解题思路**〗

第(1)小题在设计视图中设置字段属性;通过查询设计视图解答第(2)、(3)、(4)小题,按题目要求添加字段和条件表达式。

〖**操作步骤**〗

(1) 打开数据库文件“samp2.accdb”,在导航窗口显示出所有对象。

步骤 1:右击表对象“档案表”,选择【设计视图】。

步骤 2:单击“性别”字段,分别在“有效性规则”和“有效性文本”行输入“In(“男”,“女”)”和

“性别字段只能填写男或女”。

步骤 3：单击工具栏中的“保存”按钮，关闭设计视图。

（2）

步骤 1：单击“创建”工具栏下的“查询设计”按钮以新建查询，在“显示表”对话框中双击表“档案表”，关闭“显示表”对话框。

步骤 2：分别双击字段“姓名”“出生日期”“职称”和“婚否”字段。

步骤 3：在“婚否”字段的“条件”行输入 0 或 False，单击“显示”行复选框取消该字段显示。

步骤 4：运行查询，单击工具栏中的“保存”按钮，另存为“qT1”。关闭设计视图。

（3）

步骤 1：单击“创建”工具栏下的“查询设计”按钮，在“显示表”对话框中双击表“水费”，关闭“显示表”对话框。

步骤 2：双击字段列表中的“水费”字段，单击工具栏中的“更新”按钮，在“更新到”行输入“3.7 *（[本月水]－[上月水]）”，如图 2-13-1 所示。

步骤 3：单击工具栏中的“保存”按钮，另存为“qT2”。运行查询，在弹出的对话框中选择“是”按钮，关闭设计视图。

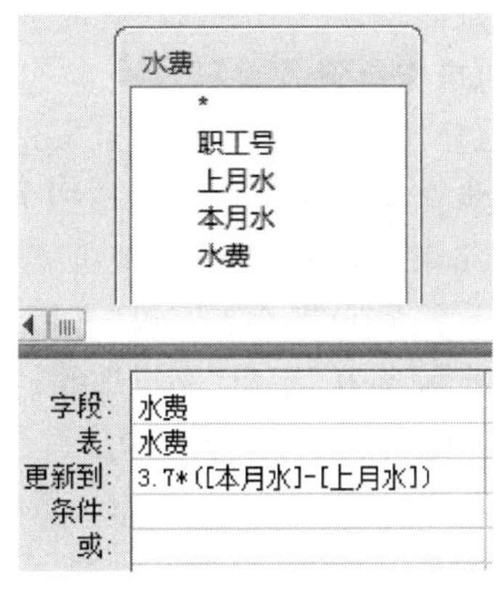

图 2-13-1　创建更新查询

（4）

步骤 1：单击“创建”工具栏下的“查询设计”按钮，双击“水费”和“档案表”，关闭“显示表”对话框。

步骤 2：先将档案表中的“职工号”字段拖动到水费表的“职工号”字段，建立两表间的连接，再分别双击“姓名”和“水费”字段。

步骤 3：在“水费”字段的“条件”行输入 0，单击“显示”行复选框取消该字段显示。

步骤 4：运行查询，单击工具栏中的“保存”按钮，另存为“qT3”。关闭设计视图。

〖**本题小结**〗

本题涉及更改表结构、创建简单条件查询、更新查询等操作，在第（1）小题中创建性别字段的有效性规则要注意正确地表达题目的含义，第（4）小题中要注意创建两表间的联系，否则查询的结果与应得到的结果不一致。

第 14 题

素材文件夹下存在一个数据库文件“samp2. accdb”，里面已经设计好表对象“tOrder”“tDetail”“tEmployee”和“tBook”，试按以下要求完成设计。

（1）创建一个查询，查找清华大学出版社出版的图书中定价大于等于 20 且小于等于 30 的图书，并按定价从大到小顺序显示“书籍名称”“作者名”和“出版社名称”。所建查询名为“qT1”。

（2）创建一个查询，查找某月出生雇员的售书信息，并显示“姓名”“书籍名称”“订购日期”“数量”和“单价”。当运行该查询时，提示框中应显示“请输入月份：”。所建查询名为“qT2”。

(3) 创建一个查询，计算每名雇员的奖金，显示标题为“雇员号”和“奖金”。所建查询名为“qT3”。

说明：奖金＝每名雇员的销售金额合计数(单价 * 数量)×5％

(4) 创建一个查询，查找单价低于定价的图书，并显示“书籍名称”“类别”“作者名”“出版社名称”。所建查询名为“qT4”。

〖解题思路〗

通过查询设计视图解答各题。第(1)小题创建简单条件查询，第(2)小题创建多表连接参数查询，第(3)小题创建新增字段查询，第(4)小题创建多表连接条件查询。

〖操作步骤〗

(1) 打开数据库文件“samp2. accdb”。

步骤 1：单击“创建”工具栏下的“查询设计”按钮以新建查询，在“显示表”对话框中双击表“tBook”，关闭“显示表”对话框。

步骤 2：分别双击字段“书籍名称”“作者名”“定价”和“出版社名称”字段。

步骤 3：在“定价“字段”条件”行输入“＞＝20 And ＜＝30”，单击“显示”行去掉复选框，在“排序”行列表中选中“降序”。在出版社名称字段“条件”行输入“清华大学出版社”。

步骤 4：运行查询，单击工具栏中的“保存”按钮，另存为“qT1”。关闭设计视图。

(2)

步骤 1：单击“创建”工具栏下的“查询设计”按钮，在“显示表”对话框中双击表“tOrder”“tDetail”“tEmployee”和“tBook”，关闭“显示表”对话框。

步骤 2：双击“姓名”“书籍名称”“订购日期”“数量”“出生日期”和“单价”字段，在“出生日期”的“条件”行输入“[请输入月份]”，并单击“显示”行去掉复选框，把“出生日期”字段改为“Month([出生日期])”，如图 2-14-1 所示。

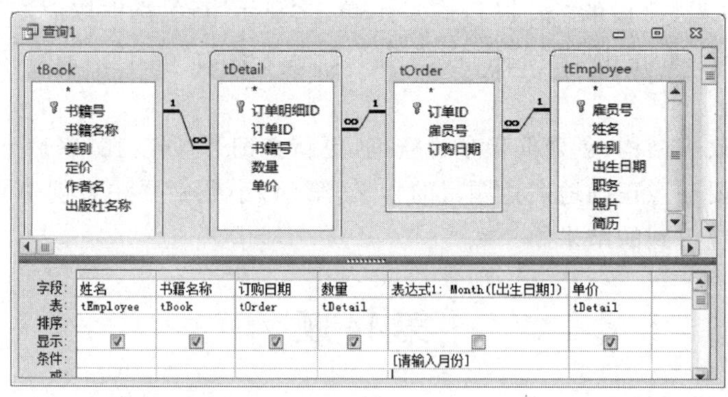

图 2-14-1　创建参数查询

步骤 3：运行查询，单击工具栏中的“保存”按钮，另存为“qT2”。关闭设计视图。

(3)

步骤 1：单击“创建”工具栏下的“查询设计”按钮，在“显示表”对话框中双击表“tOrder”“tDetail”，关闭“显示表”对话框。

步骤 2:单击工具栏中的“汇总”按钮,双击“雇员号”字段,在下一字段输入“奖金:Sum([单价]*[数量]*0.05)”,在总计行选择“Expression”,如图 2-14-2 所示。

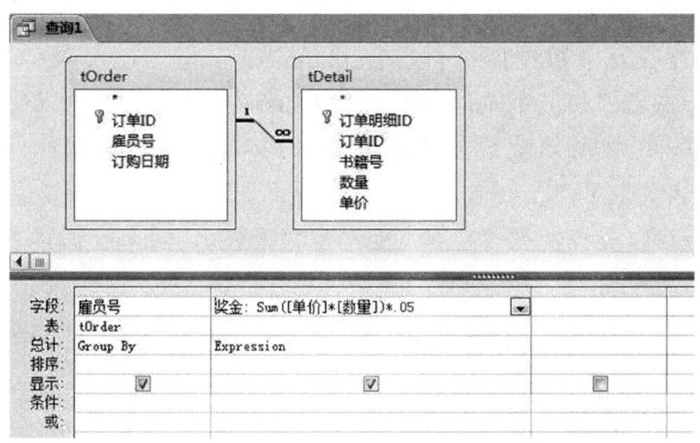

图 2-14-2　新增奖金字段

步骤 3:运行查询,单击工具栏中的“保存”按钮,另存为“qT3”。关闭设计视图。

(4)

步骤 1:单击“创建”工具栏下的“查询设计”按钮,在“显示表”对话框中双击表“tDetail”和“tBook”,关闭“显示表”对话框。

步骤 2:双击“书籍名称”“类别”“作者名”“出版社名称”字段。

步骤 3:在下一字段输入“[单价]-[定价]”,在条件行输入“<0”,并单击“显示”行取消复选框,如图 2-14-3 所示。

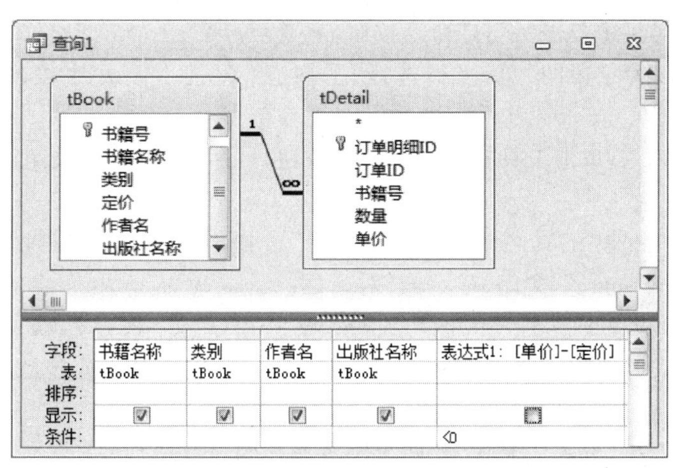

图 2-14-3　创建条件查询

步骤 4:运行查询,单击工具栏中的“保存”按钮,另存为“qT4”。关闭设计视图。

〖**本题小结**〗

本题涉及了创建条件查询,添加新字段和参数查询。第(2)小题用到了日期函数 Month(),第(3)小题显示的字段虽只有 2 个,但要用到 3 张表,且新增字段为表达式,第(4)小题单价低于定价转换为[单价]-[定价]<0。这几道查询题均有一定的难度。

第 15 题

素材文件夹下存在一个数据库文件“samp2. accdb”,里面已经设计好三个关联表对象“tStud”“tCourse”“tScore”和一个临时表对象“tTemp”。试按以下要求完成设计。

(1) 创建一个查询,按所属院系统计学生的平均年龄,字段显示标题为“院系”和“平均年龄”,所建查询命名为“qT1”。

(2) 创建一个查询,查找选课学生的“姓名”和“课程名”两个字段内容,所建查询命名为“qT2”。

(3) 创建一个查询,查找有先修课程的课程相关信息,输出其“课程名”和“学分”两个字段内容,所建查询命名为“qT3”。

(4) 创建删除查询,将表对象“tTemp”中年龄值高于平均年龄(不含平均年龄)的学生记录删除,所建查询命名为“qT4”。

〖**解题思路**〗

通过查询设计视图解答各题,第(1)小题创建分组查询,第(2)小题创建多表连接查询,第(3)小题创建条件查询,第(4)小题创建删除查询。

〖**操作步骤**〗

(1) 打开数据库文件“samp2. accdb”,在导航窗口显示出所有对象。

步骤 1:单击“创建”工具栏下的“查询设计”按钮,在“显示表”对话框中双击表“tStud”,关闭“显示表”对话框。

步骤 2:分别双击“所属院系”“年龄”字段。

步骤 3:在工具栏中单击“汇总”命令按钮。

步骤 4:在“年龄”字段的“总计”行选择“平均值”项,把“年龄”字段改为“平均年龄:年龄”。

步骤 5:运行查询,单击工具栏中的“保存”按钮,另存为“qT1”。关闭设计视图。

(2)

步骤 1:单击“创建”工具栏下的“查询设计”按钮,在“显示表”对话框中分别双击表“tStud”“tScore”“tCourse”,关闭“显示表”对话框。

步骤 2:将 tStud 表的学号字段拖动到 tScore 表的学号字段,将 tCourse 表的课程号字段拖动到 tScore 表的课程号字段,以建立 3 张表间的连接关系。此步骤非常重要,否则得不到正确的结果。

步骤 3:分别双击“姓名”“课程名”两个字段添加到“字段”行。

步骤 4:运行查询,单击工具栏中的“保存”按钮,另存为“qT2”。关闭设计视图。

(3)

步骤 1:单击“创建”工具栏下的“查询设计”按钮,在“显示表”对话框中双击表“tCourse”,关闭“显示表”对话框。

步骤 2:分别双击“课程名”“学分”和“先修课程”字段。

步骤 3:在“先修课程”字段的“条件”行输入“Is Not Null”。

步骤 4:取消“先修课程”字段显示行的勾选。

步骤 5:运行查询,单击工具栏中的“保存”按钮,另存为“qT3”。关闭设计视图。

(4)

步骤 1:单击“创建”工具栏下的“查询设计”按钮,在“显示表”对话框中双击表“tTemp”,关闭“显示表”对话框。

步骤 2:单击工具栏中的“删除”按钮。

步骤 3:双击“年龄”字段添加到“字段”行,在“条件”行输入“>(Select Avg(tTemp.年龄) From tTemp)”,如图 2-15-1 所示。

图 2-15-1　创建删除查询

步骤 4:单击工具栏中的“运行”按钮,在弹出的对话框中单击“是”按钮。

步骤 5:单击工具栏中的“保存”按钮,另存为“qT4”。关闭设计视图。

〖**本题小结**〗

本题涉及创建多种形式的查询,有连接查询,条件查询,删除查询,子查询等。第(2)小题中要创建表间的连接才能得到正确的结果,第(3)小题要将查询条件理解为非空,即 Is Not Null,第(4)小题删除查询条件中又包含子查询,这几点都是本题的难点。

第 16 题

素材文件夹下存在一个数据库文件“samp2.accdb”,里面已经设计好表对象“tQuota”和“tStock”,试按以下要求完成设计。

(1) 创建一个查询,按照产品名称统计库存总数超过 10 万箱的产品总库存数量,并显示“产品名称”和“库存数量合计”。所建查询名为“qT1”。

(2) 创建一个查询,查找各类产品中平均单价最高的产品,并显示其“产品名称”。所建查询名为“qT2”。

(3) 创建一个查询,当运行该查询时,屏幕上显示提示信息:“请输入要比较的库存数量:”,输入要比较的库存数量后,该查询查找库存数量大于输入值的产品信息,并显示“产品ID”“产品名称”和“库存数量”。所建查询名为“qT3”。

(4) 创建一个查询,运行该查询后生成一张新表,表名为“tNew”,表结构为“产品 ID”“产品名称”“单价”“库存数量”“最高储备”和“最低储备”六个字段,表内容为高于最高储备数量或低于最低储备数量的所有产品记录。所建查询名为“qT4”。

要求：

(1) 所建新表中的记录按照“产品 ID”升序保存。

(2) 创建此查询后，运行该查询，并查看运行结果。

〖解题思路〗

第(1)小题创建带条件的汇总查询，第(2)小题创建附带子句汇总查询，第(3)小题创建参数查询，第(4)小题创建多表连接条件查询。

〖操作步骤〗

(1) 打开数据库文件“samp2. accdb”，在导航窗口显示出所有对象。

步骤 1：单击“创建”工具栏下的“查询设计”按钮，在“显示表”对话框中双击表“tStock”，关闭“显示表”对话框。

步骤 2：单击“汇总”按钮。双击“产品名称”“库存数量”字段。

步骤 3：在“库存数量”字段前添加“库存数量合计：”，在“总计”行选择“合计”，在“条件”行输入“>100000”。

步骤 4：运行查询，将查询保存为 qT1，关闭查询设计视图。

(2)

步骤 1：单击“查询设计”按钮，添加表 tStock，关闭“显示表”对话框。

步骤 2：单击“汇总”按钮。双击“产品名称”“单价”字段。

步骤 3：在“单价”字段列的“总计”行选择“平均值”，在“排序”行选择“降序”。

步骤 4：在设计视图中右击，选择【SQL 视图】，在“Select”后面添加“ TOP 1 ”，如图 2-16-1 所示。

```
SELECT TOP 1 tStock.产品名称, Avg(tStock.单价) AS 单价之平均值
FROM tStock
GROUP BY tStock.产品名称
ORDER BY Avg(tStock.单价) DESC;
```

图 2-16-1　SQL 视图

步骤 5：运行查询，将查询保存为 qT2，关闭查询设计视图。

(3)

步骤 1：单击“查询设计”按钮，添加表 tStock，关闭“显示表”对话框。

步骤 2：双击添加字段“产品 ID”“产品名称”和“库存数量”。

步骤 3：在“库存数量”字段列的“条件”行中输入“>[请输入要比较的库存数量：]”。

步骤 4：运行查询，将查询保存为 qT3，关闭查询设计视图。

(4)

步骤 1：单击“查询设计”按钮，添加表 tQuota、tStock，关闭“显示表”对话框。

步骤 2：单击工具栏中的“生成表”按钮，在对话框中输入“tNew”，单击“确定”按钮。

步骤 3：双击添加字段“产品 ID”“产品名称”“单价”“库存数量”“最高储备”和“最低储备”。

步骤 4：在“产品 ID”字段列的“排序”行选择“升序”。

步骤 5：在“库存数量”字段列的“条件”行输入“>[最高储备] Or <[最低储备]”。

步骤 6:单击“运行”按钮,运行查询,在出现的对话框中选择“是”。

步骤 7:将查询保存为 qT4,关闭查询设计视图。

〖本题小结〗

本题涉及创建汇总查询、连接查询、参数查询、生成表查询等形式的查询,第(2)小题中用到查询语句的子句 Top n,显示查询结果的前 n 项,第(4)小题中的条件表达等是本题的难点。

第 17 题

在当前文件夹下,存在一个数据库文件“samp2. mdb”,里面已经设计好表对象“tDoctor”“tOffice”“tPatient”和“tSubscribe”,同时还设计出窗体对象“fQuery”。试按以下要求完成设计。

(1) 创建一个查询,查找姓名为两个字的姓“王”病人的预约信息,并显示病人的“姓名”“年龄”“性别”“预约日期”“科室名称”和“医生姓名”,所建查询命名为“qT1”。

(2) 创建一个查询,统计星期一预约病人的平均年龄,要求输出一列内容,显示标题为“平均年龄”,所建查询命名为“qT2”。

(3) 创建一个查询,查找预约了但没有留下电话的病人,并显示“姓名”,所建查询命名为“qT3”。注意:病人的姓名不允许重复显示。

(4) 现有一个已经建好的“fQuery”窗体,运行该窗体后,在文本框(文本框名称为 tName)中输入要查询的医生姓名,然后按下“查询”按钮,即运行一个名为“qT4”的查询。“qT4”的功能是显示所查医生的“医生姓名”和“预约人数”两列信息,其中“预约人数”值由“病人 ID”字段统计得到,请设计“qT4”查询。

〖解题思路〗

第(1)小题创建多表连接查询,第(2)小题创建统计查询,第(3)小题创建连接查询,第(4)小题创建连接查询和设置查询条件为窗体中文本框的值。

〖操作步骤〗

(1)

步骤 1:单击“创建”选项卡下“查询”组中的“查询设计”按钮。在弹出的“显示表”对话框中双击添加表“tDoctor”“tOffice”“tPatient”和“tSubscribe”,然后单击“关闭”按钮,关闭“显示表”对话框。

步骤 2:双击 tPatient 表的“姓名”“年龄”“性别”字段,双击 tSubscribe 表的“预约日期”字段,双击 tOffice 表的“科室名称”和 tDoctor 表的“医生姓名”字段;在“姓名”字段的“条件”行中输入“Like "王?"”。单击快速访问工具栏中的“保存”按钮,另存为“qT1”,运行查询并关闭设计视图。

(2)

步骤 1:单击“创建”选项卡下“查询”组中的“查询设计”按钮。在弹出的“显示表”对话框中双击表“tPatient”“tSubscribe”,然后单击“关闭”按钮,关闭“显示表”对话框。

步骤 2:双击 tPatient 表中的“年龄”字段、tSubscribe 表中的“预约日期”字段, 然后在年龄字段前加“平均年龄:”字样。

步骤 3:单击“查询工具”的“设计”选项卡下“显示/隐藏”组中的“汇总”按钮,在“平均年龄”字段的“总计”行中选择“平均值”,在“预约日期” 字段的“总计”行中选择“Where”,在“预约日期”的“条件”行中输入“Weekday([预约日期])=2”,如图 2-17-1 所示。然后运行查询,单击快速访问工具栏中的“保存”按钮,另存为“qT2”。

(3)

步骤 1:单击“创建”选项卡下的“查询”组中的“查询设计”按钮。在弹出的“显示表”对话框中双击表“tPatient”和“tSubscribe”,然后单击“关闭”按钮,关闭“显示表”对话框。

步骤 2:双击“姓名”和“电话”字段。然后取消“电话”字段“显示”行复选框的勾选。

步骤 3:单击“查询工具”的“设计”选项卡下“显示/隐藏”组中的“汇总”按钮,在“电话”字段对应的“总计”行中选择“Where”,“条件”行输入“Is Null” ,然后运行查询,单击快速访问工具栏中的“保存”按钮,另存为“qT3”。

(4)

步骤 1:单击“创建”选项卡下“查询”组中的“查询设计”按钮。在弹出的“显示表”对话框中双击表“tDoctor”和“tSubscribe”,然后单击“关闭”按钮,关闭“显示表”对话框。

步骤 2:双击 tDoctor 表中“医生姓名”字段,tSubscribe 表中的“病人 ID”;并在“病人ID”字段前加 “预约人数:”字样。

步骤 3:单击“查询工具”的“设计”选项卡下“显示/隐藏”组中的“汇总”按钮,在“预约人数”字段的“总计”行中选择“计数”,在“姓名”字段的“条件”行中输入“[Forms]! [fQuery]![tName]” ,如图 2-17-2 所示。然后单击快速访问工具栏中的“保存”按钮,另存为“qT4”,关闭设计视图。

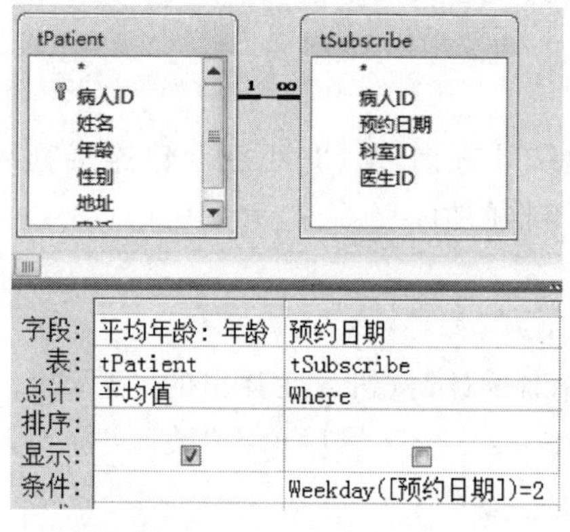

图 2-17-1 创建汇总查询

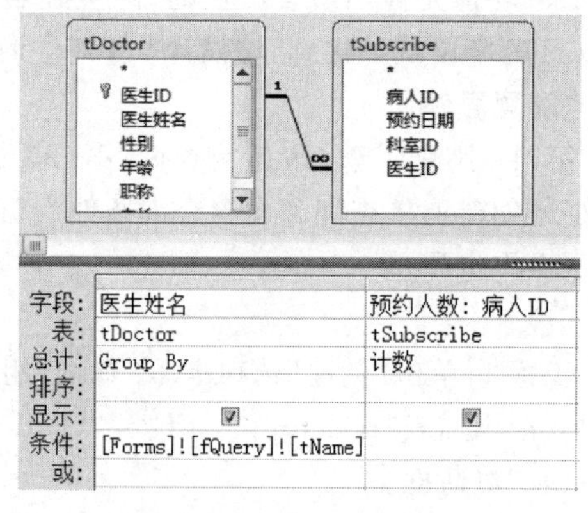

图 2-17-2 窗体传递参数查询

〖本题小结〗

本题中涉及的日期函数 Weekday()和第 4 小题中的条件与窗体控件相结合使用是难点。

第 18 题

当前文件夹下存在一个数据库文件“samp2. accdb”,里面已经设计好表对象

“tEmployee”“tOrder”“tDetail”和“tBook”，试按以下要求完成设计。

(1) 创建一个查询，查找7月出生的雇员，并显示姓名、书籍名称、数量，所建查询名为“qT1”。

(2) 创建一个查询，计算每名雇员的奖金，并显示“姓名”和“奖金额”，所建查询名为“qT2”。

注意：奖金额＝每名雇员的销售金额合计数＊0.08

销售金额＝数量＊销售单价

要求：使用相关函数实现奖金额，并按2位小数显示。

(3) 创建一个查询，统计并显示该公司没有销售业绩的雇员人数，显示标题为“没有销售业绩的雇员人数”，所建查询名为“qT3”。

(4) 创建一个查询，计算并显示每名雇员各月售书的总金额，显示时行标题位“月份”，列标题为“姓名”，所建查询名为“qT4”。

注意：金额＝数量＊售出单价

要求：使用相关函数，使计算出的总金额按整数显示。

〖**解题思路**〗

第(1)小题创建简单条件查询，第(2)小题创建汇总查询，第(3)小题创建嵌套查询，第(4)小题创建交叉表查询。

〖**操作步骤**〗

(1)

步骤1：单击“创建”选项卡下“查询”组中的“查询设计”按钮，在“显示表”对话框中双击表“tOrder”“tDetail”“tEmployee”和“tBook”，关闭“显示表”对话框。双击“姓名”“出生日期”“书籍名称”和“数量”字段。

步骤2：在“出生日期”字段的“条件”行中键入“Month([出生日期])＝7”，取消其“显示”行的勾选。

步骤3：运行查询，单击“保存”按钮，另存为“qT1”，关闭设计视图。

(2)

步骤1：单击“创建”选项卡下“查询”组中的“查询设计”按钮，在“显示表”对话框中双击表“tOrder”“tDetail”和“tEmployee”表，关闭“显示表”对话框。

步骤2：双击“姓名”字段，在其下一字段行中输入“奖金额:[售出单价]＊[数量]＊0.08”。

步骤3：单击选项卡中的“汇总”按钮，在“奖金额”字段的“总计”行选择“合计”。

步骤4：在设计视图任一位置右击，在弹出的快捷菜单中选择【SQL视图】，将“Sum([售出单价]＊[数量]＊0.08)”修改为“Round(Sum([售出单价]＊[数量]＊0.08),2)”。

步骤5：运行查询，单击“保存”按钮，另存为“qT2”，关闭视图。

注意：也可以在第2步中，在条件行直接输入“奖金额:Round(Sum([售出单价]＊[数量]＊0.08),2)”，但总计行要改为“Expression”，如图2-18-1所示。

(3)

步骤1：单击“创建”选项卡下“查询”组中的“查询设计”按钮，在“显示表”对话框中双击表“tEmployee”，关闭“显示表”对话框。两次双击“雇员号”字段，在第二个“雇员号”字段的“条件”行中输入“Not In (Select [tOrder].[雇员号] From [tOrder])”，取消“显示”行的勾选。

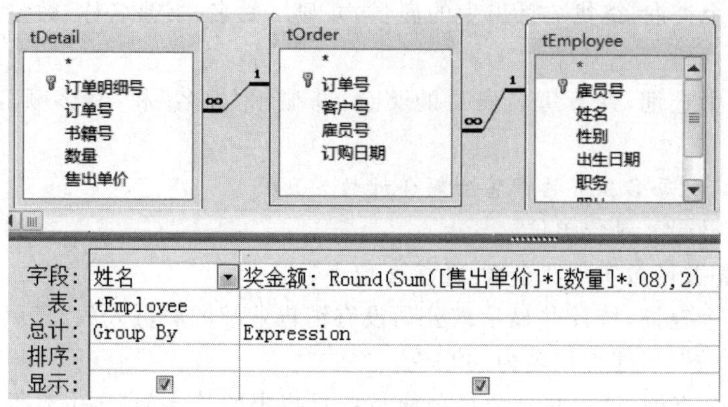

图 2-18-1　计算奖金额

步骤 2:在第一个“雇员号”字段前添加“没有销售业绩的雇员人数:”字样。

步骤 3:单击“设计”选项卡中的“汇总”按钮,在“没有销售业绩的雇员人数:雇员号”字段的“总计”行选中“计数”。

步骤 4:运行查询,单击“保存”按钮,另存为“qT3”,关闭设计视图。

(4)

步骤 1:单击“创建”选项卡下“查询”组中的“查询设计”按钮,在“显示表”对话框中分别双击表“tOrder”“tDetail”和“tEmployee”,关闭“显示表”对话框。

步骤 2:单击“设计”选项卡下“查询类型”组中的“交叉表”按钮,分别双击“订购日期”和“姓名”字段。

步骤 3:将“订购日期”字段修改为“月份:Month([订购日期])”,在最后一列输入“金额:[售出单价]*[数量]”。

步骤 4:分别在“月份”“姓名”和“金额”字段的“交叉表”行右侧的下拉列表中选择“行标题”“列标题”和“值”,在“金额”的“总计”行右侧的下拉列表中选择“合计”。

步骤 5:在设计视图任一位置右击,在弹出的快捷菜单中选择【SQL 视图】,将“Sum([售出单价]*[数量])”修改为“Round(Sum([售出单价]*[数量]))”。

步骤 6:运行查询,单击“保存”按钮,另存为“qT4”,关闭视图。

〖**本题小结**〗

本题涉及的统计函数 Sum()、数值函数 Round()的使用,以及嵌套查询是相对的难点。

第 19 题

当前文件夹下存在一个数据库文件“samp2.accdb”,里面已经设计好三个关联表对象“tStud”“tScore”和“tCourse”,试按以下要求完成设计。

(1) 创建一个查询,查找年龄高于平均年龄的党员记录,并显示“姓名”“性别”和“入校时间”,所建查询命名为“qT1”。

(2) 创建一个查询,按输入的成绩区间查找,并显示“姓名”“课程名”和“成绩”。当运行该查询时,应分别显示提示信息:“最低分”和“最高分”。所建查询命名为“qT2”。

(3) 创建一个查询，统计并显示各门课程男女生的平均成绩，统计显示结果如下图所示。所建查询命名为“qT3”。

要求：平均分结果用 Round 函数取整输出。

qT3

性别	概率	高等数学	计算机基础	线性代数	英语
男	68	68	67	72	67
女	70	70	78	68	78

(4) 创建一个查询，运行该查询后生成一个新表，表名为“tTemp”，表结构包括“姓名”“课程名”和“成绩”三个字段，表内容为不及格的所有学生记录。所建查询命名为“qT4”。要求创建此查询后，运行该查询，并查看运行结果。

〖**解题思路**〗

本题重点：创建条件查询、交叉表查询、参数查询和生成表查询。

第(1)、(2)、(3)、(4)小题在查询设计视图中创建不同的查询，按题目要求添加字段和条件表达式。

〖**操作步骤**〗

(1)

步骤 1：单击“创建”选项卡中的“查询设计”按钮，在“显示表”对话框中双击表“tStud”，关闭“显示表”对话框。

步骤 2：分别双击 “姓名”“性别”“入校时间”“党员否”和“年龄”字段。

步骤 3：在“党员否”字段的“条件”行输入“Yes”，在“年龄”字段的“条件”行输入“>(Select Avg([年龄]) From [tStud])”，单击“年龄”和“党员否”字段的“显示”行取消这两个字段的显示。

步骤 4：运行查询，并按 Ctrl+S 保存，另存为“qT1”，关闭设计视图。

(2)

步骤 1：单击“创建”选项卡中的“查询设计”按钮，在“显示表”对话框中双击表“tStud”“tScore”“tCourse”，关闭“显示表”对话框。

步骤 2：分别双击 “姓名”和“课程名”字段，三次双击“成绩”字段。

步骤 3：在第二个“成绩”的“条件”行输入“>=[最低分]”，单击“显示”行取消该字段的显示。在第三个“成绩”字段的“条件”行输入“<=[最高分]”，单击“显示”行取消该字段的显示，如图 2-19-1 所示。

步骤 4：运行查询，按 Ctrl+S 保存修改，另存为“qT2”，关闭设计视图。

(3)

步骤 1：单击“创建”选项卡中的“查询设计”按钮，在“显示表”对话框中分别双击表“tStud”，“tCourse”和“tScore”，关闭“显示表”对话框。

步骤 2：单击“设计”选项卡“查询类型”组中“交叉表”按钮。

步骤 3：分别双击“性别”，“课程名”和“成绩”字段。

步骤 4：分别在“性别”，“课程名”和“成绩”字段的“交叉表”行右侧下拉列表中选中“行标题”，“列标题”和“值”，在“成绩”的“总计”行右侧下拉列表中选中“平均值”。

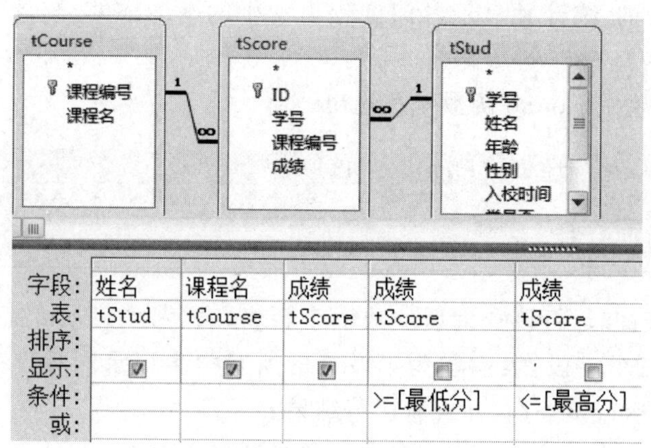

图 2-19-1 创建参数查询

步骤 5：切换到【SQL 视图】，将“Avg(tScore. 成绩)”修改为“Round(Avg(tScore. 成绩))”。这一步主要是把平均值显示为整数形式，默认带 13 位小数。

步骤 6：运行查询，按 Ctrl+S 保存修改，另存为“qT3”，关闭设计视图。

(4)

步骤 1：单击“创建”选项卡中的“查询设计”按钮，在“显示表”对话框中双击表“tStud”“tCourse”和“tScore”，关闭“显示表”对话框。

步骤 2：单击“设计”选项卡“查询类型”组中的“生成表”，在弹出对话框中输入“tTemp”，单击“确定”按钮。

步骤 3：分别双击“姓名”“课程名”“成绩”字段。

步骤 4：在“成绩”字段的“条件”行输入“＜60”。

步骤 5：单击“设计”选项卡中的“运行”按钮，在弹出的对话框中单击“是”按钮。

步骤 6：按 Ctrl+S 保存修改，另存为“qT4”，关闭设计视图。

〖**本题小结**〗

创建多参数查询和将平均值四舍五入取整是本题中的难点。

第 20 题

当前文件夹下存在一个数据库文件“samp2. accdb”，里面已经设计好三个关联表对象“tStud”“tCourse”和“tScore”及一个临时表对象“tTemp”。试按以下要求完成设计。

(1) 创建一个查询，查找并显示入校时间非空且年龄最大的男同学信息，输出其“学号”“姓名”和“所属院系”三个字段内容，所建查询命名为“qT1”。

(2) 创建一个查询，查找姓名由三个或三个以上字符构成的学生信息，输出其“姓名”和“课程名”两个字段内容，所建查询命名为“qT2”。

(3) 创建一个查询，行标题显示学生性别，列标题显示所属院系，统计出男女学生在各院系的平均年龄，所建查询命名为“qT3”。

(4) 创建一个查询，将临时表对象“tTemp”中年龄为偶数的主管人员的“简历”字段清空，所建查询命名为“qT4”。

〖解题思路〗

第(1)小题创建多条件简单查询,第(2)小题创建多表连接查询,第(3)小题创建交叉表汇总统计查询,第(4)小题创建更新查询。

〖操作步骤〗

(1)

步骤1:单击“创建”选项卡下“查询”组中的“查询设计”按钮,在“显示表”对话框中双击表“tStud”表,关闭“显示表”对话框。双击“学号”“姓名”“所属院系”“入校时间”“性别”和“年龄”字段。

步骤2:在“入校时间”字段的“条件”行中输入“Is Not Null”,在“性别”字段的“条件”行中输入“男”,在“年龄”字段的“排序”行的下拉列表中选择“降序”。取消“入校时间”“性别”和“年龄”字段“显示”行复选框的勾选。

步骤3:在设计视图任一点右击,选择【SQL 视图】,在 Select 后面增加”Top 1”字样,如图 2-20-1 所示。

步骤4:运行查询,查看结果,单击“保存”按钮,另存为“qT1”,关闭视图。

```
SELECT TOP 1 tStud.学号, tStud.姓名, tStud.所属院系
FROM tStud
WHERE (((tStud.入校时间) Is Not Null) AND ((tStud.性别)="男"))
ORDER BY tStud.年龄 DESC;
```

图 2-20-1　增加 Top n 子句

(2)

步骤1:单击“数据库工具”选项卡下“关系”组中的“关系”按钮,如果不出现“显示表”对话框则单击“设计”选项卡下“关系”组中的“显示表”按钮,双击添加表“tStud”“tCourse”“tScore”,关闭显示表对话框。

步骤2:选中表“tStud”中的“学号”字段,拖动到表“tScore”的“学号”字段,弹出“编辑关系”对话框,勾选“实施参照完整性”,单击“创建”按钮;同样拖动“tCourse”表中的“课程号”字段到“tScore”表中的“课程号”字段,弹出“编辑关系”对话框,勾选“实施参照完整性”复选框,单击“创建”按钮。单击“保存”按钮,关闭关系界面。

步骤3:单击“创建”选项卡下“查询”组中的“查询设计”按钮,在“显示表”对话框中双击表“tStud”“tCourse”和“tScore”,关闭“显示表”对话框。

步骤4:双击“姓名”和“课程名”字段,在“姓名”字段的“条件”行中输入“Len([姓名])>=3”。

步骤5:运行查询,单击“保存”按钮,另存为“qT2”,关闭设计视图。

(3)

步骤1:单击“创建”选项卡下“查询”组中的“查询设计”按钮,在“显示表”对话框中双击表“tStud”,然后关闭“显示表”对话框,单击“设计”选项卡下“查询类型”组中的“交叉表”按钮。

步骤2:分别双击“性别”,“所属院系”和“年龄”字段。

步骤3:分别在“性别”,“所属院系”和“年龄”字段对应的“交叉表”行右侧的下拉列表中选择“行标题”,“列标题”和“值”,在“年龄”对应的“总计”行右侧的下拉列表中选择“平均值”,并在“年龄”字段之前添加“年龄值平均值:”字样。

步骤 4：切换到【SQL 视图】，将“Avg(tStud.年龄)”改为“round(Avg(tStud.年龄),1)”。

步骤 5：运行查询，单击“保存”按钮，另存为“qT3”，关闭设计视图。

(4)

步骤 1：选择“表”对象，右击“tTemp”表选择“设计视图”命令。单击“简历”字段行，然后在“常规”选项卡下的“允许空字符串”下拉列表中选择“是”命令。单击“保存”按钮，关闭设计视图。

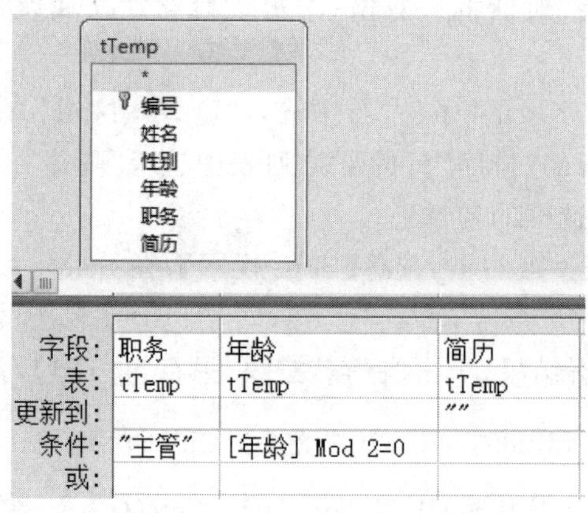

图 2-20-2 创建带条件的更新查询

步骤 2：单击“创建”选项卡下“查询”组中“查询设计”按钮，在“显示表”对话框中双击表“tTemp”，关闭“显示表”对话框。单击“设计”选项卡下“查询类型”组中的“更新”按钮。

步骤 3：双击“职务”、“年龄”和“简历”字段。

步骤 4：在“职务”字段的“条件”行中输入“"主管"”、在“年龄”的“条件”行中输入“[年龄] Mod 2＝0”在“简历”字段的“更新到”行输入“""”，如图 2-20-2 所示。

步骤 5：单击“运行”按钮，在弹出的对话框中单击“是”按钮。单击“保存”按钮，另存为“qT4”，关闭设计视图。

〖**本题小结**〗

本题中涉及字符串函数 Len()和数值运算 Mod 的使用，以及如何表达和让字段接收空字符串、入校时间非空等是难点。

第 21 题

当前文件夹下存在一个数据库文件“samp2.accdb”，里面已经设计好三个关联表对象“tStud”“tCourse”和“tScore”及表对象“tTemp”，试按以下要求完成设计。

(1) 创建一个查询，查找课程学分超过 3 分或先修课程为空的学生记录，并显示学生的“姓名”“课程名”和“成绩”三个字段内容，所建查询命名为“qT1”。

(2) 创建一个查询，查找 5 号入校的学生，显示其“学号”“姓名”“性别”和“年龄”四个字段内容，所建查询命名为“qT2”。

(3) 创建一个查询，查找选课成绩均在 80 分(含 80 分)以上的学生记录，并显示“学号”

和"平均成绩"两列内容。其中"平均成绩"一列数据由统计计算得到，所建查询命名为"qT3"。

(4) 创建一个查询，将"tStud"表中女学生的信息追加到"tTemp"表对应的字段中，所建查询命名为"qT4"。

〖解题思路〗

第(1)小题创建多表链接查询，第(2)小题创建简单条件查询，第(3)小题创建分组统计查询，第(4)小题创建追加查询。

〖操作步骤〗

(1)

步骤1：单击"数据库工具"选项卡中"关系"组中的"关系"按钮，如不出现"显示表"对话框则单击"设计"选项卡"关系"组中的"显示表"按钮，双击添加表和"tStud""tCourse"和"tScore"，关闭显示表对话框。

步骤2：选中表"tStud"中的"学号"字段，拖动到表"tScore"的"学号"字段，弹出"编辑关系"对话框，选中"实施参照完整性"，单击"创建"按钮；同样拖动"tCourse"中的"课程号"字段到"tScore"中的"课程号"字段，弹出"编辑关系"对话框，选中"实施参照完整性"，单击"创建"按钮。按 Ctrl＋S 保存修改，关闭关系界面。

步骤3：单击"创建"选项卡中"查询设计"按钮，在"显示表"对话框中双击表"tStud""tCourse"和"tScore"，关闭"显示表"对话框。

步骤4：双击"姓名""课程名""成绩""学分"和"先修课程"字段，在"学分"字段的"条件"行输入"＞3"，在"先修课程"字段或行输入"Is Null"。

步骤5：取消"学分"和"先修课程"字段"显示"行的勾选。

步骤6：运行查询，按 Ctrl＋S 保存修改，将查询保存为"qT1"，关闭设计视图。

(2)

步骤1：单击"创建"选项卡中的"查询设计"按钮，在"显示表"对话框中双击表"tStud"表，关闭"显示表"对话框。

步骤2：双击"学号""姓名""性别""年龄"和"入校时间"，在"入校时间"字段的"条件"行输入"Day([入校时间])＝5"，取消"入校时间"字段"显示"行的勾选。

步骤3：运行查询，按 Ctrl＋S 保存修改，将查询保存为"qT2"，关闭设计视图。

(3)

步骤1：单击"创建"选项卡中的"查询设计"按钮，在"显示表"对话框中双击表"tScore"表，关闭"显示表"对话框。

步骤2：双击"学号"字段，两次双击"成绩"字段，单击"设计"选项卡中的"汇总"按钮。

步骤3：将第一个"成绩"字段改为"平均成绩：成绩"，在"总计"行选择"平均值"。在第二个"成绩"字段"总计"行选择"最小值"，在"条件"行输入"＞＝80"，取消"显示"行的勾选，如图 2-21-1 所示。

步骤4：按 Ctrl＋S 保存修改，将查询保存为"qT3"，关闭设计视图。

(4)

步骤1：单击"创建"选项卡中的"查询设计"按钮，在"显示表"对话框中双击表"tStud"表，关闭"显示表"对话框。

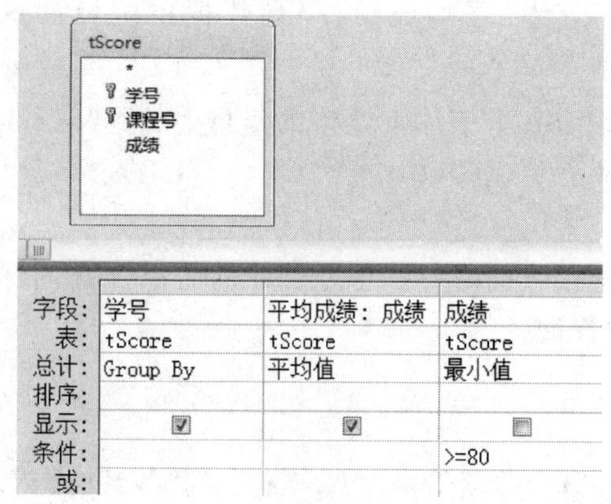

图 2-21-1　创建带条件的分组汇总查询

步骤 2:单击"查询类型"功能区的"追加"按钮,在弹出的对话框表名称下拉列表中选择"tTemp",单击"确定"按钮。

步骤 3:分别双击"学号""姓名""性别""年龄""所属院系"和"入校时间"字段,在"性别"字段的"条件"行输入"女"。

步骤 4:单击"结果"功能区的"运行"按钮,在弹出的对话框中单击"是"按钮。

步骤 5:单击"保存"按钮,另存为"qT4",关闭设计视图。

〖**本题小结**〗

本题中如何正确表达没有先修课程的学生记录和创建带条件的分组查询是难点。

第 22 题

当前文件夹下存在一个数据库文件"samp2. accdb",里面已经设计好表对象"tStud""tScore"和"tCourse",试按以下要求完成设计。

(1) 创建一个查询,查找年龄低于所有学生平均年龄的学生党员信息,输出其"姓名""性别"和"入校时间"。所建查询命名为"qT1"

(2) 创建一个查询,按学生姓氏查找学生的信息,并显示"姓名""课程名"和"成绩"。当运行该查询时,应显示提示信息:"请输入学生姓氏"。所建查询命名为"qT2"。

说明:这里不用考虑复姓情况。

(3) 创建一个查询,第一列显示学生性别,第一行显示课程名称,以统计并显示各门课程男女生的平均成绩。要求计算结果用 Round 函数取整,所建查询命名为"qT3"。

(4) 创建一个查询,运行该查询后生成一个新表,表名为"tTemp",表结构包括"学号"和"平均成绩"两个字段,表内容为选课平均成绩及格的学生记录。所建查询命名为"qT4"。要求创建此查询后,运行该查询,并查看运行结果。

〖**解题思路**〗

第(1)小题创建简单条件查询,第(2)小题创建参数查询,第(3)小题创建交叉表查询,第(4)小题创建追加查询。

〖操作步骤〗

(1)

步骤 1:单击“创建”选项卡下的“查询”组中的“查询设计”按钮。在弹出的“显示表”对话框中双击“tStud”表,然后单击“关闭”按钮,关闭“显示表”对话框。

步骤 2:双击“姓名”“性别”“入校时间”“年龄”“党员否”字段;并取消“年龄”和“党员否”字段“显示”行复选框的勾选;在“年龄”字段的“条件”行中输入“＜(Select Avg([年龄]) From [tStud])”;在“党员否”字段的“条件”行中输入“True”。

步骤 3:运行查询,单击“保存”按钮,另存为“qT1”,关闭“设计视图”。

(2)

步骤 1:单击“创建”选项卡下的“查询”组中的“查询设计”按钮。在弹出的“显示表”对话框中双击“tStud”“tScore”和“tCourse”表,然后单击“关闭”按钮,关闭“显示表”对话框。

步骤 2:双击“tStud”表的“姓名”字段,“tCourse”表的“课程名”字段,“tScore”表的“成绩”字段;在“姓名”字段的“条件”行中输入“Like [请输入学生姓氏] &"*"”。

步骤 3:单击快速访问工具栏中的“保存”按钮,另存为“qT2”,然后关闭“设计视图”。

(3)

步骤 1:单击“创建”选项卡下的“查询”组中的“查询设计”按钮。在弹出的“显示表”对话框中双击“tStud”“tScore”和“tCourse”表,然后单击“关闭”按钮,关闭“显示表”对话框。

步骤 2:双击“tStud”表的“性别”字段,“tCourse”表的“课程名”字段,在“课程名”字段的下一空白列中输入“Round(Avg([成绩]),0)”;单击“查询工具”的“设计”选项卡,在“查询类型”组中单击“交叉表”按钮,在“性别”字段的“交叉表”行的下拉列表中选择“行标题”,在“课程名”字段的“交叉表”行的下拉列表中选择“列标题”,在“Round(Avg([成绩]),0)”列的“交叉表”行的下拉列表中选择“值”,在“Round(Avg([成绩]),0)”的“总计”行的下拉列表框中选择“Expression”,如图 2-22-1 所示。

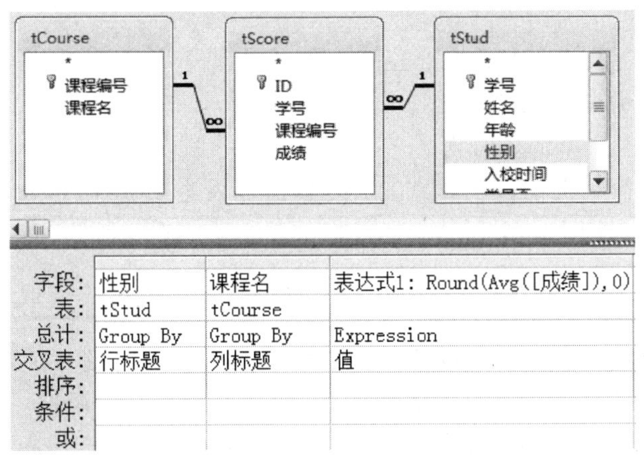

图 2-22-1　创建交叉表查询

步骤 3:运行查询,单击“保存”按钮,另存为“qT3”,然后关闭“设计视图”。

(4)

步骤 1:单击“创建”选项卡下的“查询”组中的“查询设计”按钮。在弹出的“显示表”对话框中双击“tStud”和“tScore”表,然后单击“关闭”按钮,关闭“显示表”对话框。

步骤 2:双击“tStud”表的“学号”字段,在“学号”字段的下一空白列中输入“平均成绩:成绩”,继续双击“tScore”表的“成绩”字段;并取消“成绩”字段“显示”行复选框的勾选;在“成绩”字段的“条件”行中输入“>=60”。

步骤 3:单击“查询工具”的“设计”选项卡,在“显示/隐藏”组中单击“汇总”按钮,在“学号”字段的“总计”行的下拉列表中选择“Group By”,在“平均成绩”字段的“总计”行的下拉列表中选择“平均值”,在“成绩”字段的“总计”行的下拉列表中选择“Group By”。

步骤 4:单击“查询工具”的“设计”选项卡,在“查询类型”组中单击“生成表”按钮,弹出“生成表”对话框,在“表名称(N)”行中输入“tTemp”,再单击“确定”按钮。

步骤 5:单击工具栏中的“运行”按钮,在弹出的对话框中单击“是”按钮。

步骤 6:单击“保存”按钮,另存为“qT4”,然后关闭“设计视图”。

〖**本题小结**〗

要注意在条件行输入嵌套查询的正确表达形式和参数查询用作子句的情况。

第 23 题

当前文件夹下存在一个数据库文件“samp2. mdb”,里面已经设计好三个关联表对象“tStud”“tCourse”“tScore”和一个临时表对象“tTemp”。试按以下要求完成设计。

(1) 创建一个查询,按所属院系统计学生的平均年龄,字段显示标题为“院系”和“平均年龄”,所建查询命名为“qT1”

要求:平均年龄用 Round()函数四舍五入取整处理。

(2) 创建一个查询,查找上半年入学的学生,并显示“姓名”“性别”“课程名”和“成绩”等字段内容,所建查询命名为“qT2”。

(3) 创建一个查询,查找没有选课的同学,并显示其“学号”和“姓名”两个字段内容,所建查询命名为“qT3”。

(4) 创建删除查询,将表对象“tTemp”中年龄值高于平均年龄(不含平均年龄)的学生记录删除,所建查询命名为“qT4”。

〖**解题思路**〗

第(1)小题创建简单汇总查询,第(2)小题创建多表连接查询,第(3)小题创建嵌套查询,第(4)小题创建删除查询。

〖**操作步骤**〗

(1)

步骤 1:单击“创建”选项卡下“查询”组中的“查询设计”按钮。在弹出的“显示表”对话框中双击添加表“tStud”,然后单击“关闭”按钮,关闭“显示表”对话框。

步骤 2:在字段行中分别输入:“院系:所属院系”和“平均年龄:Round(Avg([年龄]),0)”。

步骤 3:单击“查询工具”的“设计”选项卡下“显示/隐藏”组中的“汇总”按钮,然后在“平均年龄:Round(Avg([年龄]),0)”字段的“总计”行的下拉列表中选择“Expression”命令。

步骤 4:运行查询,单击“保存”按钮,另存为“qT1”。

(2)

步骤 1:单击“创建”选项卡下“查询”组中的“查询设计”按钮。在弹出的“显示表”对话框中双击表“tStud”“tCourse” 和“tScore”,然后单击“关闭”按钮,关闭“显示表”对话框。

步骤 2:选中表“tStud”中的“学号”字段,然后拖动鼠标到表“tScore”中的“学号”字段,放开鼠标,选中表“tCourse”中的“课程号”字段,然后拖动鼠标到表“tScore”中的“课程号”字段,放开鼠标。分别双击添加“姓名”“性别”“课程名”和“成绩”字段,在其下一字段行中输入“Month([入校时间])”,取消“Month([入校时间])”字段“显示”行复选框的勾选,在“Month([入校时间])”字段的“条件”行中输入“>=1 And <=6”,如图 2-23-1 所示。

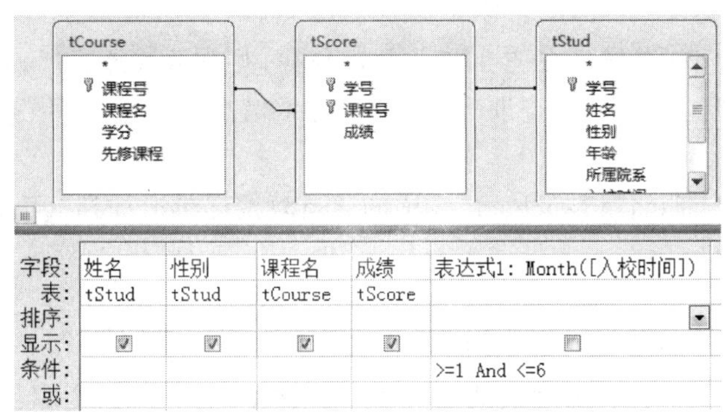

图 2-23-1　创建多表连接条件查询

步骤 3:运行查询,单击“保存”按钮,另存为“qT2”。

(3)

步骤 1:单击“创建”选项卡下“查询”组中的“查询设计”按钮。在弹出的“显示表”对话框中双击添加表“tStud”,然后单击“关闭”按钮,关闭“显示表”对话框。

步骤 2:双击添加“学号”和“姓名”字段。在“学号”的“条件”行中输入“Not In (Select tStud. 学号 From tStud, tScore Where tStud. 学号 = tScore. 学号 GROUP BY tStud. 学号)”。

步骤 3:运行查询,单击“保存”按钮,另存为“qT3”。

(4)

步骤 1:单击“创建”选项卡下“查询”组中的“查询设计”按钮。在弹出的“显示表”对话框中双击添加表“tTemp”,然后单击“关闭”按钮,关闭“显示表”对话框。

步骤 2:双击添加“年龄”字段。

步骤 3:单击“查询工具”的“设计”选项卡下“查询类型”组中的“删除”按钮,在“年龄”字段的“条件”行中输入“>(Select Avg(年龄) From [tTemp])”。

步骤 4:单击“查询工具”的“设计”选项卡下“结果”组中的“运行”按钮,在弹出的对话框中单击“是”按钮。

步骤 5:单击“保存”按钮,另存为“qT4”,关闭设计视图。

〖**本题小结**〗

要注意没有选课学生的条件表达方式,将选课的学生学号从学生表中排除掉就是没有选课的学生学号。

第 24 题

当前素材文件夹下存在一个数据库文件“samp2. accdb”,里面设计好两个表对象

“tTeacher1”和“tTeacher2”。试按以下要求完成设计。

(1) 创建一个查询,查找并显示在职教师的“编号”“姓名”“年龄”和“性别”四个字段内容,所建查询命名为“qT1”。

(2) 创建一个查询,查找年龄低于所有职工平均年龄的职工记录,并显示“编号姓名”和“联系电话”两列信息,其中“编号姓名”由“编号”与“姓名”两个字段合二为一构成,所建查询命名为“qT2”。

(3) 创建一个查询,按输入的参加工作月份查找,并显示教师的“编号”“姓名”“年龄”和“性别”四个字段内容,当运行该查询时,应显示提示信息:“请输入月份”,所建查询命名为“qT3”。

(4) 创建一个查询,将“tTeacher1”表中的党员教授记录追加到“tTeacher2”表相应的字段中,所建查询名为“qT4”。

〖**解题思路**〗

本题重点:创建条件查询、参数查询和追加查询。

第(1)、(2)、(3)、(4)小题在查询设计视图中创建不同的查询,按题目要求填添加字段和条件表达式。

〖**操作步骤**〗

(1)

步骤 1:单击“创建”对象选项卡,在“查询”功能区单击“查询设计”按钮。在“显示表”对话框中双击表“tTeacher1”,关闭“显示表”对话框。

步骤 2:分别双击“编号”“姓名”“年龄”“性别”“在职否”字段添加到“字段”行。

步骤 3:在“在职否”字段的“条件”行输入“Yes”或“True”,单击“显示”行取消该字段的显示。

步骤 4:运行查询,单击“保存”按钮,另存为“qT1”,关闭设计视图。

(2)

步骤 1:单击“创建”对象选项卡,在“查询”功能区单击“查询设计”按钮。在“显示表”对话框中双击表“tTeacher1”,关闭“显示表”对话框。

步骤 2:在“字段”行第一列输入“编号姓名:[编号]+[姓名]”,双击“联系电话”“年龄”字段添加到“字段”行,在“年龄”字段的“条件”行输入“<(Select Avg([年龄]) From [tTeacher1])”,单击“年龄”字段的“显示”行取消该字段的显示,如图 2-24-1 所示。

步骤 3:运行查询,单击“保存”按钮,另存为“qT2”,关闭设计视图。

(3)

步骤 1:单击“创建”对象选项卡,在“查询”功能区单击“查询设计”按钮。在“显示表”对话框中双击表“tTeacher1”,关闭“显示表”对话框。

步骤 2:分别双击“编号”“姓名”“年龄”“性别”字段添加到“字段”行。

步骤 3:在下一字段行输入“Month([工作时间])”,在“条件”行输入“[请输入月份]”,单击“显示”行取消该字段的显示。

步骤 4:运行查询,单击“保存”按钮,另存为“qT3”,关闭设计视图。

(4)

步骤 1:单击“创建”对象选项卡,在“查询”功能区单击“查询设计”按钮。在“显示表”对话框中双击表“tTeacher1”，关闭“显示表”对话框。

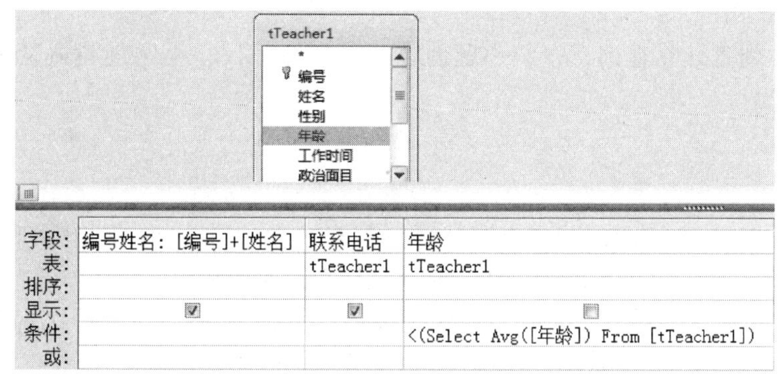

图 2-24-1 创建嵌套查询

步骤 2：单击“查询类型”功能区的“追加”按钮，在弹出的对话框表名称下拉列表中选择“tTeacher2”，单击“确定”按钮。

步骤 3：分别双击“编号”“姓名”“年龄”“性别”“职称”和“政治面目”字段添加到“字段”行。

步骤 4：在“职称”字段的“条件”行输入“教授”。

步骤 5：在“政治面目”字段的“条件”行输入“党员”，确认“追加到”行的字段为空。

步骤 6：单击“结果”功能区的“运行”按钮，在弹出的对话框中单击“是”按钮。

步骤 7：单击“保存”按钮，另存为“qT4”，关闭设计视图。

〖**本题小结**〗

添加新字段时要注意字段的书写格式和日期函数的正确使用。

第 25 题

当前文件夹下存在一个数据库文件“samp2. accdb”，里面已经设计好一个表对象“tTeacher”。试按以下要求完成设计。

(1) 创建一个查询，计算并显示教师最大年龄与最小年龄的差值，显示标题为“m_age”，所建查询命名为“qT1”。

(2) 创建一个查询，查找工龄不满 30 年、职称为副教授或教授的教师，并显示“编号”“姓名”“年龄”“学历”和“职称”五个字段内容，所建查询命名为“qT2”。

要求：使用函数计算工龄。

(3) 创建一个查询，查找年龄低于在职教师平均年龄的在职教师，并显示“姓名”“职称”和“系别”三个字段内容，所建查询命名为“qT3”。

(4) 创建一个查询，计算每个系的人数和所占总人数的百分比，并显示“系别”“人数”和“所占百分比(%)”，所建查询命名为“qT4”。

注意：“人数”和“所占百分比”为显示标题。

要求：①按照编号来统计人数；②计算出的所占百分比以两位整数显示(使用函数实

现)。

〖解题思路〗

第(1)小题创建计算查询,第(2)小题创建条件查询,第(3)小题创建嵌套查询,第(4)小题创建汇总查询。

〖操作步骤〗

(1)

步骤 1:单击“创建”选项卡下“查询”组中的“查询设计”按钮。在“显示表”对话框中双击 “tTeacher” 表,然后单击“关闭”按钮,关闭“显示表”对话框。

步骤 2:在字段行输入:“m_age: Max([年龄])-Min([年龄])”,然后运行查询,单击“保存”按钮,另存为“qT1”,关闭设计视图。

(2)

步骤 1:单击“创建”选项卡下“查询”组中的“查询设计”按钮。在弹出的“显示表”对话框中双击 “tTeacher” 表,然后单击“关闭”按钮,关闭“显示表”对话框。

步骤 2:双击“编号”“姓名”“年龄”“学历”“职称”字段;在“职称”下一字段行中输入:“工龄: Year(Date())-Year([工作时间])”,并取消“工龄”字段 “显示”行复选框的勾选;在“职称”的“条件”行中输入“"教授" or "副教授"”,在“工龄”字段的“条件”行中输入“<30”。

步骤 3:运行查询,单击“保存”按钮,另存为“qT2”,然后关闭设计视图。

(3)

步骤 1:单击“创建”选项卡下“查询”组中的“查询设计”按钮。在弹出的“显示表”对话框中双击 “tTeacher” 表,然后单击“关闭”按钮,关闭“显示表”对话框。

步骤 2:双击“姓名”“职称”“系别”“年龄”“在职否”字段;并取消“年龄”和“在职否”字段“显示”行复选框的勾选;在“年龄”字段的“条件”行中输入“<(Select Avg([年龄]) From [tTeacher])”,在“在职否”字段的“条件”行中输入“True”。运行查询,单击“保存”按钮,另存为“qT3”,然后关闭设计视图。

(4)

步骤 1:单击“创建”选项卡下“查询”组中的“查询设计”按钮。在弹出的“显示表”对话框中双击 “tTeacher” 表,然后单击“关闭”按钮,关闭“显示表”对话框。

步骤 2:双击“系别”字段,“系别”字段就会出现在设计窗格的“字段”行,在“系别”字段右侧的两个字段行中分别输入:“人数: 编号”和“所占百分比(%): Round(Count([编号])/(Select Count([编号]) From tTeacher),2) * 100”。

步骤 3:单击“查询工具”的“设计”选项卡下“显示/隐藏”组中的“汇总”按钮,在“人数”字段的“总计”行中选择“计数”,在“所占百分比(%)” 字段的“总计”行选择“Expression”,如图 2-25-1 所示。

步骤 4:运行查询,单击“保存”按钮,另存为“qT4”,然后关闭设计视图。

〖本题小结〗

本题中涉及的百分比的显示、统计函数以及嵌套查询的使用是难点。

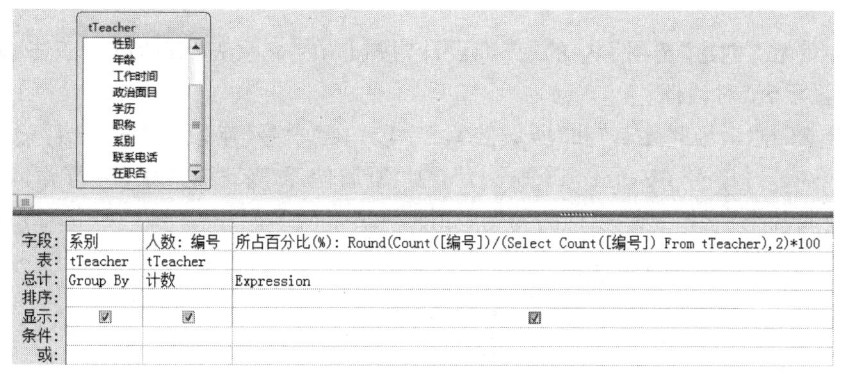

图 2-25-1　创建汇总查询

第 26 题

当前文件夹下存在一个数据库文件“samp2.accdb”，里面已经设计好三个关联表对象“tStud”“tCourse”“tScore”和一个空表“tTemp”。试按以下要求完成设计。

(1) 创建一个查询，统计人数在 7 人以上(含 7)的院系人数，字段显示标题为“院系号”和“人数”，所建查询命名为“qT1”。

要求：按照学号来统计人数。

(2) 创建一个查询，查找非“04”院系还未选课的学生信息，并显示“学号”和“姓名”两个字段内容，所建查询命名为“qT2”。

(3) 创建一个查询，计算组织能力强的学生的平均分及其所有学生平均分的差，并显示“姓名”“平均分”和“平均分差值”等内容，所建查询命名为“qT3”。

注意：“平均分”和“平均分差值”由计算得到。

要求：“平均分差值”以整数形式显示(使用函数实现)

(4) 创建一个查询，查找选修了有先修课程的课程的学生，并将成绩排在前 3 位的学生记录追加到表“tTemp”的对应字段中，所建查询命名为“qT4”。

〖**解题思路**〗

第(1)小题创建带条件的汇总查询，第(2)小题创建多表链接查询，第(3)小题创建计算查询，第(4)小题创建追加查询。

〖**操作步骤**〗

(1)

步骤 1：单击“创建”选项卡中的“查询设计”按钮。在“显示表”对话框中双击表“tStud”，然后关闭“显示表”对话框。

步骤 2：双击“所属院系”和“学号”字段，单击“设计”选项卡中的“汇总”按钮。

步骤 3：在“学号”字段的“总计”行选择“计数”，在“条件”行中输入“>=7”。

步骤 4：将“所属院系”字段改为“院系号：所属院系”，将“学号”字段改为“人数：学号”。

步骤 5：运行查询，单击“保存”按钮，另存为“qT1”，关闭设计视图。

(2)

步骤 1:单击“创建”选项卡中的“查询设计”按钮,在“显示表”对话框中双击表“tStud”,然后关闭“显示表”对话框。

步骤 2:双击“学号”“姓名”和“所属院系”字段,在“学号”字段的“条件”行输入“Not In (Select [tScore].[学号] From [tScore])”,在“所属院系”字段的“条件”行输入“＜＞”04“”,取消“所属院系”字段“显示”行的勾选,如图 2-26-1 所示。

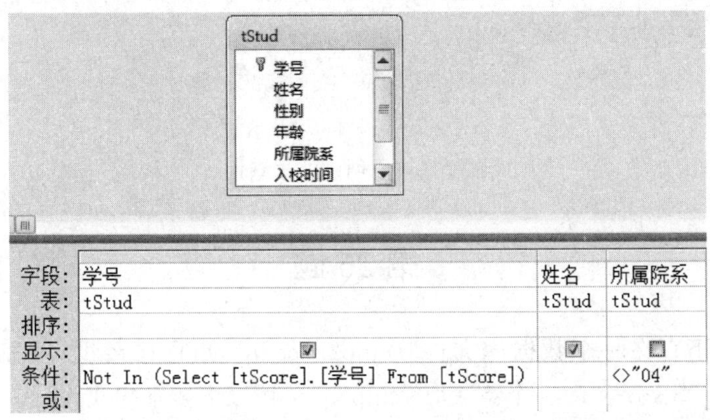

图 2-26-1　创建嵌套查询

步骤 3:运行查询,单击“保存”按钮,另存为“qT2”,关闭设计视图。

(3)

步骤 1:单击“数据库工具”选项卡下“关系”组中的“关系”按钮,如不出现“显示表”对话框则单击“设计”选项卡下“关系”组中的“显示表”按钮,双击添加表和“tStud”“tCourse”和“tScore”,关闭显示表对话框。

步骤 2:选中表“tStud”中的“学号”字段,拖动到表“tScore”的“学号”字段,弹出“编辑关系”对话框,勾选“实施参照完整性”复选框,单击“创建”按钮;同理拖动“tCourse”中的“课程号”字段到“tScore”中的“课程号”字段,弹出“编辑关系”对话框,勾选“实施参照完整性”复选框,单击“创建”按钮。按 Ctrl+S 保存修改,关闭关系界面。

步骤 3:单击“创建”选项卡中的“查询设计”按钮,在“显示表”对话框中双击表“tStud”和“tScore”表,关闭“显示表”对话框。

步骤 4:双击“姓名”“成绩”和“简历”字段,单击“查询工具”选项卡下的“显示/隐藏”组中的“汇总”按钮,在“成绩”字段前添加“平均值:”字样,在其“总计”行下拉列表中选择“平均值”;在“简历”字段的条件行输入“Like ”＊组织能力强＊“”,取消其“显示”行的勾选;在下一字段输入“平均分差值: Round([平均值]-(Select Avg([成绩]) From tScore))”,在其“总计”行下拉列表中选择“Expression”。

步骤 5:运行查询,单击“保存”按钮,另存为“qT3”,关闭设计视图。

(4)

步骤 1:单击“创建”选项卡中的“查询设计”按钮,在“显示表”对话框中双击表“tStud”“tScore”,两次双击表“tCourse”,关闭“显示表”对话框。拖动“tCourse”的“先修课程”字段到“tCourse_1”的“课程号”字段。

步骤 2:单击“设计”选项卡“查询类型”组中的“追加”按钮,在“表名称”下拉列表中选择表“tTemp”,单击“确定”按钮。

步骤 3:分别双击“tStud”表的“姓名”字段,“tCourse”表的“课程名”“先修课程”字段,“tScore”表的“成绩”字段,“tCourse_1”表的“课程名”字段。

步骤 4:在“成绩”字段下的“排序”行的下拉列表中选择“降序”,在“先修课程”字段下的“条件”行输入“Is Not Null”,在“tCourse_1”表的“课程名”字段下的“追加到”行的下拉列表中选择“先修课程名”。

步骤 5:在设计视图任一点右击,在弹出的快捷菜单中选择【SQL 视图】,在 Select 后面输入“Top 3”,然后单击“运行”按钮,在弹出的对话框中单击“是”按钮。

步骤 6:单击“保存”按钮,另存为“qT4”,关闭设计视图。

〖**本题小结**〗

嵌套查询和第(4)小题中 tCourse 表要引用 2 次是难点。

第 27 题

当前文件夹下存在一个数据库文件“samp2. accdb”,里面已经设计好三个关联表对象“tStud”“tCourse”和“tScore”。试按以下要求完成设计。

(1) 创建一个查询,查找并显示有摄影爱好的男女学生各自人数,字段显示标题为“性别”和“NUM”,所建查询命名为“qT1”。

注意,要求用学号字段来统计人数。

(2) 创建一个查询,查找上半年入校的学生选课记录,并显示“姓名”和“课程名”两个字段内容,所建查询命名为“qT2”。

(3) 创建一个查询,查找没有先修课程的课程相关信息,输出其“课程号”“课程名”和“学分”三个字段内容,所建查询命名为“qT3”。

(4) 创建更新查询,将表对象“tStud”中低于平均年龄(不含平均年龄)学生的“备注”字段值设置为 True,所建查询命名为“qT4”。

〖**解题思路**〗

第(1)小题创建汇总统计查询,第(2)、(3)小题创建多表连接统计查询,第(4)小题创建更新查询。

〖**操作步骤**〗

(1)

步骤 1:在“创建”选项卡下,单击“查询设计”按钮。在“显示表”对话框中双击表“tStud”,关闭“显示表”对话框。然后分别双击“性别”“学号”和“简历”三个字段。

步骤 2:单击“设计”选项卡中的“汇总”按钮,在“字段”行中将“学号”改为“NUM:学号”,在该列的“总计”行选择“计数”;在“简历”字段的“总计”行选择“Where”,在该列的“条件”行中输入“Like " * 摄影 * "”,并取消“显示”复选框的勾选,如图 2-27-1 所示。

步骤 3:运行查询,并将查询保存为“qT1”,关闭设计视图。

(2)

步骤 1:在“创建”选项卡下,单击“查询设计”按钮。在“显示表”对话框中双击表“tStud”“tCourse”和“tScore”,关闭“显示表”对话框。

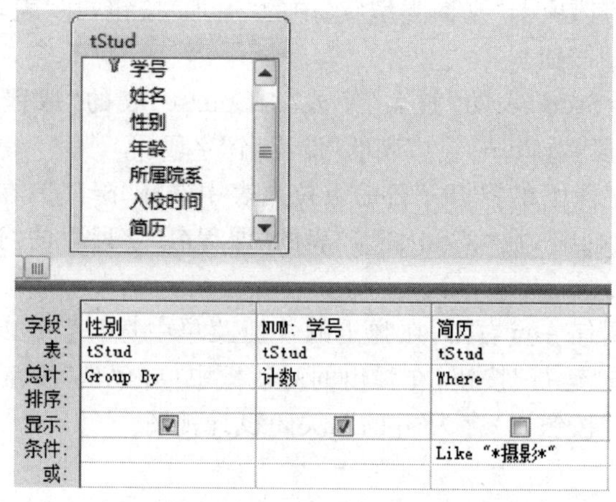

图 2-27-1 创建汇总条件查询

步骤 2:用鼠标拖动"tStud"表中"学号"至"tScore"表中"学号"字段,拖动"tCourse"表中"课程号"至"tScore"表中"课程号"字段,建立三者联系。

步骤 3:然后分别双击"姓名""课程名"和"入校时间"字段。在"入校时间"字段的"条件"行输入"Month([入校时间])<=6",单击"显示"行取消该字段的显示。

步骤 4:运行查询,并将查询保存为"qT2",关闭设计视图。

(3)

步骤 1:在"创建"选项卡下,单击"查询设计"按钮。在"显示表"对话框中双击表"tCourse",关闭"显示表"对话框。然后分别双击"课程号""课程名""学分"和"先修课程"四个字段。

步骤 2:在"先修课程"的"条件"行中输入"Is Null",并取消"显示"复选框的勾选。

步骤 3:运行查询,并将查询保存为"qT3",关闭设计视图。

(4)

步骤 1:在"创建"选项卡下,单击"查询设计"按钮。在"显示表"对话框中双击表"tStud",关闭"显示表"对话框。然后分别双击"年龄"和"备注"字段。

步骤 2:单击"设计"选项卡中的"更新"按钮,在"年龄"字段的"条件"行中输入"<(Select Avg([年龄]) From [tStud])";在"备注"字段的"更新到"行中输入"True"。

步骤 3:单击"运行"按钮,在弹出对话框中单击"是"按钮,完成更新操作。

步骤 4:运行查询,并将查询保存为"qT4",关闭设计视图。

〖**本题小结**〗

本题中先修课程为空的正确表达和嵌套查询是难点。

第 28 题

当前文件夹下存在一个数据库文件"samp2. accdb",里面已经设计好三个表对象"tStud""tCourse""tScore"和一个空表"tTemp",按以下要求完成设计。

(1) 创建一个查询,查找并输出姓名是三个字的男女学生各自的人数,字段显示标题为

“性别”和“NUM”，所建查询命名为“qT1”。

要求：按照学号来统计人数。

(2) 创建一个查询，查找“02”院系还未选课的学生信息，并显示其“学号”和“姓名”两个字段内容，所建查询命名为“qT2”。

(3) 创建一个查询，计算有运动爱好学生的平均分及其与所有学生平均分的差，并显示“姓名”“平均分”和“平均分差值”等内容，所建查询命名为“qT3”。

注意：“平均分”和“平均分差值”由计算得到

(4) 创建一个查询，查找选修了没有先修课程的课程的学生，并将成绩排名前5位的学生记录追加到表“tTemp”对应字段中，所建查询命名为“qT4”。

〖**解题思路**〗

第(1)小题创建汇总统计查询，第(2)小题创建多表连接统计查询，第(3)小题创建计算查询，第(4)小题创建追加查询。

〖**操作步骤**〗

(1)

步骤1：在“创建”选项卡下，单击“查询设计”按钮，在“显示表”对话框中双击表“tStud”，关闭“显示表”对话框。

步骤2：然后分别双击“姓名”“性别”“学号”三个字段。单击“设计”选项卡中“汇总”，在“字段”行中将“学号”改为“NUM：学号”，在该列的“总计”行选择“计数”。

步骤3：在“姓名”字段的“总计”行选择“Where”，在该列的“条件”行中输入“Like "???"”，确认取消“显示”复选框的勾选。

步骤4：运行查询，并将查询保存为“qT1”，关闭设计视图。

(2)

步骤1：在“创建”选项卡下，单击“查询设计”按钮。

步骤2：在弹出的“显示表”窗口中选择表“tStud”，关闭“显示表”对话框。

步骤3：在“tStud”表中双击“姓名”“学号”和“所属院系”字段。在“所属院系”字段的“条件”行中输入：“02”，取消“显示”复选框的勾选，在“学号”字段的“条件”中输入：“Not In (Select 学号 From tScore)”。

步骤4：运行查询，并将查询保存为“qT2”，关闭设计视图。

(3)

步骤1：在“创建”选项卡下，单击“查询设计”按钮；

步骤2：在“显示表”窗口中双击“tCourse”表“tStud”表和“tScore”表，关闭“显示表”窗口。双击“学号”“姓名”“成绩”和“简历”字段，添加到查询字段。单击“设计”选项卡中的“汇总”按钮，在“字段”行中将“成绩”改为“平均分：成绩”，在该列的“总计”行选择“平均值”，在“简历”字段“条件”行中输入“Like " * 运动 * "”。

步骤3：将查询保存为“qT31”，关闭设计视图。

步骤4：在“创建”选项卡下，单击“查询设计”按钮。

步骤5：在“显示表”窗口中双击“tCourse”表，关闭“显示表”窗口。双击“成绩”，添加到查询字段。单击“设计”选项卡中的“汇总”按钮，在“字段”行中将“成绩”改为“总平均：成绩”，在该列的“总计”行选择“平均值”。

步骤 6:将查询保存为“qT32”,关闭设计视图。

步骤 7:在“创建”选项卡下,单击“查询设计”按钮。

步骤 8:在“显示表”窗口中双击查询对象“qT31”和“qT32”表,关闭“显示表”窗口。双击“姓名”“平均分”字段,添加到查询字段,在第 3 列输入“平均分差值: 平均分－总平均”。

步骤 9:运行查询,将查询保存为“qT3”,关闭设计视图。

(4)

步骤 1:在“创建”选项卡下,单击“查询设计”按钮。

步骤 2:在弹出的“显示表”窗口中选择“tStud”表、“tCourse”表和“tScore”表,关闭“显示表”窗口。

步骤 3:单击“设计”选项卡中的“追加”按钮,表名称选择“tTemp”,即追加到“tTemp”表中。

步骤 4:在“tStud”表中双击“姓名”字段,在“tCourse”表中双击“课程名”字段和“先修课程”字段,在“tScore”表中双击“成绩”字段,在“先修课程”字段的“条件”行输入“Is Null”。之后选择“视图”下拉菜单中的【SQL 视图】命令,切换到 SQL 视图,在第二行的 Select 语句之后增加“Top 5”子句。

步骤 5:单击“运行”按钮,在弹出的窗口中选择“是”,完成追加。

步骤 6:将查询保存为“qT4”。

〖**本题小结**〗

本题中第(3)小题不能直接得到查询结果,要先创建两个独立的查询,对查询的结果再查询是难点。

第 29 题

当前文件夹下存在一个数据库文件“samp2. accdb”,里面已经设计好三个表对象“tEmployee”“tBook”“tSell”,按以下要求完成设计。

(1) 创建一个查询,查找并显示单价高于平均单价的图书“书名”和“出版社名称”两个字段内容,所建查询名为“qT1”。

(2) 创建一个查询,按输入的售出日期查找某日期的售书情况,并按数量降序显示“姓名”“书名”“数量”三个字段的内容,所建查询名为“qT2”;当运行该查询时,应显示参数提示信息:“请输入售出日期”。

(3) 创建一个查询,查找双子星座出生雇员的图书销售信息,显示“姓名”“售出日期”和“书名”三个字段的内容,所建查询名为“qT3”。

说明:双子星座是指 5 月 21 日(含)到 6 月 21 日(含)的日期段

(4) 创建一个查询,统计图书销售额超过 2500(含)的雇员信息,并显示“姓名”和“销售额”两个字段的内容,所建查询名为“qT4”。

〖**解题思路**〗

第(1)小题创建嵌套查询,第(2)小题创建参数查询,第(3)小题创建简单条件查询,第(4)小题创建多表连接计算查询。

〖操作步骤〗

(1)

步骤1:单击“创建”选项卡中“查询设计”按钮,在“显示表”对话框中双击表“tBook”,关闭“显示表”对话框。

步骤2:分别双击“书名”“出版社名称”和“单价”字段。

步骤3:在“单价”字段的“条件”行输入“>(Select Avg([单价]) From [tBook])”,单击“显示”行取消该字段的显示。

步骤4:运行查询,并将查询另存为“qT1”。关闭设计视图。

(2)

步骤1:单击“创建”选项卡下“查询”组中的“查询设计”按钮,在“显示表”对话框中双击表“tBook”“tSell”和“tEmployee”,关闭“显示表”对话框。

步骤2:分别双击“姓名”“书名”“数量”“售出日期”字段。

步骤3:在“售出日期”字段的“条件”行中输入“[请输入售出日期]”,单击“显示”行中的复选框,取消该字段的显示。在“数量”字段的“排序”行的下拉列表中选择“降序”。

步骤4:运行查询,并将查询另存为“qT2”。关闭设计视图。

(3)

步骤1:单击“创建”选项卡下“查询”组中的“查询设计”按钮,在“显示表”对话框中双击表“tBook”“tSell”“tEmployee”,关闭“显示表”对话框。

步骤2:分别双击“姓名”“售出日期”书名“出生日期”字段。

步骤3:在“出生日期”字段的“条件”行中输入“Month([出生日期])>=5 And Month([出生日期])<=6 And Day([出生日期])<=21”,单击“显示”行取消该字段的显示。

步骤4:按Ctrl+S保存修改,另存为“qT3”。关闭设计视图。

(4)

步骤1:单击“创建”选项卡中的“查询设计”按钮,在“显示表”对话框中双击表“tBook”“tSell”“tEmployee”,关闭“显示表”对话框。

步骤2:双击“姓名”字段。在“姓名”行下一列输入“销售额:[数量]*[单价]”。在“销售额”字段的“条件”行中输入“>=2500”。单击“设计”选项卡中的“汇总”按钮,在“销售额”字段的“总计”行选择“合计”。

步骤3:运行查询,并将查询保存为“qT4”。关闭设计视图。

〖本题小结〗

本题中日期范围的正确表达也可以用Between … And …子句。

第30题

考生文件夹下有一个数据库文件“samp2. accdb”,其中存在已经设计好的表对象“tStaff”和“tTemp”以及窗体对象“fTest”。请按以下要求完成设计。

(1) 创建一个查询,查找并显示具有研究生学历的教师的“编号”“姓名”“性别”和“政治面目”4个字段的内容,将查询命名为“qT1”。

(2) 创建一个查询,查找并统计按照性别进行分类的教师的平均年龄,然后显示出标题为“性别”和“平均年龄”两个字段的内容,将查询命名为“qT2”。

(3) 创建一个参数查询,查找教师的“编号”“姓名”“性别”和“职称”4 个字段的内容。其中“性别”字段的准则条件为参数,要求引用窗体对象“fTest”上控件“tSex”的值,将查询命名为“qT3”。

(4) 创建一个查询,删除表对象“tTemp”中所有姓“李”的记录,将查询命名为“qT4”。

〖**解题思路**〗

第(1)小题创建条件查询,第(2)小题创建分组总计查询,第(3)小题创建参数查询,第(4)小题创建删除查询。

〖**操作步骤**〗

(1)

步骤 1:单击“创建”对象选项卡,在“查询”功能区单击“查询设计”按钮。在“显示表”对话框中双击表“tStaff”,关闭“显示表”对话框。

步骤 2:分别双击“编号”“姓名”“性别”“政治面目”“学历”字段。

步骤 3:在“学历”字段的“条件”行输入“研究生”,单击“显示”行取消该字段显示。

步骤 4:运行查询,单击“保存”按钮,另存为“qT1”。关闭设计视图。

(2)

步骤 1:单击“创建”对象选项卡,在“查询”功能区单击“查询设计”按钮。在“显示表”对话框中双击表“tStaff”,关闭“显示表”对话框。

步骤 2:分别双击“性别”和“年龄”字段。

步骤 3:单击查询工具“设计”选项卡中“显示/隐藏”功能区的“汇总”按钮,在“年龄”字段“总计”行下拉列表中选择“平均值”。

步骤 4:在“年龄”字段前添加“平均年龄:”字样。

步骤 5:运行查询,单击“保存”按钮,另存为“qT2”。关闭设计视图。

(3)

步骤 1:单击“创建”对象选项卡,在“查询”功能区单击“查询设计”按钮。在“显示表”对话框中双击表“tStaff”,关闭“显示表”对话框。

步骤 2:分别双击“编号”“姓名”“性别”“职称”字段。

步骤 3:在“性别”字段的“条件”行输入“[Forms]! [fTest]! [tSex]”,如图 2-30-1 所示。

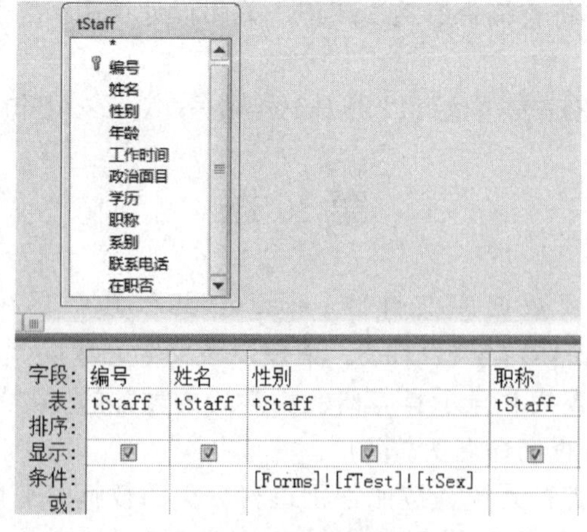

图 2-30-1 创建参数查询

步骤 4:运行查询,单击“保存”按钮,另存为“qT3”。关闭设计视图。

(4)

步骤 1:单击“创建”对象选项卡,在“查询”功能区单击“查询设计”按钮。在“显示表”对话框中双击表“tTemp”,关闭“显示表”对话框。

步骤 2:单击“查询类型”功能区的“删除”按钮。

步骤 3:双击“姓名”字段添加到“字段”行,在“条件”行输入“Like "李 * " ”。

步骤 4:单击“结果”功能区的“运行”按钮,在弹出的对话框中单击“是”按钮。

步骤 5:另存为“qT4”。关闭设计视图。

〖**本题小结**〗

创建删除查询时注意条件的设置格式。

第三部分　综合应用题

第1题

素材文件夹下有一个数据库文件“samp3. accdb”，其中存在设计好的表对象“tStud”和查询对象“qStud”，同时还设计出以“qStud”为数据源的报表对象“rStud”。请在此基础上按照以下要求补充报表设计。

(1) 在报表的报表页眉节区添加一个标签控件，名称为“bTitle”，标题为“97 年入学学生信息表”。

(2) 在报表的主体节区添加一个文本框控件，显示“姓名”字段值。该控件放置在距上边 0.1 厘米、距左边 3.2 厘米的位置，并命名为“tName”。

(3) 在报表的页面页脚节区添加一个计算控件，显示系统年月，显示格式为：××××年××月(注意，不允许使用格式属性)。计算控件放置在距上边 0.3 厘米、距左边 10.5 厘米的位置，并命名为“tDa”。

(4) 按“编号”字段的前 4 位分组统计每组记录的平均年龄，并将统计结果显示在组页脚节区。计算控件命名为“tAvg”。

注意：不能修改数据库中的表对象“tStud”和查询对象“qStud”，同时也不允许修改报表对象“rStud”中已有的控件和属性。

〖**解题思路**〗

在报表设计视图中的不同区域添加标签、文本框等控件，并通过属性表窗口对控件的常用属性进行设置。

〖**操作步骤**〗

(1) 打开数据库文件“samp3. accdb”。

步骤 1：在“报表”对象“rStud”上右击，选择【设计视图】，打开报表设计视图。选择工具箱中的“标签”控件按钮，在报表页眉处单击，然后输入“97 年入学学生信息表”。

步骤 2：选中并右击添加的标签，选择【属性】，在弹出的属性表窗口中的“全部”选项卡的“名称”行输入“bTitle”，然后保存并关闭属性表窗口。

(2) 选中工具箱中的“文本框”控件，单击报表主体节区任一点，出现“Text”和“未绑定”两个控件，选中“Text”标签，按【Del】键将其删除。单击“未绑定”文本框，调整其宽度与页眉中的姓名标签宽度大致相同，在属性表窗口中“全部”选项卡下的“名称”行输入“tName”，在“控件来源”行选择“姓名”，在“左边距”行输入“3. 2cm”，在“上边距”行输入“0. 1cm”。关闭属性对话框。单击工具栏中的“保存”按钮。

(3) 在工具箱中选择“文本框”控件，在报表页面页脚节区单击，选中“Text”标签，按

【Del】键将其删除，右击“未绑定”文本框，选择【属性】，在“全部”选项卡下的“名称”行输入“tDa”，在“控件来源”行输入“=CStr(Year(Date()))+"年"+CStr(Month(Date()))+"月"，在“左边距”行输入“10.5cm”，在“上边距”行输入“0.3cm”。

(4) 步骤1：在设计视图中右击，选择【排序和分组】，弹出“分组、排序和汇总”窗口，单击“添加组”按钮，在下拉列表中选中“编号”，单击“更多”按钮。

步骤2：依次设置“按前4个字符”“汇总编号”“有页眉节”“有页脚节”“将整个组放在同一页上”等，然后关闭对话框。报表出现相应的编号页眉区和编号页脚区。设置如图3-1-1所示。

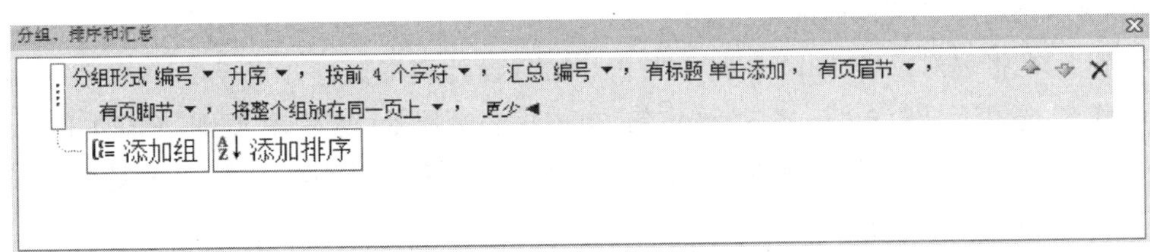

图3-1-1　设置分组子窗口

步骤3：选中报表主体节区“编号”文本框拖动到编号页眉节区，右击“编号”文本框选择【属性】，在弹出的属性表窗口中选中“全部”选项卡，在“控件来源”行输入“=Left([编号],4)”。

步骤4：选中工具箱中的“文本框”控件，单击报表编号页脚节区适当位置，出现“Text”和“未绑定”两个文本框，在属性表窗口中设置“Text”文本框的“标题”行为“平均年龄”。

步骤5：设置“未绑定”文本框的“名称”行为“tAvg”，在“控件来源”行输入“=Avg([年龄])”，关闭属性表窗口。

步骤6：预览报表，单击“保存”按钮，关闭设计视图。

〖**本题小结**〗

本题涉及在报表中添加标签、文本框、计算控件及其属性的设置。对组的操作和相关设置是此题的难点，并且用到了日期函数Year()和Date()、字符串函数Left()和求平均值函数Avg()。

第2题

素材文件夹下有一个数据库文件“samp3.accdb”，其中存在已经设计好的表对象“tEmployee”和“tGroup”及查询对象“qEmployee”，同时还设计出以“qEmployee”为数据源的报表对象“rEmployee”。请在此基础上按照以下要求补充报表设计。

(1) 在报表的报表页眉节区添加一个标签控件，名称为“bTitle”，标题为“职工基本信息表”。

(2) 在“性别”字段标题对应的报表主体节区距上边0.1厘米、距左侧5.2厘米的位置添加一个文本框，用于显示“性别”字段值，并命名为“tSex”。

(3) 设置报表主体节区内文本框“tDept”的控件来源为计算控件。要求该控件可以根据报表数据源里的“所属部门”字段值，从非数据源表对象“tGroup”中检索出对应的部门名称并显示输出。（提示：考虑 DLookUp 函数的使用。）

注意：不能修改数据库中的表对象“tEmployee”和“tGroup”及查询对象“qEmployee”；不能修改报表对象“qEmployee”中未涉及的控件和属性。

〖**解题思路**〗

第(1)、(2)小题在报表的设计视图中添加控件，并右击该控件选择【属性】，对控件属性进行设置；第(3)小题直接右击控件选择【属性】，对控件进行设置。

〖**操作步骤**〗

(1) 打开数据库文件“samp3. accdb”。

步骤 1：在报表对象“rEmployee”上右击，单击【设计视图】，打开报表设计视图。

步骤 2：选中工具箱中“标签”控件按钮，单击报表页眉处，然后输入“职工基本信息表”，单击设计视图任意处，右击该标签选择【属性】，在“名称”行输入“bTitle”，关闭属性窗口。

(2) 通过报表设计视图完成此题。

步骤 1：选中工具箱中“文本框”控件，单击报表主体节区任一点，出现“Text”和“未绑定”两个控件，选中“Text”标签，按【Del】键将“Text”标签删除。

步骤 2：右击“未绑定”文本框，选择【属性】，在“名称”行输入“tSex”，分别在“上边距”和“左边距”输入“0.1cm”和“5.2cm”，并调整宽度。在“控件来源”行列表选中“性别”字段，关闭属性窗口。单击工具栏中的“保存”按钮。

(3) 步骤 1：在报表设计视图中，右击“部门名称”下的“未绑定”文本框“tDept”，选择【属性】，打开属性窗口。

步骤 2：在属性窗口中的“控件来源”行输入“=DLookUp("名称","tGroup","所属部门=部门编号")”，关闭属性窗口。切换到报表试图以显示报表，如图 3-2-1 所示，保存并关闭设计视图。

职工基本信息表

编号	姓名	性别	年龄	职务	所属部门	聘用时间	*部门名称*
000001	李四	男	24	职员	04	1997/3/5	财务部
000002	张三	女	23	职员	04	1998/2/6	财务部
000003	程鑫	男	20	职员	03	1999/1/3	人力部
000004	刘红兵	男	25	主管	03	1996/6/9	人力部
000005	钟舒	女	35	经理	02	1995/8/4	开发部
000006	江滨	女	30	主管	04	1997/6/5	财务部

图 3-2-1　报表视图

〖**本题小结**〗

本题涉及在报表中添加标签控件和文本框控件，并对其常用属性进行设置的操作。难点是 DLookUp()函数的使用。

第 3 题

素材文件夹下有一个数据库文件“samp3.accdb”，其中存在已经设计好的窗体对象“fTest”及宏对象“m1”。请在此基础上按照以下要求补充窗体设计。

(1) 在窗体的窗体页眉节区添加一个标签控件，名称为“bTitle”，标题为“窗体测试样例”。

(2) 在窗体主体节区添加两个复选框控件，复选框选项按钮分别命名为“opt1”和“opt2”，对应的复选框标签显示内容分别为“类型 a”和“类型 b”，标签名称分别为“bopt1”和“bopt2”。

(3) 分别设置复选框选项按钮 opt1 和 opt2 的“默认值”属性为假值。

(4) 在窗体页脚节区添加一个命令按钮，命名为“bTest”，按钮标题为“测试”。

(5) 设置命令按钮 bTest 的单击事件属性为给定的宏对象 m1。

(6) 将窗体标题设置为“测试窗体”。

注意：不能修改窗体对象 fTest 中未涉及的属性；不能修改宏对象 m1。

〖**解题思路**〗

第(1)、(2)、(3)、(4)小题在窗体的设计视图中添加控件，并右击该控件属性，对控件属性进行设置；第(5)小题设置按钮属性；第(6)小题直接右击窗体选择器，选择【属性】，设置标题。

〖**操作步骤**〗

(1) 打开数据库文件“samp3.accdb”。

步骤 1：在窗体对象“fTest”上右击，选择【设计视图】，打开设计视图。

步骤 2：选择工具箱“标签”控件，单击窗体页眉节区适当位置，输入“窗体测试样例”。右击“窗体测试样例”标签，选择【属性】，弹出属性表窗口，在属性表窗口中选“全部”选项卡，在“名称”行输入“bTitle”。

(2) 通过窗体设计视图完成此题。

步骤 1：选择工具箱“复选框”控件，单击窗体主体节区适当位置。在属性表窗口的“名称”行输入“opt1”。

步骤 2：单击“复选框”标签，在“名称”行输入“bopt1”，在“标题”行输入“类型 a”，关闭属性界面。按步骤 1、2 创建另一个复选框控件。

(3) 通过窗体设计视图完成此题。

单击“opt1”复选框，在“默认值”行输入“=False”。相同方法设置另一个复选框按钮。

(4) 通过窗体设计视图完成此题。

步骤 1：选择工具栏中的“命令按钮”控件，单击窗体页脚节区适当位置，弹出“命令按钮向导”对话框，单击“取消”按钮。

步骤 2：在属性表窗口的“名称”和“标题”行分别输入“bTest”和“测试”。

(5) 在“事件”选项卡的“单击”行列表中选中“m1”。

(6) 通过窗体设计视图完成此题。

步骤 1：单击“窗体选择器”，在属性表窗口“标题”行输入“测试窗体”，关闭属性表窗口。

步骤 2:切换到窗体视图,运行窗体。单击工具栏中的“保存”按钮,关闭设计视图。

〖本题小结〗

本题涉及在窗体中添加标签、命令按钮、复选框控件及其属性的设置操作,要掌握不同对象的常用属性的设置。

第 4 题

素材文件夹下有一个数据库文件“samp3. accdb”,其中存在已经设计好的表对象“tEmployee”和宏对象“m1”,同时还有以“tEmployee”为数据源的窗体对象“fEmployee”。请在此基础上按照以下要求补充窗体设计。

(1) 在窗体的窗体页眉节区添加一个标签控件,名称为“bTitle”,初始化标题显示为“雇员基本信息”,字体名称为“黑体”,字号大小为 18。

(2) 将命令按钮 bList 的标题设置为“显示雇员情况”。

(3) 单击命令按钮 bList,要求运行宏对象 m1;单击事件代码已提供,请补充完整。

(4) 取消窗体的水平滚动条和垂直滚动条;取消窗体的最大化和最小化按钮。

(5) 在“窗体页眉”中距左边 0.5 厘米,上边 0.3 厘米处添加一个标签控件,控件名称为“Tda”,标题为“系统日期”。窗体加载时,将添加标签标题设置为系统当前日期。窗体“加载”事件已提供,请补充完整。

注意:不能修改窗体对象“fEmployee”中未涉及的控件和属性;不能修改表对象“tEmployee”和宏对象“m1”。

程序代码只允许在“*****Add*****”与“*****Add*****”之间的空行内补充一行语句,完成设计,不允许增删和修改其他位置已存在的语句。

〖解题思路〗

第(1)、(2)、(4)、(5)小题在窗体的设计视图中添加控件或直接通过属性表窗口设置不同对象的属性;第(3)、(5)小题设置事件代码,实现动态修改对象属性的功能。

〖操作步骤〗

(1) 打开数据库文件“samp3. accdb”。

步骤 1:在设计视图中打开窗体“fEmployee”,在主体和窗体页眉之间当鼠标指针变形状时拖动鼠标,拉开页眉区域。

步骤 2:选择工具箱“标签”控件,然后单击窗体页眉节区任一点,输入“雇员基本信息”,单击窗体任一点,结束输入。右击“雇员基本信息”标签,从弹出的快捷菜单中选择【属性】,在“属性表”窗口的“全部”选项卡的“名称”行输入“bTitle”,在“字体名称”和“字号”行列表中选中“黑体”和“18”。

(2) 在设计视图中单击窗体页脚区域的命令按钮“bList”,在“全部”选项卡下的“标题”行输入“显示雇员情况”。

(3) 通过事件过程输入代码。

步骤 1:在属性表窗口选择“事件”,在“单击”行选“事件过程”,再单击右侧的“…”按钮,弹出代码编辑窗口,在空行内输入如下代码:

```
'*****Add1*****
```

```
DoCmd.RunMacro "m1"
'*****Add1*****
```

关闭代码窗口。

注：右击命令按钮“bList”，从快捷菜单中选择【事件生成器】也可以进入代码编辑窗口。

(4) 通过窗体设计视图完成此题。

在设计视图中单击“窗体选择器”，分别在“格式”选项卡的“滚动条”和“最大化最小化按钮”行列表中选中“两者均无”和“无”。

(5) 步骤1：在设计视图中选中工具箱“标签”控件，单击窗体页眉节区任一点，输入“系统日期”，然后单击窗体任一点结束输入。

步骤2：右击“系统日期”标签，单击【属性】，在“全部”选项卡的“名称”行输入“Tda”，在“上边距”和“左”行分别输入“0.3cm”和“0.5cm”。

步骤3：在设计视图中单击“窗口选择器”按钮，在属性表窗口选择“事件”，在“加载”行选“事件过程”，再单击右侧的“…”按钮，弹出代码编辑窗口，在空行内输入如下代码：

```
'*****Add1*****
Tda.Caption = Date
'*****Add1*****
```

切换设计视图到窗体视图，运行窗体，查看效果，单击保存按钮，关闭窗口。

〖**本题小结**〗

本题涉及在窗体中添加标签控件及属性设置，设置命令按钮属性及编辑不同事件过程的代码，通过代码对窗口中对象的属性进行动态设置。难点是正确书写运行宏的代码。

第5题

素材文件夹下有一个数据库文件“samp3.accdb”，其中存在已经设计好的表对象“tBand”和“tLine”，同时还有以“tBand”和“tLine”为数据源的报表对象“rBand”。请在此基础上按照以下要求补充报表设计。

(1) 在报表的报表页眉节区添加一个标签控件，名称为“bTitle”，标题显示为“团队旅游信息表”，字体为“宋体”，字号为22，字体粗细为“加粗”，倾斜字体为“是”。

(2) 在“导游姓名”字段标题对应的报表主体区添加一个控件，显示出“导游姓名”字段值，并命名为“tName”。

(3) 在报表的报表页脚区添加一个计算控件，要求依据“团队ID”来计算并显示团队的个数。计算控件放置在“团队数：”标签的右侧，计算控件命名为“bCount”。

(4) 将报表标题设置为“团队旅游信息表”。

注意：不能改动数据库文件中的表对象“tBand”和“tLine”；不能修改报表对象“rBand”中已有的控件和属性。

〖**解题思路**〗

第(1)小题在报表中添加标签控件，并通过属性表窗口设置属性，第(2)、(3)小题添加文本框控件并设置属性，第(4)小题设置整个报表的属性。

〖**操作步骤**〗

(1) 打开数据库文件“samp3.accdb”。

步骤 1:在报表对象“rBand”上右击,选择【设计视图】,进入报表设计视图。

步骤 2:拉开报表页眉区,选择工具箱中的“标签”控件,单击报表页眉节区任一点,输入“团队旅游信息表”,然后再单击报表任一点,结束输入。

步骤 3:右击“团队旅游信息表”标签,从弹出的快捷菜单中选择【属性】,在属性表窗口的“名称”行输入“bTitle”,在“字体名称”和“字号”行分别选中下拉列表中的“宋体”和“22”,在“字体粗细”和“倾斜字体”行分别选中“加粗”和“是”。

(2) 通过报表设计视图完成此题。

步骤 1:在设计视图中在工具箱中选中“文本框”控件,单击报表主体节区适当位置,生成“Text”和“未绑定”文本框。选中“Text”,按【Del】键删除。

步骤 2:单击“未绑定”文本框,在“名称”行输入“tName”,在“控件来源”下拉列表中选中“导游姓名”。

(3) 通过报表设计视图完成此题。

步骤 1:在设计视图中的工具箱中选中“文本框”控件,单击报表页脚节区,生成“Text”和“未绑定”文本框。选中“Text”,按【Del】键删除。

步骤 2:单击“未绑定”文本框,在“名称”行输入“bCount”,在“控件来源”行输入“=Count(团队 ID)”。

(4) 通过报表设计视图完成此题。

在设计视图中单击“报表选择器”,在“标题”行输入“团队旅游信息表”,关闭属性表窗口。单击工具栏中的“保存”按钮,切换到报表视图,浏览报表,关闭视图。

〖**本题小结**〗

本题涉及在报表中添加标签、文本框及其属性的设置,其中第(3)小题的设置文本框控件来源的表达式书写是本题的难点,用到了统计函数 Count()。

第 6 题

在素材文件夹下有一个数据库文件“samp3.accdb”,里面已经设计好表对象“tBorrow”“tReader”和“tRook”,查询对象“qT”,窗体对象“fReader”,报表对象“rReader”和宏对象“rpt”。请在此基础上按以下要求补充设计。

(1) 在报表的报表页眉节区内添加一个标签控件,其名称为“bTitle”,标题显示为“读者借阅情况浏览”,字体名称为“黑体”,字体大小为 22,同时将其安排在距上边 0.5 厘米、距左侧 2 厘米的位置上。

(2) 设计报表“rReader”的主体节区内“tSex”文本框控件依据报表记录源的“性别”字段值来显示信息。

(3) 将宏对象“rpt”改名为“mReader”。

(4) 在窗体对象“fReader”的窗体页脚节区内添加一个命令按钮,命名为“bList”,按钮标题为“显示借书信息”,其单击事件属性设置为宏对象“mReader”。

(5) 窗体加载时设置窗体标题属性为系统当前日期。窗体“加载”事件的代码已提供,请补充完整。

注意:不允许修改窗体对象“fReader”中未涉及的控件和属性;不允许修改表对象

“tBorrow”“tReader”和“tBook”及查询对象“qT”；不允许修改报表对象“rReader”的控件和属性。

程序代码只能在“***** Add ***** ”与“ ***** Add ***** ”之间的空行内补充一行语句，完成设计，不允许增删和修改其他位置已存在的语句。

〖**解题思路**〗

第(1)、(4)小题分别在报表和窗体设计视图中添加控件，并通过属性表窗口设置相应属性；第(2)小题选择控件设置属性；第(3)小题重命名宏的名称；第(5)小题通过查看代码按钮，在代码窗口输入代码。

〖**操作步骤**〗

(1) 打开数据库文件“samp3. accdb”，单击导航按钮，显示所有 Access 对象。

步骤 1：右击报表对象“rReader”，选择【设计视图】，打开报表设计视图。

步骤 2：在任一报表空白区右击，选择【报表页眉/页脚】，显示出报表页眉区，选中工具箱中的“标签”控件按钮，单击报表页眉处，然后输入“读者借阅情况浏览”，单击设计视图任意处，右击该标签，从弹出的快捷菜单中选择【属性】，弹出属性表窗口。

步骤 3：选中“全部”选项卡，在“名称”行输入“bTitle”。

步骤 4：单击“格式”选项卡，分别在“字体名称”和“字号”行右侧下拉列表中选中“黑体”和“22”，分别在“左”和“上边距”行输入“2cm”和“0. 5cm”，单击工具栏中的“保存”按钮。

(2) 通过报表设计视图完成此题。

步骤 1：右击“未绑定”文本框“tSex”，在属性表窗口“控件来源”行右侧下拉列表中选中“性别”。

步骤 2：单击工具栏中的“保存”按钮，关闭设计视图。

(3) 重命名宏对象。

步骤 1：右击宏对象“rpt”，从弹出的快捷菜单中选择【重命名】。

步骤 2：在光标处输入“mReader”。

(4) 通过窗体设计视图完成此题。

步骤 1：右击窗体对象“fReader”，选择【设计视图】，打开窗体设计视图。

步骤 2：选中工具栏“按钮”控件，单击窗体页脚区适当位置，弹出一个对话框，单击“取消”按钮。

步骤 3：右击该命令按钮选择【属性】，单击“全部”选项卡，在“名称”和“标题”行输入“bList”和“显示借书信息”。

步骤 4：单击“事件”选项卡，在“单击”行右侧下拉列表中选中“mReader”，关闭属性表窗口。

(5) 通过代码生成器输入代码

在设计视图中单击工具栏中的“查看代码”按钮，或右击空白区域，选择【事件生成器】，再选择代码生成器，进入编程环境，在空行内输入代码：

```
'***** Add *****
Form.Caption = Date
'***** Add *****
```

切换到窗体视图，运行窗体，单击工具栏中的“保存”按钮，关闭设计视图。

〖本题小结〗

本题涉及在报表和窗体中添加标签框控件及文本框控件，并通过属性表窗口对属性进行设置；改变宏的名称，设置窗体中命令按钮的单击事件以运行宏，以及通过代码窗口输入代码，动态改变窗口的标题属性等。第(5)小题中通过代码动态设置窗体的属性是本题的难点。

第 7 题

素材文件夹下有一个数据库文件“samp3. accdb”，其中存在已经设计好的表对象“tEmp”、窗体对象“fEmp”、报表对象“rEmp”和宏对象“mEmp”。请在此基础上按照以下要求补充设计。

(1) 将表对象“tEmp”中“聘用时间”字段的格式调整为“长日期”显示、“性别”字段的有效性文本设置为“只能输入男和女”。

(2) 设置报表“rEmp”按照“性别”字段降序(先女后男)排列输出；将报表页面页脚区内名为“tPage”的文本框控件设置为“页码/总页数”形式的页码显示(如 1/35、2/35、…)。

(3) 将“fEmp”窗体上名为“bTitle”的标签上移到距“btnp”命令按钮 1 厘米的位置(即标签的下边界距命令按钮的上边界 1 厘米)。同时，将窗体按钮“btnp”的单击事件属性设置为宏“mEmp”。

注意：不能修改数据库中的宏对象“mEmp”；不能修改窗体对象“fEmp”和报表对象“rEmp”中未涉及的控件和属性；不能修改表对象“tEmp”中未涉及的字段和属性。

〖解题思路〗

第(1)小题在表设计视图中设置字段属性；第(2)、第(3)小题分别在报表和窗体设计视图中右击控件选择【属性】，对控件属性进行设置。

〖操作步骤〗

(1) 打开数据库文件“samp3. accdb”，单击导航按钮，显示所有 Access 对象。

步骤 1：右击表对象“tEmp”，从快捷菜单中选择【设计视图】，进入设计视图。

步骤 2：单击“聘用时间”字段行，在“字段属性”的“格式”行下拉列表中选中“长日期”。

步骤 3：单击“性别”字段，在“字段属性”的“有效性文本”行输入“只能输入男和女”，注意不要输入两端的引号。

步骤 4：单击工具栏中的“保存”按钮，关闭设计视图。

(2) 通过报表设计视图完成此题。

步骤 1：右击报表对象“rEmp”，从快捷菜单中选择【设计视图】，进入报表设计视图。

步骤 2：单击工具栏中的“分组和排序”按钮，弹出“分组、排序和汇总”子窗口，单击“添加排序”按钮，在字段列表中选择“性别”。在排序下拉列表中选择“降序”。

步骤 3：右击“未绑定”文本框“tPage”，从快捷菜单中选择【属性】，在属性表窗口“全部”选项卡的“控件来源”行输入“=[Page]& "/" &[Pages]”。

步骤 5：切换到报表视图，预览报表，单击“保存”按钮，关闭设计视图。

(3) 通过窗体设计视图完成此题。

步骤 1：右击窗体对象“fEmp”，从快捷菜单中选择【设计视图】，进入设计视图。

步骤 2:右击标题为“输出”的命令按钮“btnp”,从快捷菜单中选择【属性】,在属性表窗口中查找“上边距”行为“3cm”。

步骤 3:右击“bTitle”标签,查找到该标签高度是“1cm”,要使得两控件相差 1cm,所以设置控件“bTitle”的“上边距”为“1cm”。

步骤 4:单击标题为“输出”的命令按钮 btnp,在“事件”选项卡的“单击”行右侧下拉列表中选中“mEmp”,关闭属性表窗口。

步骤 5:切换设计视图到窗体视图,查看运行效果,单击工具栏中的“保存”按钮,关闭设计视图。

〖**本题小结**〗

本题涉及表中字段属性格式和有效性文本设置;涉及报表中设置分组排序和文本框属性设置;涉及窗体中命令按钮控件属性和标签位置属性的设置等。在报表中设置页码显示方式是本题的难点,要注意表达式的正确书写。

第 8 题

素材文件夹下有一个数据库文件“samp3. accdb”,其中存在已经设计好的表对象“tAddr”和“tUser”,同时还有窗体对象“fEdit”和“fEuser”。请在此基础上按照以下要求补充“fEdit”窗体的设计。

(1) 将窗体中名称为“Lremark”的标签控件上的文字颜色改为红色(红色代码为 255)、字体粗细改为“加粗”。

(2) 将窗体标题设置为“修改用户信息”。

(3) 将窗体边框改为“对话框边框”样式,取消窗体中的水平和垂直滚动条、记录选定器、浏览按钮和分隔线。

(4) 将窗体中“退出”命令按钮(名称为“cmdquit”)上的文字颜色改为深红(深红代码为 128)、字体粗细改为“加粗”,并给文字加上下划线。

(5) 在窗体中还有“修改”和“保存”两个命令按钮,名称分别为“CmdEdit”和“CmdSave”,其中“保存”命令按钮在初始状态为不可用,当单击“修改”按钮后,应使“保存”按钮变为可用。现已编写了部分 VBA 代码,请按照 VBA 代码中的指示将代码补充完整。

要求:修改后运行该窗体,并查看修改结果。

注意:不能修改窗体对象“fEdit”和“fEuser”中未涉及的控件、属性;不能修改表对象“tAddr”和“tUser”。

程序代码只允许在“**********”与“**********”之间的空行内补充一行语句、完成设计,不允许增删和修改其他位置已存在的语句。

〖**解题思路**〗

第(1)、(2)、(3)、(4)小题都是在设计视图中通过属性表窗口对控件属性进行设置;第(5)小题通过右击控件名选择【事件生成器】,进入代码编辑窗口,输入相应代码。

〖**操作步骤**〗

(1) 打开数据库文件“samp3. accdb”。

步骤 1:右击窗体对象“fEdit”,从弹出的快捷菜单中选择【设计视图】。

步骤 2:右击标题是“用户名不能超过 10 位”的标签“Lremark”,从弹出的快捷菜单中选择【属性】。

步骤 3:单击“格式”选项卡,在“前景色”行输入 255,在“字体粗细”行的下拉列表中选中“加粗”。

(2) 单击“窗体选择器”,在“格式”选项卡的标题行输入“修改用户信息”。

(3) 通过窗体设计视图完成此题。

步骤 1:在“边框样式”行右侧下拉列表中选中“对话框边框”。

步骤 2:在“滚动条”右侧下拉列表中选中“两者均无”、分别在“记录选择器”“导航按钮”和“分隔线”的右侧下拉列表中选中“否”。

(4) 通过窗体设计视图完成此题。

步骤 1:右击命令按钮“退出”,单击“格式”选项卡在“前景色”行输入 128,在“字体粗细”行的下拉列表中选中“加粗”,在“下划线”行右侧下拉列表中选中“是”,关闭属性表窗口。

(5) 通过代码编辑窗口输入代码。

步骤 1:在设计视图中右击命令按钮“修改”,从弹出的快捷菜单中选择【事件生成器】,在空行内输入代码:

```
*******请在下面添加一条语句 *****
CmdSave.Enabled= True
************************
```

关闭代码编辑窗口,单击保存按钮,切换到窗体视图,浏览窗体。关闭 Access。

〖**本题小结**〗

本题涉及在窗体中选择不同的控件,并对其属性进行设置,尤其是控件前景色的设置。第(5)小题涉及通过代码对控件的属性进行动态设置,相对较难。

第 9 题

在素材文件夹下有一个数据库文件“samp3.accdb”,里面已经设计好表对象“tBorrow”“tReader”和“tBook”,查询对象“qT”,窗体对象“fReader”,报表对象“rReader”和宏对象“rpt”。请在此基础上按以下要求补充设计。

(1) 在报表“rReader”的报表页眉节区内添加一个标签控件,其名称为“bTitle”,标题显示为“读者借阅情况浏览”,字体名称为“黑体”,字体大小为 22,并将其安排在距上边 0.5 cm、距左侧 2 cm 的位置。

(2) 设计报表“rReader”的主体节区为“tSex”文本框控件,设置数据来源显示性别信息,并要求按“借书日期”字段升序显示,“借书日期”的显示格式为“长日期”形式。

(3) 将宏对象“rpt”改名为“mReader”。

(4) 在窗体对象“fReader”的窗体页脚节区内添加一个命令按钮,命名为“bList”,按钮标题为“显示借书信息”,其单击事件属性设置为宏对象“mReader”。

(5) 窗体加载时设置窗体标题属性为系统当前日期。窗体“加载”事件代码已提供,请补充完整。

注意:不允许修改窗体对象“fReader”中未涉及的控件和属性;不允许修改表对象“tBorrow”“tReader”和“tBook”及查询对象“qT”;不允许修改报表对象“rReader”的控件和

属性。

程序代码只允许在“*****Add*****”与“******Add*****”之间的空行内补充一行语句、完成设计，不能增删和修改其他位置上已存在的语句。

〖解题思路〗

第(1)、(2)小题在报表视图中的不同区域添加控件和设置控件的属性，第(3)小题重命名宏对象的名称，第(4)、(5)小题在窗体中添加并设置命令按钮的属性，通过代码动态设置其他对象的属性。

〖操作步骤〗

(1) 打开数据库文件“samp3.accdb”，通过导航窗口显示出报表对象。

步骤1：右击报表对象“rReader”，从弹出的快捷菜单中选择【设计视图】，进入报表设计视图。

步骤2：右击报表空白处，选择【报表页眉/页脚】，显示出报表页眉区。选中工具箱中“标签”控件按钮，单击报表页眉处，然后输入“读者借阅情况浏览”，单击设计视图任意处。

步骤3：右击“读者借阅情况浏览”标签，从弹出的快捷菜单中选择【属性】，弹出属性表窗口。

步骤4：选中“全部”选项卡，在“名称”行输入“bTitle”。

步骤5：单击“格式”选项卡，分别在“字体名称”和“字号”行右侧下拉列表中选中“黑体”和“22”，分别在“左”和“上边距”行输入2 cm和0.5 cm，单击工具栏中的“保存”按钮。

(2) 通过报表设计视图完成此题。

步骤1：单击未绑定文本框“tSex”，在“控件来源”行右侧下拉列表中选中字段“性别”。

步骤2：单击工具栏中的“分组和排序”，弹出“分组、排序和汇总”子窗口，单击添加排序按钮，在“选择字段”列的下拉列表中选中“借书日期”，默认排序为升序，关闭子窗口。

步骤4：在主体区单击文本框“借书日期”，在属性表窗口“格式”选项卡的“格式”行右侧下拉列表选中“长日期”，关闭属性表窗口。

步骤5：切换到报表视图，预览报表，单击“保存”按钮，关闭设计视图。

(3) 重命名宏对象。

步骤1：右击宏对象“rpt”，从快捷菜单中选择【重命名】。

步骤2：在光标处输入“mReader”，单击保存按钮。

(4) 通过窗体设计视图完成此题。

步骤1：右击窗体对象“fReader”，从快捷菜单中选择【设计视图】。

步骤2：选中工具栏中的“命令”按钮控件，单击窗体页脚节区适当位置，弹出对话框，单击“取消”按钮。

步骤3：右击该命令按钮，从快捷菜单中选择【属性】，单击“全部”选项卡，在“名称”和“标题”行输入“bList”和“显示借书信息”。

步骤4：单击“事件”选项卡，在“单击”行右侧下拉列表中选中“mReader”，关闭属性表窗口。

(5) 通过代码编辑窗口输入代码。

单击工具栏“查看代码”按钮，进入编程环境，在空行内输入代码：

```
'*****Add*****
```

```
Form.Caption = Date
'***** Add *****
```

关闭代码编辑窗口，切换到窗体视图，查看运行效果。单击工具栏中的“保存”按钮，关闭 Access。

〖**本题小结**〗

本题涉及在报表中指定区添加标签控件，设置标签和文本框控件的属性、宏的重命名、窗体中添加命令按钮控件，并设置属性等操作。显示出题目要求的报表区和通过代码窗口输入代码是本题的难点。

第 10 题

在素材文件夹下有一个数据库文件“samp3. accdb”，里面已经设计了表对象“tEmp”和窗体对象“fEmp”。同时，给出窗体对象“fEmp”上“计算”按钮（名为 bt）的单击事件代码，试按以下要求完成设计。

(1) 设置窗体对象“fEmp”的标题为“信息输出”。

(2) 将窗体对象“fEmp”上名为“bTitle”的标签以红色显示其标题。

(3) 删除表对象“tEmp”中的“照片”字段。

(4) 按照以下窗体功能，补充事件代码设计。

窗体功能：打开窗体、单击“计算”按钮（名为 bt），事件过程使用 ADO 数据库技术计算出表对象“tEmp”中党员职工的平均年龄，然后将结果显示在窗体的文本框“tAge”内并写入外部文件中。

注意：不能修改数据库中表对象“tEmp”未涉及的字段和数据；不允许修改窗体对象“fEmp”中未涉及的控件和属性。

程序代码只允许在“ ***** Add ***** ”与“ ***** Add ***** ”之间的空行内补充一行语句、完成设计，不允许增删和修改其他位置上已存在的语句。

〖**解题思路**〗

第(1)、(2)小题在窗体设计视图右击控件选择【属性】，设置属性；第(3)小题在数据表中设置删除字段；第(4)小题单击控件选择【事件生成器】，输入代码。

〖**操作步骤**〗

(1) 打开数据库文件“samp3. accdb”，通过导航窗口显示出所有 Access 对象。

步骤 1：右击窗体对象“fEmp”，在弹出的快捷菜单中选择【设计视图】。

步骤 2：右击“窗体选择器”，在弹出的快捷菜单中选择【属性】，在属性表窗口的“格式”选项卡的“标题”行输入“信息输出”。

(2) 通过窗体设计视图完成此题。

单击标题为“信息输出”的标签“bTitle”，单击属性表窗口“格式”选项卡，在“前景色”行输入 255，单击保存按钮。

(3) 通过数据表视图完成此题。

步骤 1：双击表对象“tEmp”，打开数据表窗口。

步骤 2：选“照片”字段列，右击“照片”列，在弹出的快捷菜单中选择【删除字段】，在弹出的对话框中单击“是”按钮。

步骤 3：单击工具栏中的“保存”按钮，关闭数据表窗口。

注：也可以通过表设计视图删除字段。

(4) 通过代码编辑窗口输入代码。

步骤 1：右击窗体中标题为“计算”的命令按钮，在弹出的快捷菜单中选择【事件生成器】，在空行内输入代码：

```
'***** Add1 ******
If rs.RecordCount = 0 Then
'***** Add1 ******

'***** Add2 ******
tAge = sage
'***** Add2 ******
```

分析：从给定的代码中可以看出第 1 处要填的代码是判断结构的 If 语句，要根据记录数来判断，第 2 处是将查询的平均年龄送到文本框中显示。代码虽简单，要细细体会，掌握编程的要义。

关闭代码编辑窗口，切换到窗体视图，浏览窗体。单击工具栏中的“保存”按钮，关闭 Access。

〖**本题小结**〗

本题涉及设置窗体及其中对象的属性，涉及设置命令按钮的事件代码编制，涉及删除表中指定的字段等操作。其中，针对命令按钮对象，编制和完善相应代码，实现指定功能是本题的难点，既要掌握程序的基本结构，又要理解如何通过语句来实现程序的实际功能。

第 11 题

在素材文件夹下有一个数据库文件“samp3.accdb”，里面已经设计了表对象“tEmp”、窗体对象“fEmp”、宏对象“mEmp”和报表对象“rEmp”。同时，给出窗体对象“fEmp”的“加载”事件和“预览”及“打印”两个命令按钮的单击事件代码，请按以下功能要求补充设计。

(1) 将窗体“fEmp”上标签“bTitle”以“特殊效果：阴影”显示。

(2) 已知窗体“fEmp”上的 3 个命令按钮中，按钮“bt1”和“bt3”的大小一致且左对齐。现要求在不更改“bt1”和“bt3”大小位置的基础上，调整按钮“bt2”的大小和位置，使其大小与“bt1”和“bt3”相同，水平方向左对齐“bt1”和“bt3”，竖直方向在“bt1”和“bt3”之间的位置。

(3) 在窗体“fEmp”的“加载”事件中设置标签“bTitle”以红色文本显示；单击“预览”按钮（名为“bt1”）或“打印”按钮（名为“bt2”），事件过程传递参数调用同一个用户自定义代码(mdPnt)过程，实现报表预览或打印输出；单击“退出”按钮（名为“bt3”），调用设计好的宏“mEmp”以关闭窗体。

(4) 将报表对象“rEmp”的记录源属性设置为表对象“tEmp”。

注意：不要修改数据库中的表对象“tEmp”和宏对象“mEmp”；不要修改窗体对象“fEmp”和报表对象“rEmp”中未涉及的控件和属性。

程序代码只允许在“***** Add *****”与“***** Add *****”之间的空行内补

充一行语句、完成设计，不允许增删和修改其他位置已存在的语句。

〖解题思路〗

第(1)、(2)小题在窗体的设计视图中通过属性表窗口设置控件的属性，第(3)小题要进入代码编辑窗口输入代码，第(4)小题设置报表的属性。

〖操作步骤〗

(1) 打开数据库文件“samp3. accdb”。

步骤 1:右击窗体“对象”fEmp，从弹出的快捷菜单中选择【设计视图】。

步骤 2:右击标题为“职工信息表输出”的标签控件“bTitle”，从弹出的快捷菜单中选择【属性】，在属性表窗口“格式”选项卡的“特殊效果”行右侧下拉列表中选择“阴影”。

(2) 通过窗体设计视图完成此题。

步骤 1:单击标题为“预览”的按钮控件“bt1”，查看“左”“上边距”“宽度”和“高度”，并记录下来。

步骤 2:单击标题为“退出”的按钮控件“bt3”，查看“上边距”，并记录下来。

步骤 3:要设置“bt2”与“bt1”大小一致、左对齐且位于“bt1”和“bt3”之间，单击标题为“打印”的按钮控件“bt2”，分别在“左”“上边距”“宽度”和“高度”行输入“3cm”“2. 5cm”“3cm”和“1cm”，单击工具栏中的“保存”按钮。

(3) 通过代码窗口输入代码。

步骤 1:单击工具栏中的“查看代码”按钮，进入编码环境。

步骤 2:在空行内分别输入以下代码：

```
'*****Add1*****"
bTitle.ForeColor = vbRed
'*****Add1*****"
'*****Add2*****"
mdPnt acViewPreview
'*****Add2*****"
```

步骤 3:退出编程环境。

步骤 4:单击标题为“退出”的按钮控件“bt3”，在属性表窗口事件选项卡的“单击”行选中宏“mEmp”。

步骤 5:保存窗体，切换到窗体视图，浏览窗体，关闭窗体视图。

(4) 通过报表设计视图完成此题。

步骤 1:通过导航窗口，显示出所有 Access 对象。右击报表对象“rEmp”，从弹出的快捷菜单中选择【设计视图】。

步骤 2:右击“报表选择器”，从弹出的快捷菜单中选择【属性】，在“数据”选项卡“记录源”行右侧下拉列表中选中“tEmp”，关闭属性表窗口。

步骤 3:单击“保存”按钮，切换视图，浏览报表，关闭设计界面，退出 Access。

〖本题小结〗

本题涉及设置窗体、报表中不同对象的常用属性，第(3)小题中通过代码动态设置属性或实现相应功能是本题的难点，常用的代码要熟记，如红色的常量表示，对象的属性名等。

第 12 题

数据库文件“samp3. accdb”中已经设计了表对象“tEmp”、窗体对象“fEmp”、报表对象“rEmp”和宏对象“mEmp”。请在此基础上按照以下要求补充设计。

(1) 将报表“rEmp”的报表页眉区内名为“bTitle”标签控件的标题文本在标签区域中居中显示，同时将其放在距上边 0.5 cm、距左侧 5 cm 处。

(2) 设计报表“rEmp”的主体节区内“tSex”文本框件控件依据报表记录源的“性别”字段值来显示信息：性别为 1，显示“男”；性别为 2，显示“女”。

(3) 将“fEmp”窗体上名为“bTitle”的标签文本颜色改为红色。同时，将窗体按钮“btnP”的单击事件属性设置为宏“mEmp”，以完成单击按钮打开报表的操作。

注意：不允许修改数据库中的表对象“tEmp”和宏对象“mEmp”；不允许修改窗体对象“fEmp”和报表对象“rEmp”中未涉及的控件和属性。

〖**解题思路**〗

第(1)、(2)小题在报表中设置控件的属性，第(3)、(4)小题在窗体中设置控件的属性。

〖**操作步骤**〗

(1) 打开数据库文件“samp3. accdb”，在导航窗口显示出全部对象。

步骤 1：右击报表对象“rEmp”，选择【设计视图】，打开报表设计视图。

步骤 2：右击标签控件“bTitle”，选择【属性】，在属性表窗口的“文本对齐”行右侧下拉列表中选中“居中”。分别在“左”和“上边距”输入 5cm 和 0.5cm。

(2) 通过报表设计视图完成此题。

单击未绑定文本框控件“tSex”，在控件来源行输入“=IIF([性别]=1,"男","女")”，保存报表，切换到报表视图浏览，并关闭设计视图。

(3) 通过窗体设计视图完成此题。

步骤 1：右击窗体对象“fEmp”，选择【设计视图】，进入窗体设计视图。

步骤 2：右击标题为“职工信息输出”的标签控件“bTitle”，选择【属性】。在属性表窗口单击“前景色”右侧生成器按钮，在弹出的对话框中选中红色，或者直接输入 255。

步骤 3：单击标题为“输出”的命令按钮“btnP”，单击“事件”选项卡，在“单击”行右侧下拉列表中选中“mEmp”。关闭属性表窗口。

步骤 4：单击工具栏中的“保存”按钮，切换到窗体视图浏览，并关闭设计视图。

〖**本题小结**〗

本题涉及在报表和窗体中对不同的控件设置相应的属性的操作，其中，第(2)小题的 IIF()函数的应用是本题的难点。

第 13 题

素材文件夹下有一个数据库文件“samp3. accdb”，其中存在已经设计好的表对象“tEmp”、窗体对象“fEmp”、报表对象“rEmp”和宏对象“mEmp”。请在此基础上按照以下要求补充设计。

(1) 将报表"rEmp"的报表页眉区域内名为"bTitle"标签控件的标题显示为"职工基本信息表",同时将其放在距上边 0.5 cm、距左侧 5 cm 的位置。

(2) 设置报表"rEmp"的主体节区内"tSex"文本框件控件显示"性别"字段中的数据。

(3) 将窗体按钮"btnP"的单击事件设置为宏"mEmp",以完成单击按钮打开报表的操作。

(4) 窗体加载时将素材文件夹下的图片文件"test. bmp"设置为窗体"fEmp"的背景。窗体"加载"事件的部分代码已提供,请补充完整。要求背景图片文件当前路径必须用 CurrentProject. Path 获得。

注意:*不能修改数据库中的表对象"tEmp"和宏对象"mEmp";不能修改窗体对象"fEmp"和报表对象"rEmp"中未涉及的控件和属性。*

程序代码只允许在"*****Add*****"与"*****Add*****"之间的空行内补充一行语句、完成设计,不允许增删和修改其他位置已存在的语句。

〖**解题思路**〗

第(1)、(2)小题通过属性表窗口设置报表中对象的属性,第(3)、(4)小题通过属性表窗口设置窗体中对象的属性,并通过事件生成器,进入代码编辑窗口,输入代码。

〖**操作步骤**〗

(1) 打开数据库文件"samp3. accdb",在导航窗口显示出全部对象。

步骤 1:右击报表对象"rEmp",选择【设计视图】,进入报表设计视图。

步骤 2:右击,选择【属性】,弹出属性表窗口,在该窗口的上部组合框中选中"bTitle"标签控件,在"标题"行输入"职工基本信息表",在"上边距"和"左"行分别输入"0.5cm"和"5cm"。

(2) 通过报表设计视图完成此题。

在属性表窗口上部组合框中选中"tSex",在"控件来源"行右侧下拉列表中选中"性别"。单击保存按钮,切换到报表视图,预览报表,并关闭报表设计视图。

(3) 通过窗体设计视图完成此题。

步骤 1:右击窗体对象"fEmp",选择【设计视图】,进入窗体设计视图。

步骤 2:右击标题为"输出"的命令按钮控件"btnP",选择【属性】。

步骤 3:在属性表窗口单击"事件"选项卡,在"单击"行右侧下拉列表中选中"mEmp"。

(4) 通过代码窗口输入代码。

步骤 1:右击"窗体选择器",在弹出的快捷菜单中选择"事件生成器",进入编程环境,在空行内输入代码:

```
'*****Add*****
Form.Picture = CurrentProject.Path & "\test.bmp"
'*****Add*****
```

关闭界面。

步骤 2:切换到窗体视图浏览窗体,单击工具栏中的"保存"按钮,关闭设计视图。

〖**本题小结**〗

本题涉及设置报表中对象和窗体中对象的属性等操作,第(4)小题中通过代码动态设置窗体背景是本题的难点。

第 14 题

素材文件夹下存在一个数据库文件“samp3. accdb”，里面已经设计好表对象“tOrder”“tDetail”和“tBook”，查询对象“qSell”，报表对象“rSell”。请在此基础上按照以下要求补充“rSell”报表的设计。

(1) 对报表进行适当设置，使报表显示“qSell”查询中的数据。

(2) 对报表进行适当设置，使报表标题栏上显示的文字为“销售情况表”；在报表页眉处添加一个标签，标签名为“lTitle”，显示文本为“图书销售情况表”，字体名称为“黑体”、颜色为棕色（棕色代码为 128）、字号为 20、字体粗细为“加粗”，文字不倾斜。

(3) 对报表中名称为“txtMoney”的文本框控件进行适当设置，使其显示每本书的金额（金额＝单价＊数量）。

(4) 在报表适当位置添加一个文本框控件（控件名称为“txtAvg”），计算所有图书的平均单价。

说明：报表适当位置指报表页脚、页面页脚或组页脚。

要求：使用 Round 函数将计算出的平均单价保留两位小数。

(5) 在报表页脚处添加一个文本框控件（控件名称为“txtIf”），判断所售图书的金额合计，如果金额合计大于 30000，“txtIf”控件显示“达标”，否则显示“未达标”。

注意：不允许修改报表对象“rSell”中未涉及的控件、属性；不允许修改表对象“tOrder”“tDetail”和“tBook”，不允许修改查询对象“qSell”。

〖**解题思路**〗

第(1)、(2)小题通过报表属性表窗口设置报表对象的属性，第(2)、(3)小题新增控件并设置相应属性，第(4)、(5)小题设置文本框的属性。

〖**操作步骤**〗

(1) 打开数据库文件“samp3. accdb”，在导航窗口显示出全部对象。

步骤 1：右击报表对象“rSell”，在快捷菜单中选择【设计视图】，进入报表设计窗口。

步骤 2：右击报表选择器并选择【属性】，在属性表窗口“数据”选项卡“记录源”行右侧列表中选中“qSell”。

(2)

步骤 1：在“格式”选项卡“标题”行输入“销售情况表”。

步骤 2：右击报表区域名称处，选【报表页眉/页脚】，显示出报表页眉区。选中工具箱中的“标签”控件按钮，单击报表页眉处，然后输入“图书销售情况表”，单击设计视图任意处，再单击该标签，选中属性表窗口“全部”选项卡，在“名称”行输入“lTitle”；在“字体名称”行列表中选中“黑体”；在“前景色”行输入 128；在“字体粗细”行列表中选中“加粗”；在“倾斜字体”行列表中选中“否”；在“字号”行列表中选中 20，在设计视图调整标签大小，能完整显示出标题。

(3)

步骤 1：在属性表窗口上部组合框中选文本框控件 txtMoney。

步骤 2：在“控件来源”行输入“=[单价]＊[数量]”。

(4)

步骤 1:选中工具箱中"文本框"控件按钮,单击报表页脚处,单击 Text 标签,按【Del】键删除。

步骤 2:单击刚建立的文本框控件,在属性表窗口"全部"选项卡,在"名称"行输入"txtAvg";在"控件来源"行输入"=Round(Avg([单价]),2)"。

(5)

步骤 1:选中工具箱中的"文本框"控件按钮,单击报表页脚处,单击 Text 标签,按【Del】键删除。

步骤 2:单击刚建立的文本框控件,在"全部"选项卡的名称行输入"txtIf";在"控件来源"行输入"=IIf(Sum([单价]*[数量])>30000,"达标","未达标")"。

步骤 3:切换到报表视图浏览,单击保存按钮,退出 Access。

〖**本题小结**〗

本题涉及在报表视图中设置报表、标签、文本框等控件的属性,尤其是设置文本框控件的数据源,第(4)、(5)小题分别用到了数学函数和判断函数,是本题的难点。

第 15 题

素材文件夹下存在一个数据库文件"samp3. accdb",里面已经设计了表对象"tEmp"、窗体对象"fEmp"、报表对象"rEmp"和宏对象"mEmp"。同时,给出窗体对象"fEmp"的若干事件代码,试按以下功能要求补充设计。

(1) 将报表纪录数据按姓氏分组升序排列,同时要求在相关组页眉区域添加一个文本框控件(命名为"tnum"),设置其属性输出显示各姓氏员工的人数。

注意:这里不用考虑复姓情况。所有姓名的第一个字符视为其姓氏信息。而且,要求用 * 号或"编号"字段来统计各姓氏人数。

(2) 设置相关属性,将整个窗体的背景显示为素材文件夹内的图像文件"bk. bmp"。

(3) 在窗体加载事件中实现代码重置窗体标题为"* * 年度报表输出"显示,其中 * * 为两位的当前年显示,要求用相关函数获取。

(4) 单击"报表输出"按钮(名为"bt1"),调用事件代码先设置"退出"按钮标题为粗体显示,然后以预览方式打开报表"rEmp";单击"退出"按钮(名为"bt2"),调用设计好的宏"mEmp"来关闭窗体。

注意:不允许修改数据库中的表对象"tEmp"和宏对象"mEmp";不允许修改窗体对象"fEmp"和报表对象"rEmp"中未涉及的控件和属性。

已给事件过程,只允许在"* * * * * Add * * * * *"与"* * * * * Add * * * * *"之间的空行内补充语句、完成设计,不允许增删和修改其他位置已存在的语句。

〖**解题思路**〗

第(1)小题在报表中通过"分组、排序和汇总"子窗口设置分组排序依据,在报表区中添加控件并设置属性,第(2)小题在窗体视图中通过属性表窗口设置窗体的属性,第(3)、(4)小题对窗体中命令按钮的单击事件进行处理。

〖**操作步骤**〗

(1) 打开数据库文件"samp3. accdb",在导航窗口显示出全部对象。

步骤 1：打开报表对象“rEmp”的设计视图。

步骤 2：选择“视图”菜单中的“分组和排序”按钮，弹出“分组、排序和汇总”子窗口，单击“添加组”按钮，在弹出的表达式列表框最下一行单击“表达式”，进入表达式生成器对话框，在编辑区中输入“=Left([姓名],1)”，单击“确定”按钮，默认升序，单击“更多”按钮，选择“有页眉节”。

步骤 3：切换视图到报表视图，可以看到按姓氏排序，再切换到设计视图。在工具栏中单击文本框控件，在组页眉中单击添加一个文本框控件，单击 Text 标签，按【Del】键删除。

步骤 4：右击文本框控件，在快捷菜单中选【属性】，弹出属性表窗口，在“名称”行设置该文本框名称为 tnum。

步骤 5：在“控件来源”行中输入：=Count(*)，关闭属性表窗口。

步骤 6：切换到报表视图浏览，保存并关闭报表设计视图。

(2) 通过窗体设计视图完成此题。

步骤 1：打开窗体对象“fEmp”的设计视图。

步骤 2：右击窗体设计左上角窗体选择器控件，在弹出的菜单中选择【属性】。

步骤 3：在属性表窗口中的“格式”选项卡下的“图片”属性中设置为素材文件夹下的“bk.bmp”。

(3) 通过窗体设计视图和代码窗口完成此题。

单击属性表窗口“事件”选项卡，单击“加载”行右边的“…”打开代码生成器，进入代码编辑窗口，在第一处填写：

Form.Caption = Right(Year(Now),2) & “年度报表输出”

关闭代码编辑窗口。

(4) 通过代码窗口和窗体设计视图完成此题。

步骤 1：进入代码编辑窗口，在第二处填写：

bt2.FontBold = True

在第三处填写：

DoCmd.OpenReport "rEmp", acViewPreview

在第四处填写：

ErrHanle:

注意：此处冒号不能省略。

步骤 2：退出代码编辑窗口。

步骤 3：选中标题为“退出”的命令按钮“bt2”，在属性表窗口的“单击”行选择宏“mEmp”。

步骤 4：切换到窗体视图，浏览窗体，保存并关闭窗体，退出 Access。

〖**本题小结**〗

本题涉及报表的分组显示和控件属性的设置，以及对窗体的属性进行设置等操作。第(1)小题中的分组依据和文本框的控件来源都用到了函数，第(3)小题中要对命令按钮的单击事件进行 VBA 编程，用代码动态设置对象的属性等。这些是本题的难点。

第 16 题

素材文件夹下存在一个数据库文件“samp3.accdb”，里面已经设计好表对象“tStud”和窗体对象“fSys”，同时还设计出以“tStud”为数据源的报表对象“rStud”。请在此基础上按照以下要求补充“fSys”窗体和“rStud”报表的设计。

(1) 在“rStud”报表的报表页眉节区位置添加一个标签控件，其名称为“bTitle”，其显示文本为“团员基本信息报表”；将报表标题栏上的显示文本设置为“团员基本信息”；将名称为“tSex”的文本框控件的输出内容设置为“性别”字段值。在报表页脚节区添加一个计算控件，其名称为“tAvg”，显示学生的平均年龄。

(2) 将“fSys”窗体的边框样式设置为“对话框边框”，取消窗体中的水平和垂直滚动条、导航按钮、记录选择器、分隔线、控制框、关闭按钮、最大化按钮和最小化按钮；并将窗体标题栏显示文本设置为“系统登录”。

(3) 将“fSys”窗体中“用户名称”(名称为“lUser”)和“用户口令”(名称为“lPass”)两个标签上的文字颜色改为深蓝色(深蓝色代码为 10485760)、字体粗细改为“加粗”。

(4) 将“fSys”窗体中名称为“tPass”的文本框控件的内容以密码形式显示；将名称为“cmdEnter”的命令按钮从灰色状态设为可用；将控件的 Tab 移动次序设置为：“tUser”→“tPass”→“cmdEnter”→“cmdQuit”。

(5) 试根据以下窗体功能要求，补充已给的事件代码，并运行调试。

在窗体中有“用户名称”和“用户密码”两个文本框，名称分别为“tUser”和“tPass”，还有“确定”和“退出”两个命令按钮，名称分别为“cmdEnter”和“cmdQuit”。在输入用户名称和用户密码后，单击“确定”按钮，程序将判断输入的值是否正确，如果输入的用户名称为“abcdef”，用户密码为“123456”，则显示提示框，提示框标题为“欢迎”，显示内容为“密码输入正确，欢迎进入系统!”，提示框中只有一个“确定”按钮，当单击“确定”按钮后，关闭该窗体；如果输入不正确，则提示框显示“密码错误!”，同时清除“tUser”和“tPass”两个文本框中的内容，并将光标置于“tUser”文本框中。当单击窗体上的“退出”按钮后，关闭当前窗体。

注意：不允许修改报表对象“rStud”中已有的控件和属性；不允许修改表对象“tStud”。不允许修改窗体对象“fSys”中未涉及的控件、属性和任何 VBA 代码；只允许在“***** Add *****”与“***** Add *****”之间的空行内补充一条代码语句、不允许增删和修改其他位置已存在的语句。

〖**解题思路**〗

第(1)小题在报表视图中添加标签控件，并针对报表、标签、文本框设置属性，第(2)小题在窗体视图中对窗口设置属性，第(3)小题对窗体中的标签设置属性，第(4)小题对文本框设置属性，设置 Tab 顺序，第(5)小题进入 VBA 编程环境，输入代码。

〖**操作步骤**〗

(1) 打开数据库文件“samp3. accdb”，在导航窗口显示出全部对象。

步骤 1：打开报表 rStud 设计视图，在报表设计视图中，选择标签控件，在报表页眉节区单击，输入“团员基本信息报表”，单击工具选择卡中的“属性表”按钮，打开“属性表”窗口，选择“全部”选项卡，在“名称”行中输入“bTitle”。

步骤 2：在“属性表”窗口上部组合框中选择“报表”，在“标题”行中输入“团员基本信息”。

步骤 3：在“属性表”窗口上部组合框中选择文本框 tSex，在“控件来源”行下拉列表中选择“性别”。

步骤 4：在工具选项卡中选择文件框控件，在报表页脚节区单击，在标签中输入“平均年龄:",选中文本框,在属性表窗口中的"名称"行中输入"tAvg",在"控件来源"行输入"=Avg([年龄])"。

步骤5:切换到报表视图,预览效果。保存报表,关闭报表设计视图。

(2) 通过窗体设计视图完成此题。

步骤1:打开窗体fSys,进入设计视图,在窗体选择器上右击,选择【属性】,打开属性表窗口。在"格式"选项卡"标题"行输入"系统登录"。

步骤2:在"格式"选项卡的"边框样式"行选择"对话框边框",在"滚动条"行选择"两者均无""导航按钮""记录选择器""分隔线""控制框""关闭按钮"都选择"否","最大化最小化按钮"选择"无"。

(3) 通过窗体设计视图完成此题。

步骤1:在属性表窗口下拉列表框中分别选择"lUser"和"lPass",在"格式"选项卡中的"前景色"行输入"10485760",在"字体粗细"行选择"加粗"。

(4) 通过窗体设计视图完成此题。

步骤1:选择tPass控件,在属性表窗口"数据"选项卡的"输入掩码"行右侧单击"…"按钮,在"输入掩码向导"对话框中选择"密码",单击"完成"按钮。

步骤2:选中"cmdEnter"按钮,单击属性表窗口"数据"选项卡,在"可用"行选择"是"。

步骤3:在窗体设计视图中右击,选择【Tab键次序】,打开"Tab键次序"对话框,按题目中顺序要求将tUser和tPass拖动到上面,将图像0拖动到最下,单击"确定"按钮,如图3-16-1所示。

图3-16-1 设置控件的Tab顺序

(5) 通过代码窗口输入代码。

步骤1:单击工具选项卡中的"查看代码"按钮,打开VBA编程环境。

分析:第一处代码是判断结构的If子句,该子句中要包含两个同时成立的条件,即用户名文本框是"abcdef",密码文本框是"123456";第二处代码在清空用户名文本框和密码文本框后,要将输入焦点设置到用户名文本框上,须使用SetFocus方法。

步骤2:在Add1空行输入代码

```
'************** Add1 ****************************
```

```
    If tUser = "abcdef" And tPass = "123456" Then
'************** Add1 ****************************
步骤 3:在 Add2 空行输入代码
'************** Add2 ****************************
        tUser.SetFocus
'************** Add2 ****************************
```

步骤 4:关闭 VBA 编程环境,切换到窗体视图,浏览窗体,验证窗体功能,保存并关闭窗体,退出 Access。

〖本题小结〗

本题主要涉及在报表和窗体中添加控件,并设置不同对象的属性。第(1)小题中要设置标签的控件来源属性为计算表达式,第(5)小题中要编写代码,输入判断条件的 If 子句和设置文本框的输入焦点语句等,是本题的难点。

第 17 题

当前文件夹下有一个数据库文件“samp3. accdb”,其中存在已经设计好的表对象“tEmp”、窗体对象“fEmp”、报表对象“rEmp”和宏对象“mEmp”。请在此基础上按照以下要求补充设计。

(1) 将表对象“tEmp”中“聘用时间”字段的格式调整为“长日期”显示、“性别”字段的有效性文本设置为“只能输入男和女”。

(2) 设置报表“rEmp”,使其按照“聘用时间”字段升序排列并输出;将报表页面页脚区内名为“tPage”的文本框控件设置为系统的日期。

(3) 将“fEmp”窗体上名为“bTitle”的标签上移到距“btnP”命令按钮 1 cm 处(即标签的下边界距命令按钮的上边界 1 cm)。同时,将窗体按钮“btnP”的单击事件属性设置为宏“mEmp”,以完成单击按钮打开报表的操作。

注意:不能修改数据库中的宏对象“mEmp”;不能修改窗体对象“fEmp”和报表对象“rEmp”中未涉及的控件和属性;不能修改表对象“tEmp”中未涉及的字段和属性。

〖解题思路〗

本题重点:表中字段属性有效性规则、有效性文本设置;报表中文本框和窗体中标签、命令按钮控件属性设置。

第(1)小题在表设计视图中设置字段属性;第(2)、(3)小题分别在报表和窗体设计视图右击控件选择【属性】,设置属性。

〖操作步骤〗

(1)

步骤 1:选中“表”对象,右击“tEmp”选择【设计视图】。

步骤 2:单击“聘用时间”字段行任一点,在“格式”右侧下拉列表中选中“长日期”。

步骤 3:单击“性别”字段行任一点,在“有效性文本”行输入“只能输入男或女”。

步骤 4:按 Ctrl+S 保存修改,关闭设计视图。

(2)

步骤 1:选中“报表”对象,右击“rEmp”选择【设计视图】。

步骤2:单击“设计”选项卡中的“分组和排序”,单击“添加排序”,在“选择字段”下拉列表中选中“聘用时间”,关闭界面。

步骤3:右击“未绑定”控件tPage,选择【属性】,在“控件来源”行输入“=Date()”。

步骤4:按Ctrl+S保存修改,关闭设计视图。

(3)

步骤1:选中“窗体”对象,右击“fEmp”选择【设计视图】。

步骤2:右击“btnP”选择【属性】,查看“上边距”记录值,并记录下来。单击“事件”选项卡,在“单击”行右侧下拉列表中选中“mEmp”,关闭属性表。

步骤3:简单公式:bTitle上边距 = btnP上边距 - 1 - bTitle的高度,右击标签控件“bTitle”选择【属性】,在“上边距”行输入“1cm”,关闭属性表。

步骤4:按Ctrl+S保存修改,关闭设计视图。

〖**本题小结**〗

设置标签控件位置时要进行简单的计算,要查看btnP控件的设置,不要算错。

第18题

当前文件夹下存在一个数据库文件“samp3. accdb”,里面已经设计了表对象“tEmp”、窗体对象“fEmp”、报表对象“rEmp”和宏对象“mEmp”。试在此基础上按照以下要求补充设计。

(1) 设置报表“rEmp”按照“性别”字段分组降序排列输出,同时在其对应组页眉区添加一个文本框,命名为“SS”,内容输出为性别值;将报表页面页脚区域内名为“tPage”的文本框控件设置为“页码/总页数”形式的页码显示(如1/15、2/15、…)。

(2) 将窗体对象“fEmp”上的命令按钮(名为“btnQ”)从灰色状态设为可用,然后设置控件的Tab键焦点移动顺序为:控件tData → btnP → btnQ。

(3) 在窗体加载事件中实现代码重置窗体标题为标签“bTitle”的标题内容。

(4) “fEmp”窗体上单击“输出”命令按钮(名为“btnP”),实现以下功能:

计算10 000以内的素数个数及最大素数两个值,将其显示在窗体上名为“tData”的文本框内并输出到外部文件保存。

单击“打开表”命令按钮(名为“btnQ”),代码调用宏对象“mEmp”以打开数据表“tEmp”。

试根据上述功能要求,对已给的命令按钮事件过程进行代码补充并调试运行。

注意:不允许修改数据库中的表对象“tEmp”和宏对象“mEmp”;不允许修改窗体对象“fEmp”和报表对象“rEmp”中未涉及的控件和属性。

只允许在“*****Add*****”与“****Add******”之间的空行内补充语句、完成设计,不允许增删和修改其他位置已存在的语句。

〖**解题思路**〗

本题的要点是窗体、报表的设计和VBA的数据库编程。

第(1)小题在报表设计视图中设置分组字段以及控件的属性;第(2)、(3)、(4)小题在窗体设计视图上设置属性及事件代码窗口输入代码。

〖操作步骤〗

(1)

步骤 1:打开报表对象“rEmp”的设计视图。

步骤 2:单击“设计”选项卡中的“分组和排序”,在“分组、排序和汇总”中选择“添加组”,在分组形式选择“性别”,“降序”,在“更多”中选择“有页眉节”,分组形式选择“按整个值”,关闭“分组、排序和汇总”窗口。

步骤 3:选择“设计”选项卡中“控件”组的“文本框”控件,放到“性别页眉”中。

步骤 4:右击该控件,在弹出的快捷菜单中选择【属性】,打开属性表,设置名称为“SS”。选中标签,将标题改为“性别”。

步骤 5:在“控件来源”属性中输入:=[性别]。

步骤 6:选中页面页脚的“tPage”文本框控件,在“控件来源”属性中输入:=[Page] & “/” & [Pages],关闭属性表,按 Ctrl+S 保存报表,关闭设计视图。

(2)

步骤 1:打开窗体对象“fEmp”的设计视图。

步骤 2:选中“btnQ”命令按钮,右击选择【属性】,设置“数据”选项卡的“可用”属性为“是”。

步骤 3:选中“tData”控件,将“属性表”中“其他”选项卡的“Tab 键索引”属性设置为 0;选中“btnP”,将“Tab 键索引”属性设置为 1;选中“btnQ”,将“Tab 键索引”属性设置为 2,关闭属性表,按 Ctrl+S 保存窗体。

(3)

步骤 1:在“fEmp”窗体空白处,右击并选择【属性】,打开窗体属性表窗口。

步骤 2:单击“事件”选项卡中“加载”属性右边的“…”打开代码生成器。设置窗体标题为标签“bTitle”的标题内容的语句为:Caption = bTitle.Caption,关闭代码生成器,关闭属性表。注:在 Add1 处输入代码。

(4)

步骤 1:选择窗体设计视图中的“输出”按钮,右击选择【属性】。

步骤 2:单击“事件”选项卡中“单击”右边的“...”按钮,打开代码生成器。

计算 10 000 以内的素数个数及最大素数两个值的语句为:

```
For  i = 2  To  10000
    If  sushu(i)  Then
        n = n + 1
        If  i > mn  Then
            mn = i
        EndIf
    EndIf
Next  i
```

注:在 Add2 处输入代码。

步骤 3:代码调用宏对象“mEmp”的语句为:DoCmd.RunMacro “mEmp”,关闭代码生成器,关闭属性表。注:在 Add3 处输入代码。

步骤 4:最后运行并保存该窗体。

〖本题小结〗

本题的难点是报表中的页码表达形式以及事件代码的编写。

第 19 题

在当前文件夹下有一个数据库文件“samp3. accdb”里面已经设计了表对象“tEmp”、查询对象“qEmp”和窗体对象“fEmp”。同时，给出窗体对象“fEmp”上“退出”按钮的单击事件代码，请按以下功能要求补充设计。

(1) 将窗体“fEmp”上文本框“tSS”更改为组合框类型，且控件名称保持不变。

(2) 修改查询对象“qEmp”为参数查询，参数为引用窗体对象“fEmp”上文本框“tSS”的输入值。

(3) 设置窗体对象“fEmp”上文本框“tAge”为计算控件。要求根据“年龄”字段值依据以下计算公式计算并显示人员的出生年。

计算公式：出生年＝Year(Date())-年龄 或 出生年＝Year(Now())-年龄。

(4) 单击“退出”按钮(名为“bt2”)，关闭窗体。补充事件代码。

注意：不能修改数据库中的表对象“tEmp”；不允许修改查询对象“qEmp”中未涉及的内容；不能修改窗体对象“fEmp”中未涉及的控件和属性。

程序代码只允许在“ ***** Add ***** ”与“ ***** Add ***** ”之间的空行内补充一行语句、完成设计，不允许增删和修改其他位置已存在的语句。

〖**解题思路**〗

本题要点：窗体中文本框、命令按钮控件属性设置。

第(1)、(3)小题在设计视图中右击控件选择【属性】，设置属性；第(2)小题在查询设计视图中设置参数；

第(4)小题右击控件选择【事件生成器】，输入代码。

〖**操作步骤**〗

(1)

步骤 1：选中“窗体”对象，右击“fEmp”选择【设计视图】。

步骤 2：右击“tSS”选择【更改为】|【组合框】，按 Ctrl＋S 保存修改。

(2)

步骤 1：选中“查询”对象，右击“qEmp”选择【设计视图】。

步骤 2：双击“性别”字段，在“性别”字段的“条件”行输入“[Forms]! [fEmp]! [tSS]”取消“性别”字段的显示。

步骤 3：按 Ctrl＋S 保存修改，关闭设计视图。

(3)

步骤 1：选中“窗体”对象，右击“fEmp”选择【设计视图】。右击窗体中未绑定控件“tAge”，选择【属性】。

步骤 2：在“控件来源”行输入“＝Year(Date())-[年龄]”，关闭属性表。

(4)

步骤 1：右击“退出”命令按钮，选择【事件生成器】。空行内输入代码：

```
'*****Add*****
DoCmd.Close
'*****Add*****
```

关闭界面。

步骤 2：按 Ctrl＋S 保存修改，关闭设计视图。

〖**本题小结**〗

设置控件的数据来源时要选择正确的函数，要注意查询中如何引用窗体中控件的值。

第 20 题

当前文件夹下存在一个数据库文件“samp3. accdb”,里面已经设计好表对象“tStud”、窗体对象“fSys”和报表对象“rStud”。请在此基础上按照以下要求补充“fSys”窗体和“rStud”报表的设计。

(1) 在“rStud”报表的报表页眉节区位置添加一个标签控件,其名称为“rTitle”,其显示文本为“非团员基本信息表”;将报表标题栏上的显示文本设置为“非团员信息”;将名称为“tSex”的文本框控件的输出内容设置为“性别”字段值。在报表页脚节区添加一个计算控件,其名称为“tCount”,显示报表学生人数。

(2) 将“fSys”窗体的边框样式设置为“细边框”,取消窗体中的水平和垂直滚动条、导航按钮、记录选择器、分隔线、最大化按钮和最小化按钮。

(3) 将“fSys”窗体中“用户名称”(名称为“lUser”)和“用户口令”(名称为“lPass”)两个标签上的文字颜色改为红色(红色代码为#FF0000)、字体粗细改为“加粗”。

(4) 将“fSys”窗体中名称为“tPass”的文本框控件的内容以密码形式显示;将名称为“cmdEnter”的命令按钮从灰色状态设为可用;将控件的 Tab 移动次序设置为:

“tUser”→“tPass”→“cmdEnter”→“cmdQuit”。

(5) 试根据以下窗体功能和报表输出要求,补充已给事件代码,并运行调试。在窗体中有“用户名称”和“用户密码”两个文本框,名称分别为“tUser”和“tPass”,还有“确定”和“退出”两个命令按钮,名称分别为“cmdEnter”和“cmdQuit”。窗体加载时,重置“bTitle”标签的标题为“非团员人数为 XX”,这里 XX 为从表查询计算得到;在输入用户名称和用户密码后,单击“确定”按钮,程序将判断输入的值是否正确,如果输入的用户名称为“csy”,用户密码为“1129”,则显示提示框,提示框标题为“欢迎”,显示内容为“密码输入正确,打开报表!”,单击“确定”按钮关闭提示框后,打开“rStud”报表,代码设置其数据源输出非团员学生信息;如果输入不正确,则提示框显示“密码错误!”,同时清除“tUser”和“tPass”两个文本框中的内容,并将光标移至“tUser”文本框中。

当单击窗体上的“退出”按钮后,关闭当前窗体。以上涉及计数操作统一要求用“*”进行。

注意:不允许修改报表对象“rStud”中已有的控件和属性;不允许修改表对象“tStud”。不允许修改窗体对象“fSys”中未涉及的控件、属性和任何 VBA 代码;只允许在“*****Add*****”与“*****Add*****”之间的空行内补充一条代码语句、不允许增删和修改其他位置已存在的语句。

〖**解题思路**〗

本题涉及报表控件的使用以及相关属性设置,设置窗体控件的相关属性以及 Tab 次序的自定义调整,报表与窗体事件代码的 VBA 编程。第(1)小题单击报表的设计视图按题目要求设置相关属性;第(2)、(3)、(4)小题单击窗体的设计视图按题目要求设置相关属性;第(4)小题单击工具组中的“查看代码”按钮进入 VBA 代码编辑界面。

〖操作步骤〗

(1)

步骤1:打开当前文件夹下的数据库文件samp3.accdb,右击“rStud”报表,在弹出的快捷菜单中选择【设计视图】命令。

步骤2:单击工具组中的“标签”控件,在报表页眉区上绘制一个矩形区域,输入内容“非团员基本信息表”;在属性表窗口单击“全部”选项卡,在“名称”行中输入“rTitle”。

步骤3:单击“属性表”对话框的下三角按钮,在弹出的下拉列表中选择“报表”,在“标题”行中输入“非团员信息”。

步骤4:单击“属性表”对话框的下三角按钮,在弹出的下拉列表中选择“tSex”控件,单击“控件来源”右侧的下三角按钮,在弹出的下拉列表中选择“性别”。关闭“属性表”对话框。

步骤5:单击工具组中的“文本框”控件,在报表页脚区内拖动,产生一个“文本框”(删除“文本框”前新增的“标签”控件)。

步骤6:单击该“文本框”控件,在“属性表”对话框中单击“全部”选项卡,在“名称”行中输入“tCount”,在“控件来源”行中输入“=Count(*)”。关闭“属性表”对话框。

步骤7:切换到报表视图浏览报表,按Ctrl+S组合键保存修改,关闭“rStud”报表的设计视图。

(2)

步骤1:右击“fSys”窗体,在弹出的快捷菜单中选择【设计视图】命令。单击工具组中的“属性表”按钮,弹出属性表窗口。

步骤2:在“属性表”对话框中单击“格式”选项卡,单击“边框样式”右侧的下三角按钮,在弹出的下拉列表中选择“细边框”;单击“滚动条”右侧的下三角按钮,在弹出的下拉列表中选择“两者均无”;依次单击“导航按钮”“记录选择器”和“分割线”右侧的下三角按钮,在弹出的下拉列表中选择“否”;单击“最大最小化按钮”右侧的下三角按钮,在弹出的下拉列表中选择“无”。

步骤3:按Ctrl+S组合键保存修改。

(3)

步骤1:单击“用户名称”控件。

步骤2:在“属性表”对话框中单击“全部”选项卡,在“前景色”行中输入“#FF0000”;单击“字体粗细”右侧的下三角按钮,在弹出的下拉列表中选择“加粗”。

步骤3:按照上述同样方法,设置“lPass”控件的“前景色”和“字体粗细”属性。

步骤4:按Ctrl+S组合键保存修改。

(4)

步骤1:单击“用户密码”右侧的“未绑定”控件,在“属性表”对话框中单击“数据”选项卡。

步骤2:单击“输入掩码”属性值最右侧,在弹出的“输入掩码向导”对话框中选择“密码”,单击“完成”按钮。

步骤3:单击“属性表”对话框的下三角按钮,在弹出的下拉列表中选择“cmdEnter”控件,在“数据”选项卡下单击“可用”右侧的下三角按钮,在弹出的下拉列表中选择“是”。

步骤4:按Ctrl+S组合键保存修改。

步骤 5:右击“fSys”窗体设计视图的任意位置,在弹出的快捷菜单中选择“Tab 键次序”命令,在“Tab 键次序”对话框的“自定义次序”列表框中,选中“tUser”拖动鼠标到第一行位置,选中“tPass”拖动鼠标到第二行位置,选中“cmdEnter”拖动鼠标到第三行位置,选中“cmdQuit”拖动鼠标到第四行位置,单击“确定”按钮。

步骤 4:按 Ctrl+S 组合键保存修改,关闭属性表窗口。

(5)

步骤 1:单击工具组中的“查看代码”按钮进入 VBA 代码编辑界面。

步骤 2:在“*****Add1*****”行之间添加如下代码:

```
bTitle.Caption = "非团员人数为" & DCount("*","tStud","团员否 = false")
```

步骤 3:在“*****Add2*****”行之间添加如下代码:

```
If  tUser = "csy"  And  tPass = "1129"  Then
```

步骤 4:在“*****Add3*****”行之间添加如下代码:

```
tUser.SetFocus
```

步骤 5:按 Ctrl+S 组合键保存修改,关闭 VBA 代码编辑窗口,切换到窗体视图运行窗体,关闭“fSys”窗体的设计视图。

〖**本题小结**〗

在报表中放置计算控件和在窗体输入完成有关功能的程序代码是难点。

第 21 题

在当前文件夹下有一个数据库文件“samp3.accdb”,里面已经设计好表对象“tStudent”和“tGrade”,同时还设计出窗体对象“fGrade”和“fStudent”。请在此基础上按以下要求补充“fStudent”窗体的设计。

(1) 将名称为“标签 15”的标签控件名称改为“tStud”,标题改为“学生成绩”。

(2) 将名称为“子对象”控件的源对象属性设置为“fGrade”窗体,并取消其“导航按钮”。

(3) 将“fStudent”窗体标题改为“学生信息显示”。

(4) 将窗体边框改为“对话框边框”样式,取消窗体中的水平和垂直滚动条。

(5) 在窗体中有一个“退出”命令按钮(名称为 bQuit),单击该按钮后应关闭“fStudent”窗体。现已编写了部分 VBA 代码,请按照 VBA 代码中的指示将代码补充完整。

要求:修改后运行该窗体,并查看修改结果。

注意:不要修改窗体对象“fGrade”和“fStudent”中未涉及的控件、属性;不要修改表对象“tStudent”和“tGrade”。

程序代码只能在“**********”与“**********”之间的空行内补充一行语句、完成设计,不允许增删和修改其他位置已存在的语句。

〖**解题思路**〗

本题重点:窗体中标签、命令按钮控属性的设置。

第(1)、(2)、(3)、(4)小题中右击控件选择【属性】,设置属性;第(5)小题中右击控件选择【事件生成器】,输入代码。

〖**操作步骤**〗

(1)

步骤 1:选中“窗体”对象,右击“fStudent”选择【设计视图】。

步骤 2:右击“子对象”标签选择【属性】,在“全部”选项卡的“名称”和“标题”行分别输入“tStud”和“学生成绩”,关闭属性表。或在属性表窗口的组合框中选中“标签 15”的标签控件再设置属性。

步骤 3:按 Ctrl+S 保存修改。

(2)

步骤 1:在属性表窗口的组合框中选中“子对象”控件。

步骤 2:在“数据”选项卡的“源对象”行列表中选择“窗体. fGrade”。关闭属性表,保存后关闭设计视图。

步骤 3:右击“fGrade”选择【设计视图】。

步骤 4:右击“窗体选择器”选择【属性】,在“格式”选项卡下的“导航按钮”行右侧下拉列表中选中“否”,关闭属性表。

步骤 5:按 Ctrl+S 保存修改。

(3)

右击“fStudent”选择【设计视图】,右击“窗体选择器”选择【属性】,在“格式”选项卡下的“标题”行输入“学生信息显示”。

(4)

在“边框样式”和“滚动条”行右侧下拉列表中分别选中“对话框边框”和“两者均无”,关闭属性表。

(5)

步骤 1:打开“fStudent”窗体的设计视图,右击命令按钮“退出”,选择【事件生成器】。输入代码:

```
'****** 请在下面填入一行语句 *******
DoCmd.Close
'************************'
```

步骤 2:按 Ctrl+S 保存修改,关闭设计视图。

〖**本题小结**〗

该题是父子窗体的典型示例,要注意设置不同对象的属性。

第 22 题

在当前文件夹下有一个数据库文件“samp3. accdb”,里面已经设计好表对象“tAddr”和“tUser”,同时还设计出窗体对象“fEdit”和“fEuser”。请在此基础上按照以下要求补充“fEdit”窗体的设计。

(1) 将窗体中名称为“Lremark”的标签控件上的文字颜色设置为“#FF0000”,字体粗细改为“加粗”。

(2) 将窗体标题设为“显示/修改用户口令”。

(3) 将窗体边框改为“对话框边框”样式,取消窗体中的水平和垂直滚动条、记录选择器、导航按钮、分隔线和控制框。

(4) 将窗体中“退出”命令按钮(名称为“cmdquit”)上的文字字体粗细改为“加粗”,并在文字下方加上下划线。

(5) 在窗体中还有“修改”和“保存”两个命令按钮，名称分别为“CmdEdit”和“CmdSave”，其中“保存”命令按钮在初始状态为不可用，当单击“修改”按钮后，“保存”按钮变为可用。当单击“保存”按钮后，输入焦点移到“修改”按钮。此时，程序可以修改已有的用户相关信息，现已编写了部分 VBA 代码，请补充完整。

要求：修改后运行该窗体，并查看修改结果。

注意：不要修改窗体对象“fEdit”和“fEuser”中未涉及的控件、属性；不要修改表对象“tAddr”和“tUser”。

程序代码只能在“***** Add *****”与“***** Add *****”之间的空行内补充一行语句，完成设计，不允许增删和修改其他位置已存在的语句。

〖**解题思路**〗

本题重点：窗体中标签、命令按钮控件属性设置。

第(1)(2)(3)(4)小题中右击控件选择【属性】，设置属性；第(5)小题中右击控件选择【事件生成器】，输入代码。

〖**操作步骤**〗

(1)

步骤 1：选中“窗体”对象，右击“fEdit”窗体，选择【设计视图】。

步骤 2：右击标签控件“Lremark”，在弹出的快捷菜单中选择【属性】，在“格式”选项卡的“前景色”行输入“#FF0000”，在“字体粗细”行右侧下拉列表中选中“加粗”，关闭属性表。

(2)

步骤 1：右击“窗体选择器”，在弹出的快捷菜单中选择【属性】。

步骤 2：在“格式”选项卡的“标题“行输入”显示/修改用户口令”。

(3)

步骤 1：在“格式”选项卡的“边框样式”行右侧下拉列表中选中“对话框边框”。

步骤 2：分别选择“滚动条”下拉列表中的“两者均无”选项“记录选择器”“导航按钮”“分隔线”和“控制框”下拉列表中的“否”选项，关闭属性表。

(4)

步骤 1：右击“退出”命令按钮，在弹出的快捷菜单中选择【属性】。

步骤 2：在“格式”选项卡的“字体粗细”右侧下拉列表中选中“加粗”，“下划线”行右侧下拉列表中选中“是”，关闭属性表。

(5)

步骤 1：右击“修改”命令按钮，选择【事件生成器】，在空格行输入：

```
'**********Add1************'
CmdSave.Enabled  =  True
'**********Add1************'
'**********Add2************'
Me! CmdEdit.SetFocus
'**********Add2************'
```

关闭界面。

步骤 2：按 Ctrl+S 保存修改，关闭设计视图。

〖**本题小结**〗

设置代码需注意所用对象的属性和方法。

第 23 题

在当前文件夹下有一个数据库文件“samp3. accdb”，里面已经设计了表对象“tEmp”和窗体对象“fEmp”。同时，给出窗体对象“fEmp”上“追加”按钮（名为 bt1）和“退出”按钮（名为 bt2）的单击事件代码，请按以下要求完成设计。

（1）删除表对象“tEmp”中年龄在 25 岁到 45 岁之间（不含 25 和 45）的非党员职工记录信息。

（2）设置窗体对象“fEmp”的窗体标题为“追加信息”。

（3）将窗体对象“fEmp”上名为“bTitle”的标签以“特殊效果：阴影”显示。

（4）按以下窗体功能，补充事件代码设计。

在窗体的 4 个文本框内输入合法的职工信息后，单击“追加”按钮（名为 bt1），程序首先判断职工编号是否重复，如果不重复则向表对象“tEmp”中添加职工纪录，否则出现提示；当单击窗体上的“退出”按钮（名为 bt2）时，关闭当前窗体。

注意：不要修改表对象“tEmp”中未涉及的结构和数据；不要修改窗体对象“fEmp”中未涉及的控件和属性。

程序代码只允许在“ ***** Add ***** ”与“ ***** Add ***** ”之间的空行内补充一行语句、完成设计，不允许增删和修改其他位置已存在的语句。

〖**解题思路**〗

本题要点：表中字段属性有效性规则、有效性文本设置；报表中文本框和窗体命令按钮控件属性设置。

第（1）小题在设计视图中设置字段属性；第（2）、（3）小题分别在报表和窗体设计视图中右击控件选择“属性”，设置属性；第（4）小题右击控件选择“事件生成器”，输入代码。

〖**操作步骤**〗

（1）

步骤 1：单击“创建”选项卡中“查询设计”按钮，在“显示表”对话框双击表“tEmp”，关闭“显示表”对话框。

步骤 2：单击“设计”选项卡中的“删除”按钮。

步骤 3：分别双击“党员否”和“年龄”字段。

步骤 4：在“党员否”和“年龄”字段的“条件”行分别输入“<> Yes”和“>25 and <45”。

步骤 5：单击“设计”选项卡中的“运行”按钮，在弹出的对话框中单击“是”按钮。

步骤 6：关闭设计视图，将查询保存为“删除查询”。

（2）

步骤 1：选中“窗体”对象，右击“fEmp”选择【设计视图】。

步骤 2：右击“窗体选择器”选择【属性】，在“标题”行输入“追加信息”。关闭属性表。

（3）

步骤 1：右击“bTitle”选择【属性】。

步骤 2：在“特殊效果”行右侧下拉列表中选中“阴影”，关闭属性表。

(4)

步骤 1:右击命令按钮“追加”,选择【事件生成器】,在空行输入代码:

```
'*****Add1*****
If  Not  ADOrs.EOF  Then
'*****Add1*****
```

关闭界面。

步骤 2:右击命令按钮“退出”,选择【事件生成器】,在空行输入代码:

```
'*****Add2*****
DoCmd.Close
'*****Add2*****
```

关闭界面。按 Ctrl+S 保存修改,关闭设计视图。

〖**本题小结**〗

设置判断记录集结束的控件代码是本题的难点。

第 24 题

当前文件夹下有一个数据库文件“samp3.accdb”,里面存在设计好的表对象“tStud”和窗体对象“fs”。请在此基础上按照下面的要求补充窗体设计。

(1) 在窗体的窗体页眉节区添加一个标签控件,名称为“bTitle”,标题为“学生基本信息输出”。

(2) 将主体节区中“性别”标签右侧的文本框显示的内容设置为“性别”字段值,并将文本框名称改为“tSex”。

(3) 在主体节区添加一个标签控件,该控件放置在距左边 0.2 cm、距上边 3.8 cm 的位置,标签显示内容为“简历”,名称为“bMem”。

(4) 在窗体页脚节区添加两个命令按钮,分别命名为“bOK”和“bQuit”,标题分别为“确定”和“退出”。

(5) 将窗体标题设置为“学生基本信息”。

注意:不能修改窗体对象“fs”中未涉及的控件和属性。

〖**解题思路**〗

本题要点:窗体中添加标签和命令按钮控件及其属性的设置。

第(1)、(3)小题在设计视图添加控件,并右击控件选择【属性】,设置属性;第(2)、(4)小题直接右击控件选择【属性】,设置属性。

〖**操作步骤**〗

(1)

步骤 1:选中“窗体”对象,右击“fs”选择【设计视图】。

步骤 2:在窗体页眉和主体之间按住鼠标并拖动,显示出窗体页眉区,选中工具组中的“标签”按钮,单击窗体页眉处,然后输入“学生基本信息输出”,单击设计视图任一处,右击“学生基本信息输出”标签,选择【属性】,选中“全部”选项卡,在“名称”行输入“bTitle”,然后关闭属性表。

(2)

步骤 1:右击“性别”标签右侧文本框选择【属性】。

步骤 2:在"名称"行输入"tSex",在"控件来源"行右侧下拉列表中选中"性别",关闭属性表。

(3)

步骤 1:选中工具组中的"标签"控件按钮,单击窗体主体节区处,然后输入"简历",单击设计视图任一点。

步骤 2:右击"简历"标签选择【属性】,选中"全部"选项卡,在"名称"行输入"bMem",在"上边距"和"左"行分别输入"3.8 cm"和"0.2 cm",关闭属性表。

(4)

步骤 1:鼠标按住窗体页脚下边缘拖动,显示出窗体页脚区,选中工具组中的"按钮"控件,单击窗体页脚节区适当位置,弹出一个对话框,单击"取消"按钮。

步骤 2:右击该命令按钮选择【属性】,单击"全部"选项卡,在"名称"和"标题"行输入"bOK"和"确定"。

步骤 3:按照步骤 1、2,新建另一个命令按钮"bQuit"。

(5)

步骤 1:右击"窗体选择器"选择【属性】。

步骤 2:在"标题"行输入"学生基本信息"。

步骤 3:按 Ctrl+S 保存修改,关闭设计视图,退出 Access。

〖本题小结〗

设置文本框控件来源要选择正确的字段值。

第 25 题

在当前文件夹下有一个数据库文件"samp3.accdb",里面已经设计了表对象"tEmp"、查询对象"qEmp"、窗体对象"fEmp"和宏对象"mEmp"。同时,给出窗体对象"fEmp"上一个按钮的单击事件代码,请按以下功能要求补充设计。

(1) 将窗体"fEmp"上文本框"tSS"改为组合框类型,保持控件名称不变。设置其相关属性实现下拉列表形式输入性别"男"和"女"。

(2) 将窗体对象"fEmp"上文本框"tPa"改为复选框类型,保持控件名称不变,然后设置控件来源属性以输出"党员否"字段值。

(3) 修正查询对象"qEmp"设计,增加退休人员(年龄>=55)的条件。

(4) 单击"刷新"按钮(名为"bt1"),事件过程动态设置窗体记录源为查询对象"qEmp",实现窗体数据按性别条件动态显示退休职工的信息;单击"退出"按钮(名为"bt2"),调用设计好的宏"mEmp"以关闭窗体。

注意:不要修改数据库中的表对象"tEmp"和宏对象"mEmp";不要修改查询对象"qEmp"中未涉及的属性和内容;不要修改窗体对象"fEmp"中未涉及的控件和属性。

程序代码只允许在"*****"与"*****"之间的空行内补充一行语句、完成设计,不允许增删和修改其他位置已存在的语句。

〖解题思路〗

本题要点:窗体中文本框、命令按钮控件属性设置;更改查询条件。

第(1)、(2)小题在窗体设计视图中右击控件选择【属性】,设置属性;第(3)小题在查询设计视图中修改查询条件;第(4)小题右击控件选择【事件生成器】,输入代码。

〖**操作步骤**〗

(1)

步骤 1:选中“窗体”对象,右击“fEmp”,选择【设计视图】。

步骤 2:右击“性别”标签右侧的“未绑定”文本框,选【更改为】,再选【组合框】,再右击该控件,选择【属性】,在“全部”选项卡的“行来源类型”中选择“值列表”,在“行来源”右侧输入“"男";"女"”。或者通过属性表窗口先选择“tSS”文本框再设置各属性。

(2)

步骤 1:选中“tPa”控件,按下【Del】键,将该控件删除。

步骤 2:选中工具组中“复选框”控件,单击原来“tPa”位置。

步骤 3:右击复选框按钮,选择【属性】,在“名称”行输入“tPa”。在“控件来源”行右侧的下拉列表中选中“党员否”。关闭属性表窗口,按 Ctrl+S 保存修改,关闭设计视图。

(3)

步骤 1:选中“查询”对象,右击“qEmp”选择【设计视图】。

步骤 2:在“年龄”字段的“条件”行输入“>=55”。

步骤 3:按 Ctrl+S 保存修改,关闭设计视图。

(4)

步骤 1:在窗体“fEmp”的设计视图中,右击命令按钮“刷新”,选择【事件生成器】,在空行输入代码:

```
'*****
Form.RecordSource  =  "qEmp"
'*****
```

关闭代码编辑窗口。

步骤 2:右击命令按钮“退出”选择【属性】,在“事件”选项卡中“单击”行列表中选中“mEmp”,关闭属性表窗口。

步骤 3:切换到窗体视图运行窗体,按 Ctrl+S 保存修改,关闭设计视图,退出 Access。

〖**本题小结**〗

输入代码时要注意使用正确的对象及属性,设置行来源类型为值列表时要注意行来源属性各值之间的正确输入形式。

第 26 题

在当前文件夹下有一个数据库文件“samp3.accdb”,里面已经设计了表对象“tEmp”、窗体对象“fEmp”、报表对象“rEmp”和宏对象“mEmp”。同时,给出窗体对象“fEmp”上一个按钮的单击事件代码,请按以下功能要求补充设计。

(1) 打开窗体时设置窗体标题为“XXXX 年信息输出”显示,其中“XXXX”为系统当前年份(要求用相关函数获取),例如,2013 年信息输出。窗体“打开”事件代码已提供,请补充完整。

(2) 调整窗体对象“fEmp”上“退出”按钮(名为“bt2”)的大小和位置,要求大小与“报表输出”按钮(名为“bt1”)一致,且左边对齐“报表输出”按钮,上边距离“报表输出”按钮1厘米(即“bt2”按钮的上边距离“bt1”按钮的下边1厘米)。

(3) 利用表达式将报表记录数据按照姓氏分组升序排列,同时要求在相关组页眉区域添加一个文本框控件(命名为“tm”),设置属性显示出姓氏信息来,如“陈”“刘”等。

注意,这里不用考虑复姓等特殊情况。所有姓名的第一个字符视为其姓氏信息。

(4) 单击窗体“报表输出”按钮(名为“bt1”),调用事件代码实现以预览方式打开报表“rEmp”;单击“退出”按钮(名为“bt2”),调用设计好的宏“mEmp”来关闭窗体。

〖解题思路〗

本题要点:窗体中命令按钮和报表中文本框控件属性设置。

第(2)小题在设计视图中右击控件选择【属性】,设置属性;第(3)小题在报表的设计视图添加控件,并右击控件选择【属性】,设置属性;第(1)、(4)小题右击控件选择【事件生成器】,输入代码。

〖操作步骤〗

(1)

步骤1:选中“窗体”对象,右击“fEmp”,选择【设计视图】。

步骤2:在设计视图中的任意位置右击,在弹出的快捷菜单中选择【事件生成器】命令,在弹出的对话框中选择“代码生成器”选项,单击“确定”按钮,在空行输入:

```
'************************** Add1 *************************
Me.Caption  =  Year(Date)  &  "年信息输出"
'************************** Add1 *************************
```

单击“保存”按钮,关闭“代码生成器”界面,保存并关闭设计视图。

注:或者在属性表中选择“窗体”对象,在“事件”选项卡的“打开”行右侧单击[...]进入代码编辑窗口。

(2)

步骤1:右击“bt1”按钮,选择【属性】,查看“上边距”“左”“高度”“宽度”。

步骤2:要求bt2和bt1大小一致左对齐,上下相距为1 cm,所以bt2上边距=bt1上边距+高度+1 。

步骤3:右击“bt2”按钮,选择【属性】,分别在“上边距”“左”“高度”“宽度”行输入“3cm”“3cm”“1cm”“2cm”。关闭属性表。

步骤4:按Ctrl+S保存修改,关闭设计视图。

(3)

步骤1:选中“报表”对象,右击“rEmp”选择【设计视图】。

步骤2:单击“设计”选项卡中“分组和排序”,在“分组、排序和汇总”中选择“添加组”,选择排序依据为下拉列表中的“表达式”,进入表达式生成器对话框,输入“=Left([姓名],1)”,单击“确定”按钮关闭对话框,选择“升序”,单击“更多”,选择“有页眉节”,关闭“分组、排序和汇总”界面。

步骤3:选中“姓名”文本框,复制到“姓名页眉”,放开鼠标。右击“姓名”选择【属性】,在“名称”行输入“tm”,在“控件来源”行输入“=Left([姓名],1)”,关闭属性表。

步骤4:按Ctrl+S保存修改,关闭设计视图。

(4)

步骤 1：选中"窗体"对象，右击"fEmp"，选择【设计视图】。

步骤 2：右击"报表输出"，选择【事件生成器】，输入代码：

```
'*****Add2*****
DoCmd.OpenReport  "rEmp",  acViewPreview
'*****Add2*****
```

关闭代码编辑窗口。

步骤 3：右击"退出"按钮，选择【属性】，单击"事件"选项卡，在"单击"行右侧下拉列表中选中"mEmp"。关闭属性表窗口。

步骤 4：按 Ctrl+S 保存修改，关闭设计视图。

〖**本题小结**〗

通过代码实现报表的预览以及在报表中创建分组是本题的难点。

第 27 题

在当前文件夹下有一个数据库文件"samp3.accdb"，里面已经设计好表对象"tStud"，同时还设计出窗体对象"fStud"。请在此基础上按照以下要求补充"fStud"窗体的设计。

(1) 在窗体的"窗体页眉"中距左边 1.2 厘米、距上边 1.2 厘米处添加一个直线控件，控件宽度为 7.8 厘米，边框颜色改为"蓝色"(蓝色代码为＃0000FF)，控件命名为"tLine"。

(2) 将窗体中名称为"lTalbel"的标签控件上的文字颜色改为"蓝色"(蓝色代码为＃0000FF)、字体名称改为"华文行楷"、字号改为 22。

(3) 将窗体边框改为"细边框"样式，取消窗体中的水平和垂直滚动条、记录选择器、导航按钮和分隔线；并且只保留窗体的关闭按钮。

(4) 假设"tStud"表中，"学号"字段的第 5 位和 6 位编码代表该生的专业信息，当这两位编码为"10"时表示"信息"专业，为其他值时表示"管理"专业。设置窗体中名称为"tSub"的文本框控件的相应属性，使其根据"学号"字段的第 5 位和第 6 位编码显示对应的专业名称。

(5) 在窗体中有一个"退出"命令按钮，名称为"CmdQuit"，单击该按钮，弹出提示框。提示框标题为"提示"，提示框内容为"确认退出?"，并显示问号图标；提示框中有两个按钮，分别为"是"和"否"，单击"是"按钮，关闭消息框和当前窗体，单击"否"按钮，关闭消息框。请按照 VBA 代码中的指示将实现此功能的代码填入指定的位置中。

注意：不要修改窗体对象"fStud"中未涉及的控件、属性和任何 VBA 代码；不允许修改表对象"tStud"。

程序代码只允许在"*****Add*****"与"*****Add*****"之间的空行内补充一行语句、完成设计，不允许增删和修改其他位置已存在的语句。

〖**解题思路**〗

本题要点：窗体中添加直线控件；标签、命令按钮控件属性设置。

第(1)小题在窗体设计视图添加控件，并右击控件选择【属性】，设置属性；第(2)、(3)、(4)小题右击控件选择"属性"，设置属性；第(5)小题右击控件选择【事件生成器】，输入代码。

〖**操作步骤**〗

(1)

步骤 1:选中“窗体”对象,右击“fStud”,选择【设计视图】。

步骤 2:选中工具组中的“直线”控件,单击窗体页眉处任一点并拖动。

步骤 3:右击“直线”控件选择【属性】,单击“全部”选项卡,在“名称”行输入“tLine”,分别在“左”,“上边距”和“宽度”行输入“1.2cm”“1.2cm”和“7.8cm”,在“边框颜色”行输入“#0000FF”。

(2)

步骤 1:在属性表窗口选择标签控件“lTalbel”,单击“格式”选项卡,在“前景色”行输入“#0000FF”。

步骤 2:分别在“字体名称”和“字号”行右侧下拉列表中选中“华文行楷”和“22”。

(3)

步骤 1:单击“窗体选择器”,单击“格式”选项卡。

步骤 2:分别在“边框样式”“滚动条”“记录选择器”“导航按钮”“分隔线”“关闭按钮”行右侧下拉列表中选中“细边框”“两者均无”“否”“否”“否”“是”。

(4)

步骤 1:在属性表窗口选择文本框“tSub”,单击“数据”选项卡。

步骤 2:在“控件来源”行输入“=IIf(Mid([学号],5,2)=“10”,“信息”,“管理”)”,保存并关闭属性表。

(5)

步骤 1:右击“退出”选择“事件生成器”,在空行内输入代码:

```
'*****Add*****
If  MsgBox("确认退出?",vbYesNo+vbQuestion,"提示") = vbYes  Then
'*****Add*****
```

关闭代码编辑窗口。

步骤 2:切换到窗体视图运行窗体,按 Ctrl+S 保存修改,关闭设计视图。

〖**本题小结**〗

事件代码的编写和 IIf 函数的使用是本题的难点。

第 28 题

当前文件夹下存在一个数据库文件“samp3.accdb”,里面已经设计好窗体对象“fSys”。请在此基础上按照以下要求补充“fSys”窗体的设计。

(1) 将窗体的边框样式设置为“对话框边框”,取消窗体中的水平和垂直滚动条、记录选择器、导航按钮、分隔线、控制框、关闭按钮、最大化按钮和最小化按钮。

(2) 将窗体标题栏显示文本设置为“系统登录”。

(3) 将窗体中“用户名称”(名称为“lUser”)和“用户密码”(名称为“lPass”)两个标签上的文字颜色改为浅棕色(浅棕色代码为#800000)、字体粗细改为“加粗”。

(4) 在窗体加载时,“tPass”文本框的内容以密码形式显示。窗体“加载”事件代码已给出,请补充完整。

(5) 按照以下窗体功能,补充事件代码设计。在窗体中有“用户名称”和“用户密码”两个文本框,名称分别为“tUser”和“tPass”,还有“确定”和“退出”两个命令按钮,名称分别为

“cmdEnter”和“cmdQuit”。在“tUser”和“tPass”两个文本框中输入用户名称和用户密码后，单击“确定”按钮，程序将判断输入的值是否正确，如果输入的用户名称为“cueb”，用户密码为“1234”，则显示正确提示框；如果输入不正确，则提示框显示内容为“密码错误!”，同时清除“tUser”和“tPass”两个文本框中的内容，并将光标置于“tUser”文本框中。当单击窗体上的“退出”按钮后，关闭当前窗体。

注意：不允许修改窗体对象“fSys”中未涉及的控件、属性和任何 VBA 代码。只允许在“＊＊＊＊＊ Add ＊＊＊＊＊”与“＊＊＊＊＊ Add ＊＊＊＊＊”之间的空行内补充一条语句，不允许增删和修改其他位置已存在的语句。

〖**解题思路**〗

本题要点：窗体及窗体中控件属性的设置。

第(1)、(2)、(3)、(4)小题在窗体设计视图中通过属性表窗口设置属性；第(5)小题右击控件选择【事件生成器】，输入代码。

〖**操作步骤**〗

(1)

步骤 1：选择“窗体”对象，右击“fSys”窗体，在弹出的快捷菜单中选择【设计视图】命令，右击“窗体选择器”选择【属性】，单击“格式”选项卡，在“边框样式”行下拉列表中选中“对话框边框”。

步骤 2：分别在“滚动条”行下拉列表中选中“两者均无”。

步骤 3：分别在“记录选择器”“导航按钮”“分隔线”“控制框”和“关闭按钮”行下拉列表中选中“否”；在“最大最小化按钮”行下拉列表中选中“无”。

(2)

步骤 1：在“格式”选项卡“标题”行输入“系统登录”。

(3)

步骤 1：单击“用户名称”标签，单击“格式”选项卡，在“前景色”行输入“＃800000”或直接输入 128。

步骤 2：在“字体粗细”行列表中选中“加粗”。

按以上相同步骤设置“用户密码”标签。

(4)

在设计视图中的任意位置右击，在弹出的快捷菜单中选择【事件生成器】命令，在空行输入代码：

```
'**********************Add1*********************
tPass.InputMask = "PASSWORD"
'**********************Add1*********************
```

(5)

依次在“事件生成器”界面输入代码：

```
'**********************Add2*********************
If  name = "cueb"  And  pass = "1234"  Then
'**********************Add2*********************
'**********************Add3*********************
Me! tUser.SetFocus
'**********************Add3*******************
```

```
'************************ Add4 ********************
DoCmd.Close
'************************ Add4 ********************
```

关闭代码编辑窗口,切换到窗体视图运行窗体,保存并关闭设计视图。

〖**本题小结**〗

根据程序要实现的功能编写相应的事件代码是本题的难点。

第 29 题

当前文件夹下存在一个数据库文件“samp3. accdb”,里面已经设计好表对象“tUser”,同时还设计出窗体对象“fEdit”和“fUser”。请在此基础上按照以下要求补充“fEdit”窗体的设计。

(1) 将窗体中名称为“lRemark”的标签控件上的文字颜色改为“棕色”(棕色代码为128)、字体粗细改为“加粗”。

(2) 将窗体边框改为“对话框边框”样式,取消窗体中的水平和垂直滚动条、记录选择器、导航按钮和分隔线;将窗体标题设置为“修改用户口令”。

(3) 将窗体中名称为“tPass”和“tEnter”的文本框中的内容以密码方式显示。

(4) 按如下控件顺序设置 Tab 键次序:

“CmdEdit”→“tUser_1”→“tRemark_1”→“tPass”→“tEnter”

→“CmdSave”→“cmdquit”→窗体右侧列表(标题是修改系统用户)。

(5) 按照以下窗体功能,补充事件代码设计。

窗体运行后,在窗体右侧显示可以修改的用户名、密码等内容的列表,同时在窗体左侧显示列表中所指用户的信息。另外,在窗体中还有“修改”“保存”和“退出”三个命令按钮,名称分别为“CmdEdit”“CmdSave”和“cmdquit”。当单击“修改”按钮后,在窗体左侧显示出该窗体右侧光标所指用户的口令信息,同时“保存”按钮变为可用;在“口令”和“确认口令”文本框中输入口令信息后,单击“保存”按钮,若在两个文本框中输入的信息相同,则保存修改后的信息,并先将“保存”命令按钮变为不可用,再将除用户名外的其他文本框控件和标签控件全部隐藏,最后将用户名以只读方式显示;若在两个文本框中输入的信息不同,则显示提示框,显示内容为“请重新输入口令!”,提示框中只有一个“确定”按钮。单击窗体上的“退出”按钮,关闭当前窗体。

注意:不允许修改窗体对象“fEdit”和“fUser”中未涉及的控件、属性和任何 VBA 代码;不允许修改表对象“tUser”。

只允许在“*****Add*****”与“*****Add*****”之间的空行内补充一条语句,不允许增删和修改其他位置已存在的语句。

〖**解题思路**〗

本题要点:窗体及窗体中控件属性的设置。

第(1)、(2)、(3)、(4)小题在窗体设计视图中通过属性表窗口设置属性;第(5)小题右击控件选择【事件生成器】,输入代码。

〖**操作步骤**〗

(1)

步骤 1:选中“窗体”对象,右击“fEdit”,在快捷菜单中选择【设计视图】。

步骤 2:打开属性表窗口,选择标签控件“lRemark”,在“格式”选项卡的“前景色”行输入“128”,在“字体粗细”行右侧下拉列表中选中“加粗”。

(2)

步骤 1:单击“窗体选择器”。

步骤 2:在“边框样式”行右侧下拉列表中选中“细边框”。

步骤 3:分别双击“滚动条”“记录选择器”“导航按钮”和“分隔线”右侧下拉列表中的“两者均无”和“否”。

步骤 4:在“格式”选项卡的“标题”行输入“修改用户口令”。

(3)

步骤 1:在属性表窗口单击选择文本框控件“tPass”,在“数据”选项卡的“输入掩码”行上 单击,在“输入掩码向导”中选择“密码”,单击“完成”。同样的方法设置文本框控件“tEnter”。

(4)

步骤 1:右击“窗体选择器”,在快捷菜单中选择【Tab 键次序(B)】。

步骤 2:在弹出对话框的“自定义次序”列表中按要求调整各对象的次序,注意,鼠标在选择区上移动,如图 3-29-1 所示,单击“确定”按钮。

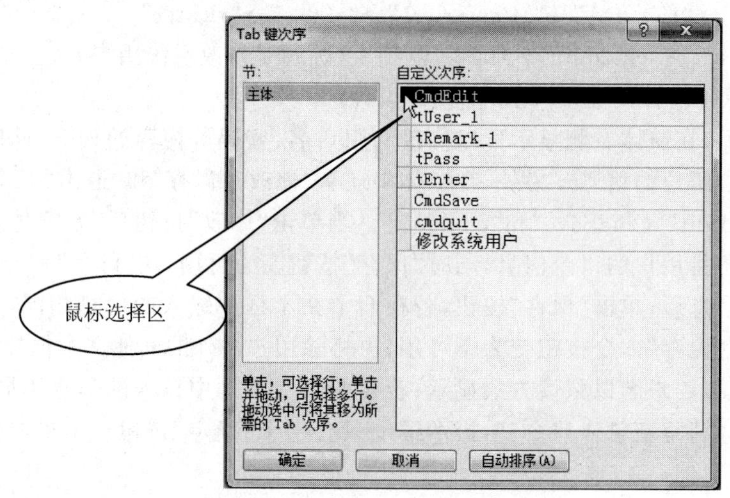

图 3-29-1　设置各控件的 Tab 键顺序

(5)

在设计视图中右击窗体任一点,在列表中选中【事件生成器】【代码生成器】,在空格行依次输入

```
'******************** Add1 **********************************
CmdSave.Enabled  =  False
'******************** Add1 **********************************
'******************** Add2 **********************************
Me! 用户名_1.Enabled  =  False
'******************** Add2 **********************************
```

```
'*******************Add3*******************************
MsgBox  "请重新输入口令!",vbOKOnly
'*******************Add3*******************************
'*******************Add4*******************************
DoCmd.Close
'*******************Add4*******************************
```

关闭代码编辑窗口,按 Ctrl+S 保存修改,关闭设计视图。

〖**本题小结**〗

事件代码的编写和设置 Tab 键的顺序是本题的难点。

第 30 题

当前文件夹下存在一个数据库文件"samp3. accdb",里面已经设计好表对象"tOrder""tDetail"和"tBook",查询对象"qSell",报表对象"rSell"。请在此基础上按照以下要求补充"rSell"报表的设计。

(1) 对报表进行适当设置,使报表显示"qSell"查询中的数据。

(2) 对报表进行适当设置,使报表标题栏上显示的文字为"销售情况报表";在报表页眉处添加一个标签,标签名为"bTitle",显示文本为"图书销售情况表",字体名称为"黑体"、颜色为褐色(褐色代码为#7A4E2B)、字号为 20,文字不倾斜。

(3) 对报表中名称为"txtMoney"的文本框控件进行适当设置,使其显示每本书的金额(金额=数量*单价)。

(4) 在报表适当位置添加一个文本框控件(控件名称为"txtAvg"),计算每本图书的平均单价。

说明:报表适当位置指报表页脚、页面页脚或组页脚。

要求:使用 Round 函数将计算出的平均单价保留两位小数。

(5) 在报表页脚处添加一个文本框控件(控件名称为"txtIf"),判断所售图书的金额合计,如果金额合计大于 30 000,"txtIf"控件显示"达标",否则显示"未达标"。

注意:不允许修改报表对象"rSell"中未涉及的控件、属性;不允许修改表对象"tOrder""tDetail"和"tBook",不允许修改查询对象"qSell"。

〖**解题思路**〗

本题要点:报表数据源设置、有效性文本设置;报表中文本框和窗体命令按钮控件属性设置。

第(1)、(2)、(3)、(4)、(5)小题在报表设计视图中通过属性表窗口设置不同对象的属性。

〖**操作步骤**〗

(1)

步骤 1:选中"报表"对象,右击"rSell"报表,选择【设计视图】。

步骤 2:右击"报表选择器",选择【属性】,单击"数据"选项卡,在"记录源"列表中选中"qSell"。

(2)

步骤 1:单击"格式"选项卡,在"标题"行输入"销售情况报表",关闭属性表。

步骤 2:右击报表任一点,选择【报表页眉/页脚】,选择“设计”选项卡中“控件”组的“标签”控件,单击报表页眉处,然后输入“图书销售情况表”,单击设计视图任意处。右击该标签选择【属性】,选中“全部”选项卡,在“名称”行输入“bTitle”;在“字体名称”行列表中选中“黑体”;在“前景色”行输入“#7A4E2B”;在“字号”行列表中选中“20”;在“倾斜字体”行列表中选中“否”,并改变标签大小,以显示完整标签,按 Ctrl+S 保存修改。

(3)

步骤 1:通过属性表窗口选择“txtMoney”文本框。

步骤 2:单击“数据”选项卡,在“控件来源”行输入“=[单价]*[数量]”。

(4)

步骤 1:选择“设计”选项卡中“控件”组的“文本框”控件,单击报表页脚处,弹出“Text”和“未绑定”两个文本框。单击“Text”文本框,在“全部”选项卡下“标题”行输入“平均单价:”。

步骤 2:单击“未绑定”文本框,在“全部”选项卡下“名称”行输入“txtAvg”,在“控件来源”行输入“=Round(Avg([单价]),2)”。

(5)

步骤 1:选择“设计”选项卡中“控件”组的“文本框”控件,单击报表页脚处,弹出“Text”和“未绑定”两个文本框。

步骤 2:选中“Text”文本框按【Del】键进行删除,单击“未绑定”文本框,单击“全部”选项卡,在“名称”行输入“txtIf”;在“控件来源”行输入“=IIf(Sum([单价]*[数量]>30000),“达标”,“不达标”)”,关闭属性表窗口,切换到报表视图预览报表,按 Ctrl+S 保存修改,关闭设计视图。

〖**本题小结**〗

IIf()函数和统计函数等的使用是本题的难点。

第四部分　选择题

一、数据库理论类选择题

1. 按数据的组织形式，数据库的数据模型可分为三种模型，它们是(　　)。

A) 小型、中型和大型　　B) 网状、环状和链状

C) 层次、网状和关系　　D) 独享、共享和实时

参考答案:C

【解析】按数据库原理的基本理论，数据库的数据模型分为三种:层次模型、关系模型和网状模型。

2. 在 Access 数据库对象中，体现数据库设计目的的对象是(　　)。

A) 报表　　B) 模块　　C) 查询　　D) 表

参考答案:C

【解析】Access 数据库对象分为 7 种。这些数据库对象包括表、查询、窗体、报表、数据访问页、宏、模块。其中查询是数据库设计目的的体现，建完数据库以后，数据只有被使用者查询才能真正体现它的价值。故答案为 C)。

3. 下列关于关系数据库中数据表的描述，正确的是(　　)。

A) 数据表相互之间存在联系，但用独立的文件名保存

B) 数据表相互之间存在联系，是用表名表示相互间的联系

C) 数据表相互之间不存在联系，完全独立

D) 数据表既相对独立，又相互联系

参考答案:D

【解析】Access 是一个关系型数据库管理系统。它的每一个表都是独立的实体，保存各自的数据和信息。但这并不是说表与表之间是孤立的。表与表之间的联系称为关系，Access 通过关系使表之间紧密地联系起来，从而改善了数据库的性能，增强了数据库的处理能力。答案 D)正确。

4. 下列关于对象“更新前”事件的叙述中，正确的是(　　)。

A) 在控件或记录的数据变化后发生的事件

B) 在控件或记录的数据变化前发生的事件

C) 当窗体或控件接收到焦点时发生的事件

D) 当窗体或控件失去了焦点时发生的事件

参考答案:B

【解析】Access 对象事件有单击、双击、更新前、更新后等事件，而“更新前”事件表示的是在控件或记录的数据变化前发生的事件。故选项 B)正确。

5. 在学生表中要查找所有年龄小于 19 且姓王的男学生，应采用的关系运算是(　　)。

A）选择　　B）投影　　C）连接　　D）比较

参考答案:A

【解析】关系运算包括:选择、投影和连接。①选择:从关系中找出满足给定条件的元组的操作称为选择。选择是从行的角度进行的运算。②投影:从关系模式中指定若干个属性组成新的关系。投影是从列的角度进行的运算。③连接:连接运算将两个关系模式拼接成一个更宽的关系模式,生成的新关系中包含满足连接条件的元组。此题是从关系中查找所有年龄小于 19 岁且姓王的男学生,应进行的运算是选择,所以选项 A)是正确的。

6. Access 数据库最基础的对象是(　　)。

A）表　　B）宏　　C）报表　　D）查询

参考答案:A

【解析】Access 数据库对象分为 7 种。这些数据库对象包括表、查询、窗体、报表、数据访问页、宏、模块。其中表是数据库中用来存储数据的对象,是整个数据库系统的基础。

7. 在关系窗口中,双击两个表之间的连接线,会出现(　　)。

A）数据表分析向导　　B）数据关系图窗口

C）连接线粗细变化　　D）编辑关系对话框

参考答案:D

【解析】当两表之间建立关系后,两表之间会出现一条连接线,双击这条连接线会出现"编辑关系"对话框。所以,选项 D)正确。

8. 数据库的基本特点是(　　)。

A）数据可以共享,数据冗余大,数据独立性高,统一管理和控制

B）数据可以共享,数据冗余小,数据独立性高,统一管理和控制

C）数据可以共享,数据冗余小,数据独立性低,统一管理和控制

D）数据可以共享,数据冗余大,数据独立性低,统一管理和控制

参考答案:B

【解析】数据库的基本特点是数据可以共享、数据独立性高、数据冗余小,易移植、统一管理和控制。故选项 B)正确。

9. 下列关于数据库的叙述中,正确的是(　　)。

A）数据库减少了数据冗余

B）数据库中的数据一致性是指数据类型一致

C）数据库避免了数据冗余

D）数据库系统比文件系统能够管理更多数据

参考答案:A

【解析】数据库的主要特点是①实现数据共享。②减少数据的冗余度。③数据具有独立性。④实现数据集中控制。⑤数据具有一致性和可维护性,以确保数据的安全性和可靠性。⑥故障恢复。所以选项 A)正确。

10. 关系数据库管理系统中所谓的关系指的是(　　)。

A）各元组之间彼此有一定的关系　　B）各字段之间彼此有一定的关系

C）数据库之间彼此有一定的关系　　D）满足一定条件的二维表格

参考答案:D

【解析】在关系型数据库管理系统中，系统以二维表格的形式记录管理信息，所以关系就是符合满足一定条件的二维表格。故选项 D)为正确答案。

11. 数据类型是(　　)。

A) 字段的另外一种定义　　B) 一种数据库应用程序

C) 决定字段能包含哪类数据的设置　　D) 描述表向导提供的可选择的字段

参考答案:C

【解析】变量的数据类型决定了如何将代表这些值的位存储到计算机的内存中。在声明变量时也可指定它的数据类型。所有变量都具有数据类型，以决定能够存储哪种数据。答案 C)正确。

12. 在 Access 中，参照完整性规则不包括(　　)。

A) 查询规则　　B) 更新规则　　C) 删除规则　　D) 插入规则

参考答案:A

【解析】表间的参照完整性规则包括更新规则、删除规则、插入规则。故选项 A)为正确答案。

13. 下列关于数据库特点的叙述中，错误的是(　　)。

A) 数据库能够减少数据冗余

B) 数据库中的数据可以共享

C) 数据库中的表能够避免一切数据的重复

D) 数据库中的表既相对独立，又相互联系

参考答案:C

【解析】数据库的主要特点是①实现数据共享。②减少数据的冗余度。③数据的独立性。④数据实现集中控制。⑤数据一致性和可维护性，以确保数据的安全性和可靠性。⑥故障恢复。数据库中的表只能尽量避免数据的重复，不能避免一切数据的重复。所以选项 C)为正确答案。

理论题真题

14. 支持数据库各种操作的软件系统称为(　　)。

A) 数据库系统　　B) 数据库管理系统　　C) 操作系统　　D) 命令系统

参考答案:B

15. 如果说“主表 A 与相关表 B 之间是一对一联系”，下列叙述中，正确的是(　　)。

A) 主表 A 和相关表 B 都必须指定至少一个主关键字字段

B) 相关表 B 中任意一条记录必须与主表 A 中的一条记录相关联

C) 主表 A 中任意一条记录必须与相关表 B 中的一条记录相关联

D) 主表 A 和相关表 B 应按主关键字字段建立索引

参考答案:B

16. 在设计数据表时，如果要求“课表”中的“课程编号”必须是“课程设置”表中存在的课程，则应该进行的操作是(　　)。

A) 在“课表”和“课程设置”表之间设置参照完整性

B) 在“课表”和“课程设置”表的“课程编号”字段设置索引

C) 在“课表”和“课程设置”表“课程编号”字段设置有效性规则

D) 在“课表”的“课程编号”字段设置输入掩码

参考答案:A

17. 下列与数据库特点相关的说法中,正确的是(　　)。

A) 数据库中的数据独立性强

B) 数据库中的数据一致性是指数据类型一致

C) 数据库系统比文件系统能够管理更多数据

D) 数据库避免了数据的冗余

参考答案:A

18. 要在表中检索出属于计算机学院的学生,应该使用的关系运算是(　　)。

A) 投影　　B) 关系　　C) 选择　　D) 连接

参考答案:C

19. 下列关于 Access 索引的叙述中,正确的是(　　)。

A) 建立索引不能提高查找速度,且不能对表中的记录实施唯一性限制

B) 建立索引可以提高查找速度,但不能对表中的记录实施唯一性限制

C) 建立索引不能提高查找速度,但可以对表中的记录实施唯一性限制

D) 建立索引可以提高查找速度,且可以对表中的记录实施唯一性限制

参考答案:B

20. 下列关于 Access 索引的叙述中,正确的是(　　)。

A) 同一个表只能有多个唯一索引,且可以有多个主索引

B) 同一个表只能有一个唯一索引,且可以有多个主索引

C) 同一个表只能有一个唯一索引,且只能有一个主索引

D) 同一个表可以有多个唯一索引,且只能有一个主索引

参考答案:D

21. 要在表中查找年龄大于 18 岁的男性,应该使用的关系运算是(　　)。

A) 投影　　B) 连接　　C) 选择　　D) 关系

参考答案:C

22. 关于模型中的术语“元组”,对应的概念在 Access 数据库中的是(　　)。

A) 记录　　B) 索引　　C) 属性　　D) 字段

参考答案:A

23. Access 数据库是(　　)。

A) 文件数据库　　B) 面向对象数据库

C) 图形数据库　　D) 关系型数据库

参考答案:D

24. 要在一个数据库中的 A 表和 B 表之间建立关系,错误的叙述是(　　)。

A) 建立表之间的关系必须是一对一或一对多的关系

B) 用于建立字段的字段名必须相同

C) A 表与 B 表之间建立关系,A 表与 A 表也可以建立关系

D) 可以通过第三张表间接建立 A 表和 B 表之间的关系

参考答案:B

25. 关系数据库的任何检索操作都是由 3 种基本运算组合而成的,这 3 种基本运算不包括(　　)。

A) 关系　　B) 投影　　C) 选择　　D) 连接

参考答案:A

26. 数据库中有"作者"表(作者编号,作者名)、"读者"表(读者编号,读者名)和"图书"表(图书编号,图书名,作者编号)等 3 个基本情况表。如果一名读者借阅过某一本书,则认为该读者与这本书的作者之间形成了"读者-作者"关系,为反映这种关系,在数据库中应增加新表。下列关于新表的设计中,最合理的设计是(　　)。

A) 增加一个表:借阅表(读者编号,图书编号,作者编号)

B) 增加两个表:借阅表(读者编号,图书编号),读者-作者表(读者编号,作者编号)

C) 增加一个表:借阅表(读者编号,图书编号)

D) 增加一个表:读者-作者表(读者编号,作者编号)

参考答案:C

27. Access 表结构中,"字段"的要素包括(　　)。

A) 字段名,有效性规则,索引　　B) 字段名,数据类型,字段属性

C) 字段名,字段大小,有效性规则　　D) 字段名,数据类型,有效性规则

参考答案:B

28. 在一个教师表中要找出全部属于计算机学院的教授组成一个新表,应该使用关系运算是(　　)。

A) 连接运算　　B) 查询运算　　C) 选择运算　　D) 投影运算

参考答案:C

29. 下列选项中,不属于 Access 数据库对象的是(　　)。

A) 报表　　B) 记录　　C) 模块　　D) 查询

参考答案:B

30. 在数据表视图中,不能进行的操作是(　　)。

A) 排序,筛选记录　　B) 移动记录

C) 查找,替换数据　　D) 删除,修改,复制记录

参考答案:D

31. Access 中将一个或多个操作构成集合,每个操作能实现特定的功能,则称该操作集合为(　　)。

A) 窗体　　B) 查询　　C) 宏　　D) 报表

参考答案:C

32. 在数据表设计时,一个字段的基本需求是:具有唯一性且能够顺序递增,则该字段的数据类型可以设置为(　　)。

A) 计算　　B) 自动编号　　C) OLE 对象　　D) 文本

参考答案:B

33. 在设计数据表时,如果要求"课表"中的"课程编号"必须是"课程设置"表中存在的课程,则应该进行的操作是(　　)。

A）在“课表”和“课程设置”表的“课程编号”字段设置索引

B）在“课表”和“课程设置”表“课程编号”字段设置有效性规则

C）在“课表”和“课程设置”表之间设置参照完整性

D）在“课表”和“课程编号”字段设置输入掩码

参考答案:C

34. 支持数据库各种操作的软件系统称为（　　）。

A）数据库管理系统　　B）数据库系统

C）命令系统　　D）操作系统

参考答案:A

35. 如果说“主表 A 与相关表 B 之间是一对一联系”，下列叙述中，正确的是（　　）。

A）主表 A 和相关表 B 都必须指定至少一个主关键字字段

B）相关表 B 中任意一条记录必须与主表 A 中的一条记录相关联

C）主表 A 和相关表 B 应按主关键字字段建立索引

D）主表 A 中任意一条记录必须与相关表 B 中的一条记录相关联

参考答案:D

36. 在筛选时，不需要输入筛选规则的方法是（　　）。

A）输入筛选目标筛选　　B）按窗体筛选

C）按选定内容筛选　　D）高级筛选

参考答案:A

37. 下列关于数据库的叙述中，正确的是（　　）。

A）数据库系统比文件系统能够管理更多数据

B）数据库避免了数据冗余

C）数据库减少了数据冗余

D）数据库中的数据一致性是指数据类型一致

参考答案:C

38. 在实体关系模型中，有关系 R（学号，姓名）和关系 S（学号，课程名，课程成绩），要得到关系 Q（学号，姓名，课程名，课程成绩），应该使用的关系运算是（　　）。

A）连接　　B）自然连接　　C）选择　　D）投影

参考答案:B

39. 在 Access 中，“空”数据库的含义是（　　）。

A）刚刚启动了 Access 系统，还没有打开任何数据库

B）仅在数据库中建立表对象，数据库中没有其他对象

C）仅在数据库中建立了基本的表结构，表中没有保存任何数据

D）仅在磁盘上建立了数据库文件，库内还没有对象和数据

参考答案:D

40. 与 Access 数据库中“记录”相对应的关系模型的概念是（　　）。

A）属性　　B）域　　C）关系　　D）元组

参考答案:D

41. 如果“主表 A 与相关表 B 之间是一对一联系”，它的含义是（　　）。

A）主表 A 中的一条记录只能与相关表 B 中的一条记录关联，反之亦然

B）主表 A 和相关表 B 均只能各有一个索引字段

C）主表 A 中的一条记录只能与相关表 B 中的一条记录关联

D）主表 A 和相关表 B 均只能各有一个主关键字字段

参考答案：A

42. 在数据库设计中用关系模型来表示实体和实体之间的联系，关系模型的结构是（　　）。

A）网状结构　　B）封装结构　　C）二维表结构　　D）层次结构

参考答案：C

43. 可以加快排序操作的属性是（　　）。

A）默认值　　B）有效性规则　　C）有效性文本　　D）索引

参考答案：D

44. 下列关于 Access 查询条件的叙述中，错误的是（　　）。

A）同行之间为逻辑“与”关系，不同行之间为逻辑“或”关系

B）文本类型数据需在两端加上双引号

C）日期/时间类型数据在两端加上 #

D）数字类型数据需在两端加上双引号

参考答案：D

二、表结构类选择题

45. 在书写查询准则时，日期型数据应该使用适当的分隔符括起来，正确的分隔符是（　　）。

A）*　　B）%　　C）&　　D）#

参考答案：D

【解析】使用日期作为条件可以限定查询的时间范围，书写这类条件时应注意，日期常量要用英文的“#”号括起来。

46. 如果创建字段“性别”，并要求用汉字表示性别，其数据类型应当是（　　）。

A）是/否　　B）数字　　C）文本　　D）备注

参考答案：C

【解析】根据关系数据库理论，一个表中的列数据应具有相同的数据特征，称为字段的数据类型。文本型字段可以保存文本或文本与数字的组合。文本型字段的字段大小最多可达到 255 个字符，如果取值的字符个数超过了 255，可使用备注型。本题要求将“性别”字段用汉字表示，“性别”字段的内容为“男”或“女”，小于 255 个字符，所以其数据类型应当是文本型。

47. 下列关于字段属性的叙述中，正确的是（　　）。

A）可对任意类型的字段设置“默认值”属性

B）设置字段默认值就是规定该字段值不允许为空

C）只有“文本”型数据能够使用“输入掩码向导”

D）“有效性规则”属性只允许定义一个条件表达式

参考答案：D

【解析】“默认值”是指添加新记录时自动向此字段分配指定值。“有效性规则”是提供

一个表达式，该表达式必须为 True 才能在此字段中添加或更改值，该表达式可以和“有效性文本”属性一起使用。“输入掩码”显示编辑字符以引导用户进行数据输入。故答案为 D)。

48. 在 Access 中，如果不想显示数据表中的某些字段，可以使用的命令是(　　)。

A) 隐藏　　B) 删除　　C) 冻结　　D) 筛选

参考答案:A

【解析】Access 在数据表中默认显示所有的列，但有时你可能不想查看所有的字段，这时可以把其中一部分隐藏起来。故选项 A)正确。

49. 在数据表视图中，不能进行的操作是(　　)。

A) 删除一条记录　　B) 修改字段的类型

C) 删除一个字段　　D) 修改字段的名称

参考答案:B

【解析】数据表视图和设计视图是创建和维护表过程中非常重要的两个视图。在数据表视图中，主要进行数据的录入操作，也可以重命名字段，但不能修改字段属性。答案为 B)。

50. 下列关于货币数据类型的叙述中，错误的是(　　)。

A) 货币型字段在数据表中占 8 个字节的存储空间

B) 货币型字段可以与数字型数据混合计算，结果为货币型

C) 向货币型字段输入数据时，系统自动将其设置为 4 位小数

D) 向货币型字段输入数据时，不必输入人民币符号和千位分隔符

参考答案:C

【解析】货币型数据字段长度为 8 字节，向货币字段输入数据时，不必键入美元符号和千位分隔符，可以和数值型数据混合计算，结果为货币型。故答案为 C)。

51. 在设计表时，若输入掩码属性设置为“LLLL”，则能够接收的输入是(　　)。

A) abcd　　B) 1234　　C) AB+C　　D) ABa9

参考答案:A

【解析】输入掩码符号 L 的含义是必须输入字母(A-Z)，不区分大小写。所以选项 A)正确。

52. 下列关于 OLE 对象的叙述中，正确的是(　　)。

A) 用于输入文本数据

B) 用于处理超级链接数据

C) 用于生成自动编号数据

D) 用于链接或内嵌 Windows 支持的对象

参考答案:D

【解析】OLE 对象是指字段允许链接或嵌入 OLE 对象，如 Word 文档、Excel 表格、图像、声音，或者其他二进制数据。故选项 D)正确。

53. 定位到同一字段最后一条记录中的快捷键是(　　)。

A) 【End】　　B) 【Ctrl】+【End】

C) 【Ctrl】+【↓】　　D) 【Ctrl】+【Home】

参考答案:C

【解析】本题考查的是在“数据表”视图中浏览表中数据的快捷键。其中【End】键是使光标快速移到单行字段的结尾;【Ctrl】+【End】键是使光标快速移到多行字段的结尾;【Ctrl】+【↓】键是使光标快速移到当前字段的最后一条记录;【Ctrl】+【Home】键是使光标快速移到多行字段的开头。

54. 下列关于货币数据类型的叙述中,错误的是(　　)。

A) 货币型字段的长度为 8 个字节

B) 货币型数据等价于具有单精度属性的数字型数据

C) 向货币型字段输入数据时,不需要输入货币符号

D) 货币型数据与数字型数据混合运算后的结果为货币型

参考答案:B

【解析】货币型数据字段长度为 8 字节,向货币字段输入数据时,不必键入美元符号和千位分隔符,可以和数值型数据混合计算,结果为货币型。故答案为 B)。

55. 能够检查字段中的输入值是否合法的属性是(　　)。

A) 格式　　B) 默认值　　C) 有效性规则　　D) 有效性文本

参考答案:C

【解析】“格式”属性用于定义数字、日期/时间及文本等显示及打印的方式,可以使用某种预定义格式,也可以用格式符号来创建自定义格式。“默认值”属性指定一个数值,该数值在新建记录时将自动输入到字段中。“有效性规则”属性用于规定输入到字段中的数据的范围,从而判断用户输入的数据是否合法。“有效性文本”属性的作用是当输入的数据不在规定范围时显示相应的提示信息,帮助用户更正所输入的数据。所以选项 C)正确。

56. Access 字段名不能包含的字符是(　　)。

A) @　　B) !　　C) %　　D) &

参考答案:B

【解析】在 Access 中,字段名称应遵循如下命名规则:字段名称的长度最多达 64 个字符;字段名称可以是包含字母、数字、空格和特殊字符(除句号、感叹号和方括号)的任意组合;字段名称不能以空格开头;字段名称不能包含控制字符(从 0 到 31 的 ASCII 码)。故答案为 B)选项。

57. 某数据表中有 5 条记录,其中“编号”为文本型字段,其值分别为:129、97、75、131、118,若按该字段对记录进行降序排序,则排序后的顺序应为(　　)。

A) 75、97、118、129、131　　B) 118、129、131、75、97

C) 131、129、118、97、75　　D) 97、75、131、129、118

参考答案:D

【解析】文本型数据排序是按照其 ASCII 码进行排序的,并且首先按第一个字符排序,然后再依次按照后面的字符排序。故答案为 D)。

58. 对要求输入相对固定格式的数据,例如电话号码 010-83950001,应定义字段的(　　)。

A) “格式”属性　　B) “默认值”属性

C) “输入掩码”属性　　D) “有效性规则”属性

参考答案:C

【解析】“输入掩码”是用户输入数据时的提示格式。它规定了数据的输入格式,有利于

提高数据输入的正确性。在本题中对要求输入相对固定格式的数据，例如电话号码010-83950001，应定义字段的输入掩码为"010-"00000000。故选 C)。

59. 在筛选时，不需要输入筛选规则的方法是(　　)。

A) 高级筛选　　B) 按窗体筛选

C) 按选定内容筛选　　D) 输入筛选目标筛选

参考答案:C

【解析】"按窗体筛选"可以在表的空白窗体中输入筛选准则，显示表中与准则匹配的记录；"按选定内容筛选"可以选择数据表的部分数据建立筛选规则，显示与所选数据匹配的记录；"高级筛选"可以对一个或多个数据表、查询进行筛选；"输入筛选目标筛选"显示快捷菜单输入框，直接输入筛选规则。故选 C)。

60. 在文本型字段的"格式"属性中，若使用"@;男"，则下列叙述正确的是(　　)。

A) @代表所有输入的数据　　B) 只可以输入字符"@"

C) 必须在此字段输入数据　　D) 默认值是"男"一个字

参考答案:D

【解析】对于"文本"和"备注"字段，可以在字段属性的设置中使用特殊的符号来创建自定义格式。其中符号"@"的含义是要求文本字符(字符或空格)。故选 D)。

61. 定义某一个字段默认值属性的作用是(　　)。

A) 不允许字段的值超出指定的范围

B) 在未输入数据前系统自动提供值

C) 在输入数据时系统自动完成大小写转换

D) 当输入数据超出指定范围时显示的信息

参考答案:B

【解析】字段可以设置"默认值"属性指定一个数值，该数值在新建记录时将自动输入到字段中。故选项 B)为正确答案。

62. 在数据表的"查找"操作中，通配符"-"的含义是(　　)。

A) 通配任意多个减号　　B) 通配任意单个字符

C) 通配任意单个运算符　　D) 通配指定范围内的任意单个字符

参考答案:D

【解析】在数据表的"查找"操作中，通配符"-"的含义是表示指定范围内的任意一个字符(必须以升序排列字母范围)，如 Like "B-D"，查找的是 B、C、D 中任意一个字符。故选项 D)正确。

63. 若数据库表的某个字段中存放演示文稿数据，则该字段的数据类型应是(　　)。

A) 文本型　　B) 备注型

C) 超链接型　　D) OLE 对象型

参考答案:D

【解析】OLE 对象是指字段用于链接或内嵌 Windows 支持的对象，如 Word 文档、Excel 表格、图像、声音或者其他二进制数据。故选项 D)正确。

64. 在 Access 的数据表中删除一条记录，被删除的记录(　　)。

A) 不能恢复　　B) 可以恢复到原来位置

C）被恢复为第一条记录　　D）被恢复为最后一条记录

参考答案：A

【解析】在 Access 中删除记录需要格外小心，因为一旦删除数据就无法恢复了。故答案选 A）选项。

65. 如果输入掩码设置为“L”，则在输入数据的时候，该位置上可以接受的合法输入是（　　）。

A）任意符号　　B）必须输入字母 A～Z

C）必须输入字母或数字　　D）可以输入字母、数字或空格

参考答案：B

【解析】输入掩码符号 L 的含义是必须输入字母（A－Z）。故答案 B）正确。

表结构类真题

66. 在数据表设计时，一个字段的基本需求是：具有唯一性且能够顺序递增，则该字段的数据类型可以设置为（　　）。

A）自动编号　　B）经计算　　C）OLE 对象　　D）文本

参考答案：A

67. 设计数据表时，如果要求“年龄”字段的输入范围是 15～80 之间，则应该设置的字段属性是（　　）。

A）参照完整性　　B）默认值　　C）有效性规则　　D）输入掩码

参考答案：C

68. 下列关于 OLE 对象的叙述中，正确的是（　　）。

A）用于处理超级链接类型的数据　　B）用于储存图像、音频或视频文件

C）用于储存一般的文本类型数据　　D）用于储存 Windows 支持的对象

参考答案：B

69. 下列关于数据表的叙述中，不正确的是（　　）。

A）数据表视图只能显示表中记录信息　　B）表一般会包含一到两个主题的信息

C）表是 Access 数据库的重要对象之一　　D）表的设计视图主要用于设计表结构

参考答案：B

70. 定义字段默认值的含义是（　　）。

A）在未输入数据前，系统自动将定义的默认值存储到该字段中

B）该字段值不允许超出定义的范围

C）在未输入数据前，系统自动将定义的默认值显示在数据表中

D）该字段值不允许为空

参考答案：C

71. 在创建表时，下列关于字段大小属性的叙述中，正确的是（　　）。

A）字段大小属性只适用于文本或自动编号类型的字段

B）自动编号型的字段大小属性只能在设计视图中设置

C）文本型字段的字段大小属性只能在设计视图中设置

D）字段大小属性用于确定字段在数据表视图中的显示宽度

参考答案:C

72. 如果字段“学分”的取值范围为 1～6,则下列选项中,错误的有效性规则是(　　)。

A) 学分>0 and 学分<=6　　B) 1<=[学分]<=6

C)[学分]>=1 and [学分]<=6　　D)>=1 and <=6

参考答案:B

73. 在输入学生所属专业时,要求专业名称必须以汉字“专业”作为结束(例如:自动化专业,软件工程专业),要保证输入数据的正确性,应定位字段属性的(　　)。

A) 有效性文本　　B) 默认值　　C) 输入掩码　　D) 有效性规则

参考答案:C

74. 在 Access 数据库中要建立“期末成绩表”,包括字段(学号,平时成绩,期中成绩,期末成绩,总成绩),其中平时成绩为 0～20 分,期中成绩、期末成绩和总成绩均为 0～100 分,总成绩为平时成绩+期中成绩 * 30%+期末成绩 * 50%。则在建立表时,错误的操作是(　　)。

A) 为“总成绩”字段设置有效性规则　　B) 将“平时成绩”字段设置为数字类型

C) 将“学号”字段设置为主关键字　　D) 将“总成绩”字段设置为计算类型

参考答案:A

75. 将“查找和替换”对话框的“查找内容”设置为“[! a-c]def”,其含义是(　　)。

A) 查找“! adef”“! bdef”“! cdef”的字符串

B) 查找以“def”结束,且第一位不是“a”“b”和“c”的 4 位字符串

C) 查找“[! a-c]def”字符串

D) 查找“! a-cdef”字符串

参考答案:B

76. 在输入学生所属学院时,要求学院名称必须以汉字“学院”结束(例如:自动化学院、机械学院),要保证输入数据的正确性,应定义字段的属性是(　　)。

A) 输入掩码　　B) 有效性规则　　C) 有效性文本　　D) 默认值

参考答案:A

77. 在“查找和替换”对话框的“查找内容”文本框中,设置“[! a-c]ffect”的含义是(　　)。

A) 查找“! affect”“! bffect”或“cffect”的字符段

B) 查找以“ffect”结束,且第一位不是“a”“b”“c”的 6 位字符串

C) 查找“! a-cffect”字符串

D) 查找“[! a-c]ffect”字符串

参考答案:B

78. 在显示查询结果时,若将数据表中的“籍贯”字段名显示为“出生地”,应进行的相关设置是(　　)。

A) 在查询设计视图的“字段”行输入“出生地:籍贯”

B) 在查询设计视图的“字段”行中输入“出生地”

C) 在查询设计视图的“显示”行中输入“出生地”

D) 在查询设计视图的“显示”行中输入“出生地:籍贯”

参考答案:A

79. 如果字段“定期存款期限”的取值范围为 1～5,则下列选项中,错误的有效性规则是

(　　)。

A) ＞＝1 and ＜＝5

B) 0＜[定期存款期限]＜＝5

C) 定期存款期限＞0 And 定期存款期限＜＝5

D) [定期存款期限]＞＝1 And [定期存款期限]＜＝5

参考答案:B

80. 如果要对用户的输入做某种限制,可在表字段设计时利用的手段是(　　)。

A) 设置有效性规则,使用掩码

B) 设置字段的大小,改变数据类型,设置字段的格式

C) 设置字段的大小并使用默认值

D) 设置字段的格式,小数位数和标题

参考答案:A

81. 可以设置"字段大小"属性的数据类型是(　　)。

A) OLE 对象　B) 备注　C) 文本　D) 日期/时间

参考答案:C

82. 设计数据表时,如果要求"年龄"字段的输入范围是 15～80 之间,则应该设置的字段属性是(　　)。

A) 默认值　B) 有效性规则　C) 参照完整性　D) 输入掩码

参考答案:B

83. 在 Access 表中,要查找包含双号(")的记录,在"查找内容"框中应填写的内容是(　　)。

A) ["]　B) like “"”　C) "　D) *["]*

参考答案:D

84. 某数据表中有 5 条记录,其中"编号"为文本型字段,其值分别为:129、98、76、132、119,若按该字段对记录进行降序排序,则排序后的顺序为(　　)。

A) 98、76、132、129、119　B) 132、129、119、98、76

C) 119、129、132、76、98　D) 76、98、119、129、132

参考答案:A

85. 对要求输入相对固定格式的数据,例如电话号码 010-83950001,应定义字段的(　　)。

A) "有效性规则"属性　B) "默认值"属性

C) "输入掩码"属性　D) "格式"属性

参考答案:C

86. 在"销售表"中有字段:单价、数量、折扣和金额。其中,金额＝单价 * 数量 * 折扣,在建表时应将字段"金额"的数据类型定义为(　　)。

A) 数字　B) 计算　C) 文本　D) 货币

参考答案:B

87. 如果字段"岗位津贴"的取值范围为 800～10000,则下列选项中,错误的有效性规则是(　　)。

A) ＞＝800 and ＜＝10000

B）[岗位津贴]＞＝800 and [岗位津贴]＜＝10000

C）800＜＝[岗位津贴]＜＝10000

D）岗位津贴＞＝800 and 岗位津贴＜＝10000

参考答案:C

88. 在输入记录时，要求某字段的输入值必须大于 0，应为该字段设置的是（　　）。

A）有效性规则　　B）必填字段　　C）输入掩码　　D）默认值

参考答案:A

89. 成绩表中有“总评成绩”“平时成绩”和“期末考试”等字段，其中，总评成绩＝平时成绩＋0.6＊期末考试。则进行表设计时，“总评成绩”的数据类型应该是（　　）。

A）数字　　B）计算　　C）文本　　D）整数

参考答案:B

90. 在表中进行筛选操作，筛选的结果是（　　）。

A）表中只显示不符合条件的记录，符合条件的记录被隐藏

B）表中只显示符合条件的记录，不符合条件的记录被隐藏

C）表中只保留不符合条件的记录，符合条件的记录被删除

D）表中只保留符合条件的记录，不符合条件的记录被删除

参考答案:B

91. 进行数据表设计时，不能建索引的字段的数据类型是（　　）。

A）文本　　B）自动编号　　C）日期/时间　　D）计算

参考答案:D

92. 设计数据表时，如果要求“成绩”字段的范围在 0～100 之间，则应该设置的字段属性是（　　）。

A）参照完整性　　B）输入掩码　　C）有效性规则　　D）默认值

参考答案:C

93. 在设计数据表时，如果要求“课程安排”表中的“教师编号”必须是“教师基本情况”表中存在的教师，则应该进行的操作是（　　）。

A）在“课程安排”表和“教师基本情况”表的“教师编号”字段设置索引

B）在“课程安排”表和“教师基本情况”表的“教师编号”字段设置有效性规则

C）在“课程安排”表的“教师编号”字段设置输入掩码

D）在“课程安排”表和“教师基本情况”表之间设置参照完整性

参考答案:D

94. 如果字段“存款期限”的取值范围为 1～5，则下列有效性规则中，错误的是（　　）。

A）存款期限＞0 and 存款期限＜＝5　　B）0＜[存款期限]＜＝5

C）[存款期限]＞＝1 and [存款期限]＜＝5　　D）＞＝1 and ＜＝5

参考答案:B

三、查询类选择题

95. 如果在数据库中已有同名的表，要通过查询覆盖原来的表，应该使用的查询类型是（　　）。

A）删除　　B）追加　　C）生成表　　D）更新

参考答案:C

【解析】如果在数据库中已有同名的表,要通过查询覆盖原来的表,应该使用的查询类型是生成表查询。答案为C)选项。

96. 在SQL查询中"GROUP BY"的含义是(　　)。

A) 选择行条件　　B) 对查询进行排序

C) 选择列字段　　D) 对查询进行分组

参考答案:D

【解析】在SQL查询中"GROUP BY"的含义是将查询的结果按列进行分组,可以使用合计函数,故选项D)为正确答案。

97. 下列关于SQL语句的说法中,错误的是(　　)。

A) INSERT语句可以向数据表中追加新的数据记录

B) UPDATE语句用来修改数据表中已经存在的数据记录

C) DELETE语句用来删除数据表中的记录

D) CREATE语句用来建立表结构并追加新的记录

参考答案:D

【解析】Access支持的数据定义语句有创建表(CREATE TABLE)、修改数据(UPDATE)、删除数据(DELETE)、插入数据(INSERT)。CREATE TABLE只有创建表的功能不能追加新数据。故选项D)为正确答案。

98. 若查询的设计视图如下,则查询的功能是(　　)。

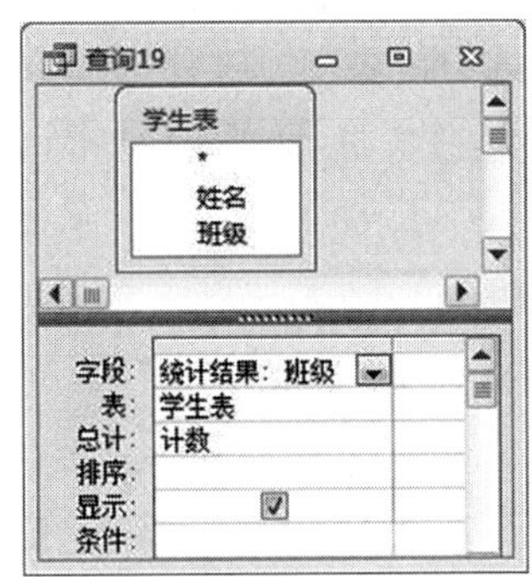

A) 设计尚未完成,无法进行统计

B) 统计班级信息仅含Null(空)值的记录个数

C) 统计班级信息不包括Null(空)值的记录个数

D) 统计班级信息包括Null(空)值全部记录个数

参考答案:C

【解析】从图中可以看出要统计的字段是"学生表"中的"班级"字段,采用的统计函数是计数函数,目的是对班级(不为空)进行计数统计。所以选项C)正确。

99. 查询"书名"字段中包含"等级考试"字样的记录,应该使用的条件是(　　)。

A) Like "等级考试"　　B) Like "*等级考试"

C) Like "等级考试*"　　D) Like "*等级考试*"

参考答案:D

【解析】在查询时,可以通过在"条件"单元格中输入 Like 运算符来限制结果中的记录。与 like 运算符搭配使用的通配符有很多,其中"*"的含义是表示由 0 个或任意多个字符组成的字符串,在字符串中可以用作第一个字符或最后一个字符,在本题中查询"书名"字段中包含"等级考试"字样的记录,应该使用的条件是 Like "*等级考试*"。所以选项 D)正确。

100. 在职工表中查找所有年龄大于 30 岁姓王的男职工,应采用的关系运算是(　　)。

A) 选择　　B) 投影　　C) 连接　　D) 自然连接

参考答案:A

【解析】关系运算包括:选择、投影和连接。

101. 下列 SQL 查询语句中,与下面查询设计视图所示的查询结果等价的是(　　)。

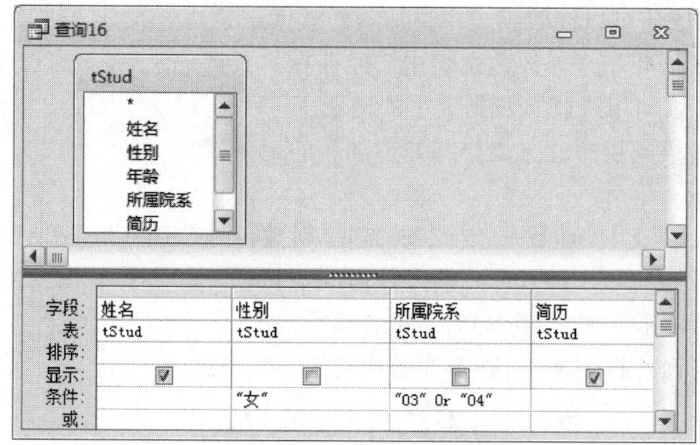

A) SELECT 姓名,性别,所属院系,简历 FROM tStud WHERE 性别 = "女" AND 所属院系 IN ("03","04")

B) SELECT 姓名,简历 FROM tStud WHERE 性别 = "女" AND 所属院系 IN("03", "04")

C) SELECT 姓名,简历 FROM tStud WHERE 性别 = "女" AND 所属院系 = "03" OR 所属院系 = "04"

D) SELECT 姓名,简历 FROM tStud WHERE (性别 = "女" AND 所属院系 = "03") OR 所属院系 = "04"

参考答案:B

【解析】SQL 查询的 Select 语句是功能最强,也是最为复杂的 SQL 语句。SELECT 语句的结构是:

SELECT [ALL|DISTINCT]别名 FROM 表名 [WHERE 查询条件]

其中"查询条件"还可以是另一个选择查询或子查询。在主查询中查找任何等于、大于或小于由子查询返回的值(使用 ANY、IN 或 ALL 保留字)。在此题中用 IN 表示等于这两个值之一。所以选项 B)正确。

102. 假设"公司"表中有编号、名称、法人等字段,查找公司名称中有"网络"二字的公司信息,正确的命令是(　　)。

A) SELECT * FROM 公司 FOR 名称 = "*网络*"

B) SELECT * FROM 公司 FOR 名称 LIKE "*网络*"

C) SELECT * FROM 公司 WHERE 名称 = "*网络*"

D) SELECT * FROM 公司 WHERE 名称 LIKE "*网络*"

参考答案:D

【解析】在查询条件中输入 Like 运算符来限制结果中的记录。为了查找公司名称中有"网络"二字的公司信息,需要使用 Like 运算符,与之搭配使用的通配符有很多,其中"*"的含义是表示由 0 个或任意多个字符组成的字符串,在字符串中可以用作第一个字符或最后一个字符,在本题中应该使用的条件是 Like "*网络*"。所以选项 D)正确

103. 利用对话框提示用户输入查询条件,这样的查询属于(　　)。

A) 选择查询　　B) 参数查询　　C) 操作查询　　D) SQL 查询

参考答案:B

【解析】参数查询可以显示一个或多个提示参数值(准则)预定义对话框,也可以创建提示查询参数的自定义对话框,提示输入参数值,进行问答式查询。所以选项 B)正确。

104. 要从数据库中删除一个表,应该使用的 SQL 语句是(　　)。

A) ALTER TABLE NAME　　B) KILL TABLE NAME

C) DELETE TABLE NAME　　D) DROP TABLE NAME

参考答案:D

【解析】Access 支持的数据定义语句有创建表(CREATE)、修改表结构(ALTER)、删除表(DROP)。故选项 D)为正确答案。

105. 若要将产品表中所有供货商是"ABC"的单价下调 50,则正确的 SQL 语句是(　　)。

A) UPDATE 产品 SET 单价 = 50 WHERE 供货商 = "ABC"

B) UPDATE 产品 SET 单价 = 单价-50 WHERE 供货商 = "ABC"

C) UPDATE FROM 产品 SET 单价 = 50 WHERE 供货商 = "ABC"

D) UPDATE FROM 产品 SET 单价 = 单价-50 WHERE 供货商 = "ABC"

参考答案:B

【解析】修改数据的语法结构为:Update tablename set 字段名=value [where 条件],所以答案为 B)。

106. 在已建窗体中有一命令按钮(名为 Command1),该按钮的单击事件对应的 VBA 代码为:

```
Private Sub Command1_Click()
    subT.Form.RecordSource = "select * from 雇员"
End Sub
```

单击该按钮实现的功能是(　　)。

A) 使用 select 命令查找"雇员"表中的所有记录

B) 使用 select 命令查找并显示"雇员"表中的所有记录

C) 将 subT 窗体的数据来源设置为一个字符串

D) 将 subT 窗体的数据来源设置为"雇员"表

参考答案:D

【解析】窗体的 RecordSource 属性指明窗体的数据源，题目中窗体数据源来自一条 SQL 语句“select * from 雇员”，该语句从数据表“雇员”中选取所有记录，即窗体数据来源为“雇员”表。

107. 在 Access 中要显示教师表中姓名字段和职称字段的信息，应采用的关系运算是(　　)。

A) 选择　　B) 投影　　C) 连接　　D) 关联

参考答案:B

【解析】此题要求从关系中显示出两列的元组，应进行的运算是投影，所以选项 B)是正确的。

108. 在 SQL 语言的 SELECT 语句中，用于指明检索结果排序的子句是(　　)。

A) FROM　　B) WHILE　　C) GROUP BY　　D) ORDER BY

参考答案:D

【解析】SELECT 语句的结构是：

```
SELECT [ALL|DISTINCT]别名 FROM 表名 [WHERE 查询条件]
[GROUP BY 要分组的别名 [HAVING 分组条件] ]
[ORDER BY 要排序的别名 [ASC | DESC] ]
```

所以选项 D)正确。

109. 在 Access 中已经建立了“学生”表，若查找“学号”是“S00007”或“S00008”的记录，应在查询设计视图的“条件”行中输入(　　)。

A) "S00007" or "S00008"　　B) "S00007" and "S00008"

C) in("S00007" , "S00008")　　D) in("S00007" and "S00008")

参考答案:C

【解析】在查询准则中比较运算符“IN”用于集合设定，表示“在……之内”。若查找“学号”是“S00007”或“S00008”的记录应使用表达式 in(“S00007” , “S00008”)，所以选项 C)正确。

110. 已知“借阅”表中有“借阅编号”“学号”和“借阅图书编号”等字段，每名学生每借阅一本书生成一条记录，要求按学生学号统计出每名学生的借阅次数，下列 SQL 语句中，正确的是(　　)。

A) SELECT 学号, COUNT(学号) FROM 借阅

B) SELECT 学号, COUNT(学号) FROM 借阅 GROUP BY 学号

C) SELECT 学号, SUM(学号) FROM 借阅

D) SELECT 学号, SUM(学号) FROM 借阅 ORDER BY 学号

参考答案:B

【解析】此题要求按学号分组统计，所以需使用 Group by 子句，统计次数需使用合计函数 Count()，所以选项 B)正确。

111. 创建参数查询时，在查询设计视图条件行中应将参数提示文本放置在(　　)。

A) {}中　　B) ()中　　C) []中　　D) <>中

参考答案:C

【解析】建立参数查询时，要定义输入参数准则字段时，必须输入用“[]”括起来的提示信息，所以选项 C)正确。

112. 如果在查询条件中使用通配符“[]”,其含义是(　　)。

A) 错误的使用方法　　B) 通配任意长度的字符

C) 通配不在括号内的任意字符　　D) 通配方括号内任一单个字符

参考答案:D

【解析】在查询条件中使用通配符“[]”,其含义是通配方括号内任一单个字符,故选项D)正确。

113. 若在查询条件中使用了通配符“!”,它的含义是(　　)。

A) 通配任意长度的字符　　B) 通配不在括号内的任意字符

C) 通配方括号内列出的任一单个字符　　D) 错误的使用方法

参考答案:B

【解析】通配符“!”的含义是匹配任意不在方括号里的字符,如 b[! ae]ll 可查到 bill 和 bull,但不能查到 ball 或 bell。故选项 B)正确。

114. “学生表”中有“学号”“姓名”“性别”和“入学成绩”等字段。执行如下 SQL 命令后的结果是(　　)。

Select Avg(入学成绩) From 学生表 Group by 性别。

A) 计算并显示所有学生的平均入学成绩

B) 计算并显示所有学生的性别和平均入学成绩

C) 按性别顺序计算并显示所有学生的平均入学成绩

D) 按性别分组计算并显示不同性别学生的平均入学成绩

参考答案:D

【解析】SQL 查询中分组统计使用 Group by 子句,函数 Avg()用来求平均值,所以此题的查询是按性别分组计算并显示不同性别学生的平均入学成绩,所以选项 D)正确。

115. 在 SQL 语言的 SELECT 语句中,用于实现选择运算的子句是(　　)。

A) FOR　　B) IF　　C) WHILE　　D) WHERE

参考答案:D

【解析】SELECT 语句的结构是:

```
SELECT [ALL|DISTINCT]别名 FROM 表名 [WHERE 查询条件]
[GROUP BY 要分组的别名 [HAVING 分组条件]]
```

Where 后面的查询条件用来选择符合要求的记录,所以选项 D)正确。

116. 在 Access 数据库中使用向导创建查询,其数据可以来自(　　)。

A) 多个表　　B) 一个表

C) 一个表的一部分　　D) 表或查询

参考答案:D

【解析】所谓查询就是根据给定的条件,从数据库中筛选出符合条件的记录,构成一个数据的集合,其数据来源可以是表或查询。选项 D)正确。

117. 在学生借书数据库中,已有“学生”表和“借阅”表,其中“学生”表含有“学号”“姓名”等信息,“借阅”表含有“借阅编号”“学号”等信息。若要找出没有借过书的学生记录,并显示其“学号”和“姓名”,则正确的查询设计是(　　)。

A)

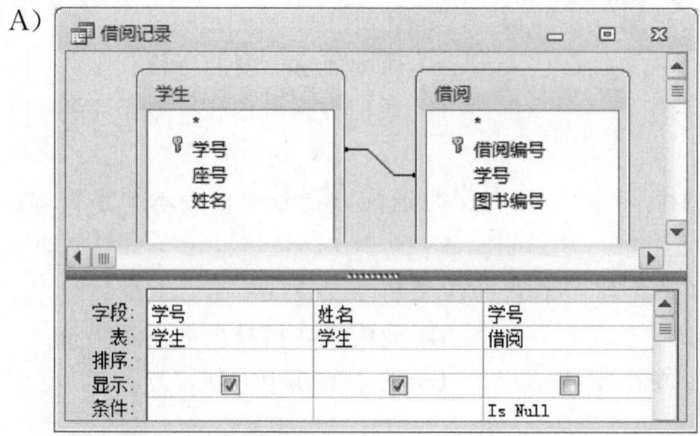
借阅记录
学生
*
学号
座号
姓名
借阅
*
借阅编号
学号
图书编号
字段: 学号 姓名 学号
表: 学生 学生 借阅
排序:
显示:
条件: Is Null

B)

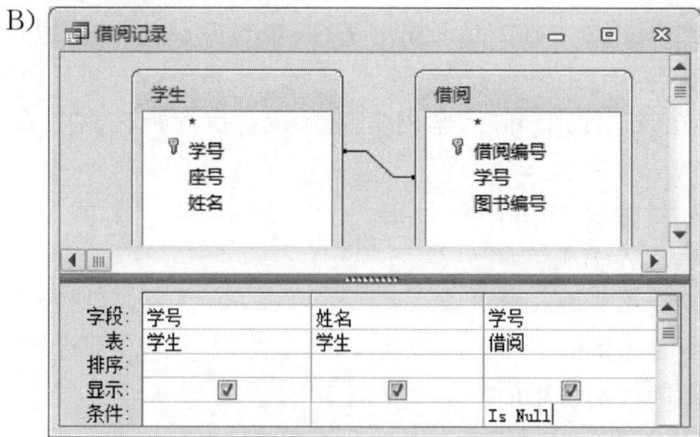
借阅记录
学生
*
学号
座号
姓名
借阅
*
借阅编号
学号
图书编号
字段: 学号 姓名 学号
表: 学生 学生 借阅
排序:
显示:
条件: Is Null

C)

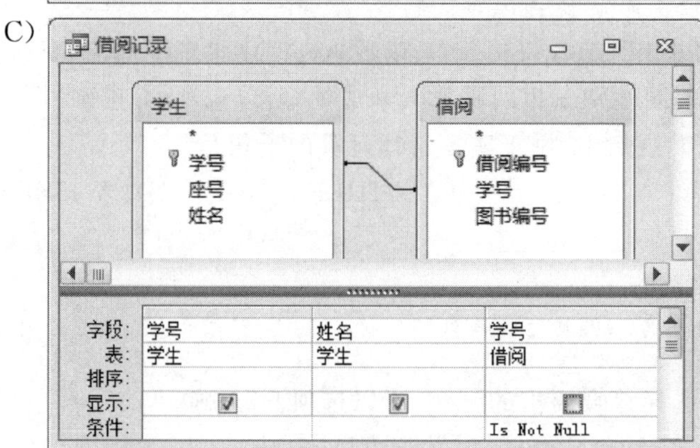
借阅记录
学生
*
学号
座号
姓名
借阅
*
借阅编号
学号
图书编号
字段: 学号 姓名 学号
表: 学生 学生 借阅
排序:
显示:
条件: Is Not Null

D)

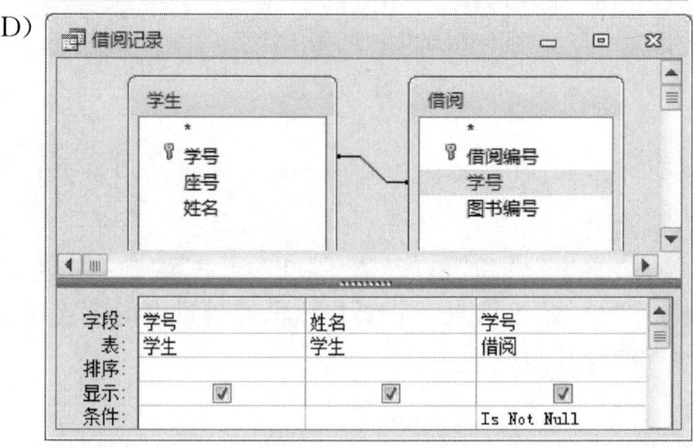
借阅记录
学生
*
学号
座号
姓名
借阅
*
借阅编号
学号
图书编号
字段: 学号 姓名 学号
表: 学生 学生 借阅
排序:
显示:
条件: Is Not Null

参考答案:A

【解析】要显示没有借过书的学生,说明在"借阅"表中没有该学生记录,即学号字段值为空,要把这些学生学号、姓名字段显示出来,故在"学生"表中要勾上学号、姓名两个字段,所以选项 A)的设计正确。

118. 在成绩中要查找成绩≥80 且成绩≤90 的学生,正确的条件表达式是( )。

A) 成绩 Between 80 And 90　　B) 成绩 Between 80 To 90

C) 成绩 Between 79 And 91　　D) 成绩 Between 79 To 91

参考答案:A

【解析】在查询准则中比较运算符"Between … And"用于设定范围,表示"在…之间",此题在成绩中要查找成绩≥80 且成绩≤90 的学生,表达式应为"成绩 Between 80 And 90",所以选项 A)正确。

119. 在数据表的"查找"操作中,通配符"[!]"的使用方法是( )。

A) 通配任意一个数字字符　　C) 通配不在方括号内的任意一个字符

B) 通配任意一个文本字符　　D) 通配位于方括号内的任意一个字符

参考答案:C

【解析】在数据表的"查找"操作中,通配符"!"的含义是匹配任意不在方括号里的字符,如 b[! ae]ll 可查到 bill 和 bull,但查不到 ball 或 bell。故选项 C)正确。

120. 在 Access 中已经建立了"学生"表,若查找"学号"是"S00001"或"S00002"的记录,应在查询设计视图的"条件"行中输入( )。

A) "S00001" and "S00002"　　B) not ("S00001" and "S00002")

C) in ("S00001" , "S00002")　　D) not in ("S00001" , "S00002")

参考答案:C

【解析】在查询准则中比较运算符"IN"用于集合设定,表示"在……之内"。若查找"学号"是"S00001"或"S00002"的记录应使用表达式 in("S00001","S00002"),所以选项 C)正确。

121. 下列关于操作查询的叙述中,错误的是( )。

A) 在更新查询中可以使用计算功能

B) 删除查询可删除符合条件的记录

C) 生成表查询生成的新表是原表的子集

D) 追加查询要求两个表的结构必须一致

参考答案:D

【解析】追加查询可以将符合查询条件的数据追加到一个已经存在的表中,该表可以是当前数据库中的一个表,也可以是另一个数据库中的表。没有要求这两个表必须结构一致。故选项 D)为正确答案。

122. 下列关于 SQL 命令的叙述中,正确的是( )。

A) DELETE 命令不能与 GROUP BY 关键字一起使用

B) SELECT 命令不能与 GROUP BY 关键字一起使用

C) INSERT 命令与 GROUP BY 关键字一起使用可以按分组将新记录插入到表中

D) UPDATE 命令与 GROUP BY 关键字一起使用可以按分组更新表中原有的记录

参考答案:A

【解析】SQL 查询中使用 Group by 子句用来进行分组统计,可以和 SELECT、INSERT、UPDATE 搭配使用,不能与 DELETE 搭配使用,所以选项 A)正确。

123. 将表 A 的记录添加到表 B 中,要求保持表 B 中原有记录,可以使用的查询是(　　)。

A) 选择查询　　　　B) 追加查询

C) 更新查询　　　　D) 生成表查询

参考答案:B

【解析】追加查询可以将符合查询条件的记录追加到一个已经存在的表中,该表可以是当前数据库中的一个表,也可以是另一个数据库中的表,所以选项 B)正确。

124. 下列关于 SQL 命令的叙述中,正确的是(　　)。

A) UPDATE 命令中必须有 FROM 关键字

B) UPDATE 命令中必须有 INTO 关键字

C) UPDATE 命令中必须有 SET 关键字

D) UPDATE 命令中必须有 WHERE 关键字

参考答案:C

【解析】在 SQL 查询中修改表中数据的语法结构为:Update tablename Set 字段名=value [where 条件],所以选项 C)正确。

125. 数据库中有"商品"表如下:执行 SQL 命令:

```
SELECT * FROM 商品 WHERE 单价 BETWEEN 3000 AND 10000;
```

查询结果的记录数是(　　)。

部门号	商品号	商品名称	单价	数量	产地
40	0101	A 牌电风扇	200.00	10	广东
40	0104	A 牌微波炉	350.00	10	广东
40	0105	B 牌微波炉	600.00	10	广东
20	1032	C 牌传真机	1000.00	20	上海
40	0107	D 牌微波炉_A	420.00	10	北京
20	0110	A 牌电话机	200.00	50	广东
20	0112	B 牌手机	2000.00	10	广东
40	0202	A 牌电冰箱	3000.00	2	广东
30	1041	B 牌计算机	6000.00	10	广东
30	0204	C 牌计算机	10000.00	10	上海

A) 1　　　　B) 2　　　　C) 3　　　　D) 10

参考答案:C

【解析】在查询准则中比较运算符"Between … And"用于设定范围,表示"在……之间",此题中 Between 3000 And 10000,包括 3000 和 10000,所以查询出来的结果有 3 条,故选项 C)正确。

126. 数据库中有"商品"表如下:正确的 SQL 命令是(　　)。

部门号	商品号	商品名称	单价	数量	产地
40	0101	A 牌电风扇	200.00	10	广东
40	0104	A 牌微波炉	350.00	10	广东
40	0105	B 牌微波炉	600.00	10	广东
20	1032	C 牌传真机	1000.00	20	上海
40	0107	D 牌微波炉_A	420.00	10	北京
20	0110	A 牌电话机	200.00	50	广东
20	0112	B 牌手机	2000.00	10	广东
40	0202	A 牌电冰箱	3000.00	2	广东
30	1041	B 牌计算机	6000.00	10	广东
30	0204	C 牌计算机	10000.00	10	上海

A) SELECT * FROM 商品 WHERE 单价>"0112";

B) SELECT * FROM 商品 WHERE EXISTS 单价 = "0112";

C) SELECT * FROM 商品 WHERE 单价>(SELECT * FROM 商品 WHERE 商品号 = "0112");

D) SELECT * FROM 商品 WHERE 单价>(SELECT 单价 FROM 商品 WHERE 商品号 = "0112");

参考答案:D

【解析】要查找出单价高于“0112”的商品记录,需要使用 SQL 的子查询,首先查找出“0112”号商品的单价,然后再找出单价大于此单价的记录,查询语句为:SELECT * FROM 商品 WHERE 单价>(SELECT 单价 FROM 商品 WHERE 商品号=“0112”),所以选项 D)正确。

127. 有商品表内容如下:

部门号	商品号	商品名称	单价	数量	产地
40	0101	A 牌电风扇	200.00	10	广东
40	0104	A 牌微波炉	350.00	10	广东
40	0105	B 牌微波炉	600.00	10	广东
20	1032	C 牌传真机	1000.00	20	上海
40	0107	D 牌微波炉_A	420.00	10	北京
20	0110	A 牌电话机	200.00	50	广东
20	0112	B 牌手机	2000.00	10	广东
40	0202	A 牌电冰箱	3000.00	2	广东
30	1041	B 牌计算机	6000.00	10	广东
30	0204	C 牌计算机	10000.00	10	上海

执行 SQL 命令:

SELECT 部门号,MAX(单价 * 数量) FROM 商品表 GROUP BY 部门号;

查询结果的记录数是(　　)。

A) 1　　B) 3　　C) 4　　D) 10

参考答案:B

【解析】该题中 SQL 查询的含义是按部门统计销售商品总价最高值,因为表中记录中共有 3 个部门,故统计结果应有 3 个,所以选项 B)正确。

128. 数据库中有“商品”表如下:执行 SQL 命令:

SELECT * FROM 商品 WHERE 单价 >(SELECT 单价 FROM 商品 WHERE 商品号=“0112”);

部门号	商品号	商品名称	单价	数量	产地
40	0101	A 牌电风扇	200.00	10	广东
40	0104	A 牌微波炉	350.00	10	广东
40	0105	B 牌微波炉	600.00	10	广东
20	1032	C 牌传真机	1000.00	20	上海
40	0107	D 牌微波炉_A	420.00	10	北京
20	0110	A 牌电话机	200.00	50	广东
20	0112	B 牌手机	2000.00	10	广东
40	0202	A 牌电冰箱	3000.00	2	广东
30	1041	B 牌计算机	6000.00	10	广东
30	0204	C 牌计算机	10000.00	10	上海

查询结果的记录数是(　　)。

A) 1　　B) 3　　C) 4　　D) 10

参考答案:B

【解析】要查找出单价高于“0112”的商品记录,需要使用 SQL 的子查询,首先查找出“0112”号商品的单价,然后再找出单价大于此单价的记录,查询语句为:SELECT * FROM 商品 WHERE 单价>(SELECT 单价 FROM 商品 WHERE 商品号=“0112”),商品号为“0112”的商品单价为 2000,单价大于 2000 的记录有 3 条,所以选项 B)正确。

129. 数据库中有“商品”表如下:

部门号	商品号	商品名称	单价	数量	产地
40	0101	A 牌电风扇	200.00	10	广东
40	0104	A 牌微波炉	350.00	10	广东
40	0105	B 牌微波炉	600.00	10	广东
20	1032	C 牌传真机	1000.00	20	上海
40	0107	D 牌微波炉_A	420.00	10	北京
20	0110	A 牌电话机	200.00	50	广东
20	0112	B 牌手机	2000.00	10	广东
40	0202	A 牌电冰箱	3000.00	2	广东
30	1041	B 牌计算机	6000.00	10	广东
30	0204	C 牌计算机	10000.00	10	上海

要查出单价大于等于3000并且小于10000的记录,正确的SQL命令是(　　)。

A) SELECT * FROM 商品 WHERE 单价 BETWEEN 3000 AND 10000;

B) SELECT * FROM 商品 WHERE 单价 BETWEEN 3000 TO 10000;

C) SELECT * FROM 商品 WHERE 单价 BETWEEN 3000 AND 9999;

D) SELECT * FROM 商品 WHERE 单价 BETWEEN 3000 TO 9999;

参考答案:C

【解析】在查询准则中比较运算符"Between … And"用于设定范围,表示"在……之间",此题要求查找大于等于3000,小于10000的记录,因为不包括10000,所以设定的范围为Between 3000 And 9999,答案C)正确。

130. 数据库中有"商品"表如下:执行SQL命令:

SELECT 部门号,MIN(单价 * 数量) FROM 商品 GROUP BY 部门号;

查询结果的记录数是(　　)。

部门号	商品号	商品名称	单价	数量	产地
40	0101	A牌电风扇	200.00	10	广东
40	0104	A牌微波炉	350.00	10	广东
40	0105	B牌微波炉	600.00	10	广东
20	1032	C牌传真机	1000.00	20	上海
40	0107	D牌微波炉_A	420.00	10	北京
20	0110	A牌电话机	200.00	50	广东
20	0112	B牌手机	2000.00	10	广东
40	0202	A牌电冰箱	3000.00	2	广东
30	1041	B牌计算机	6000.00	10	广东
30	0204	C牌计算机	10000.00	10	上海

A) 1　　B) 3　　C) 4　　D) 10

参考答案:B

【解析】该题中SQL查询的含义是利用GROUP BY子句按部门统计销售商品总价最小值,因为表中列出的部门有3个,故统计结果应有3条记录,所以选项B)正确。

131. 数据库中有"商品"表如下:

要查找出"40"号部门单价最高的前两条记录,正确的SQL命令是(　　)。

部门号	商品号	商品名称	单价	数量	产地
40	0101	A牌电风扇	200.00	10	广东
40	0104	A牌微波炉	350.00	10	广东
40	0105	B牌微波炉	600.00	10	广东
20	1032	C牌传真机	1000.00	20	上海
40	0107	D牌微波炉_A	420.00	10	北京
20	0110	A牌电话机	200.00	50	广东

部门号	商品号	商品名称	单价	数量	产地
20	0112	B牌手机	2000.00	10	广东
40	0202	A牌电冰箱	3000.00	2	广东
30	1041	B牌计算机	6000.00	10	广东
30	0204	C牌计算机	10000.00	10	上海

A) SELECT TOP 2 * FROM 商品 WHERE 部门号 = "40" GROUP BY 单价；

B) SELECT TOP 2 * FROM 商品 WHERE 部门号 = "40" GROUP BY 单价 DESC；

C) SELECT TOP 2 * FROM 商品 WHERE 部门号 = "40" ORDER BY 单价；

D) SELECT TOP 2 * FROM 商品 WHERE 部门号 = "40" ORDER BY 单价 DESC；

参考答案:D

【解析】要查找出“40”号部门单价最高的前两条记录，首先需要查找出部门号是40的所有记录，再用“ORDER BY 单价 DESC”对单价按降序排列，然后再利用“TOP 2”显示前两条记录，为实现此目的所使用的SQL语句只有D)答案能够满足，故答案D)正确。

132. 在Access中已经建立了“学生”表，若查找“学号”是“S00011”或“S00012”的记录，应在查询设计视图的“条件”行中输入(　　)。

A) ("S00011" or "S00012")　　B) Like("S00011","S00012")

C) "S00011" and "S00012"　　D) like "S00011" and like "S00012"

参考答案:A

【解析】在查询准则中比较运算符“IN”用于集合设定，表示“在……之内”。若查找“学号”是“S00011”或“S00012”的记录应使用表达式in(“S00011”，“S00012”)，也可以使用表达式(“S00011” or “S00012”)，所以选项A)正确。

133. 下列关于SQL命令的叙述中，正确的是(　　)。

A) INSERT命令中可以没有VALUES关键字

B) INSERT命令中可以没有INTO关键字

C) INSERT命令中必须有SET关键字

D) 以上说法均不正确

参考答案:D

【解析】SQL查询中的INSERT语句的作用是向数据表中插入数据，其语法结构为：

Insert into 表名(列名1,列名2,…,列名n) Values(值1,值2,…,值n)；

插入多少列，后面括号里面就跟多少值。从其语法结构可以看出选项A)、B)、C)说法均不正确，故选项D)为正确答案。

134. 下列关于查询设计视图“设计网格”各行作用的叙述中，错误的是(　　)。

A) “总计”行是用于对查询的字段进行求和

B) “表”行设置字段所在的表或查询的名称

C) “字段”行表示可以在此输入或添加字段的名称

D) “条件”行用于输入一个条件来限定记录的选择

参考答案:A

【解析】在查询设计视图中，“总计”行是系统提供的对查询中的记录组或全部记录进行的计算，它包括总计、平均值、计数、最大值、最小值、标准偏差或方差等。"表"行设置字段所在的表或查询的名称；"字段"行表示可以在此输入或添加字段的名称；"条件"行用于输入一个条件来限定记录的选择。答案为 A)选项。

135. 下列不属于查询设计视图"设计网格"中的选项是(　　)。

下面显示的是查询设计视图的"设计网格"部分：

字段:	姓名	性别	工作时间	系别
表:	教师	教师	教师	教师
排序:				
显示:	☑	☑	☑	☑
准则:		"女"	Year([工作时间])<1980	
或:				

A) 排序　　　B) 显示　　　C) 字段　　　D) 类型

参考答案：D

【解析】如下图所示，在查询设计视图中有"字段""排序"和"显示"等选项，没有"类型"选项，所以选项 D)为正确答案。

136. 在 Access 数据库中创建一个新表，应该使用的 SQL 语句是(　　)。

A) CREATE TABLE　　　B) CREATE INDEX

C) ALTER TABLE　　　D) CREATE DATABASE

参考答案：A

【解析】在 Access 数据库中创建一个新表，应该使用的 SQL 语句是 CREATE TABLE，所以答案为 A)。

137. 下面显示的是查询设计视图的"设计网格"部分：

从所显示的内容中可以判断出该查询要查找的是(　　)。

字段:	姓名	性别	工作时间	系别
表:	教师	教师	教师	教师
排序:				
显示:	☑	☑	☑	☑
条件:		"女"	Year([工作时间])<1980	

A) 性别为"女"并且 1980 年以前参加工作的记录

B) 性别为"女"并且 1980 年以后参加工作的记录

C) 性别为"女"或者 1980 年以前参加工作的记录

D) 性别为"女"或者 1980 年以后参加工作的记录

参考答案：A

【解析】从图中查询准则可以看出所要查询的是性别为女的教师，Year([工作时间])<1980 的含义是 1980 年以前参加工作的教师，这两条件须同时成立，所以答案为 A)。

138. 下列 SQL 查询语句中，与下面查询设计视图所示的查询结果等价的是(　　)。

A) SELECT 姓名，性别，所属院系，简历 FROM tStud WHERE 性别 = "女" AND 所属院系 IN ("03","04")

B) SELECT 姓名，简历 FROM tStud WHERE 性别 = "女" AND 所属院系 IN("03","04")

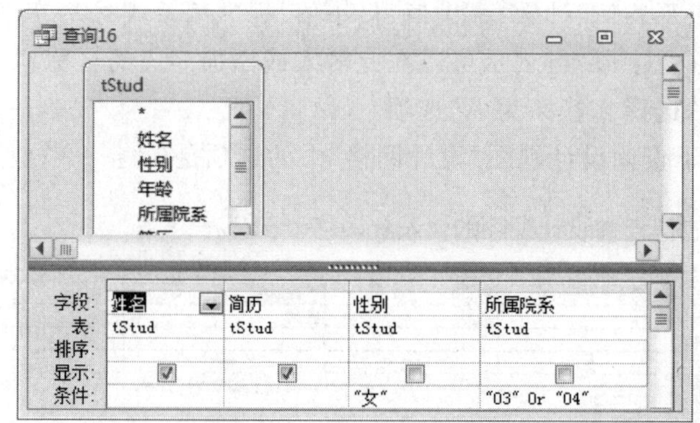

C) SELECT 姓名,性别,所属院系,简历 FROM tStud WHERE 性别 = "女" AND 所属院系 = "03" OR 所属院系 = "04"

D) SELECT 姓名,简历 FROM tStud WHERE 性别 = "女" AND 所属院系 = "03" OR 所属院系 = "04"

参考答案:B

【解析】根据此查询的设计视图勾选的"姓名"和"简历"两个字段,可以排除选项 A)和选项 C),从查询"准则"行中可以看出此查询要找出性别是女,且所属院系是"03"或"04"的记录,所以答案为 B)选项。

139. 在下列查询语句中,与

SELECT TAB1.* FROM TAB1 WHERE InStr([简历],"篮球")<>0

功能等价的语句是(　　)。

A) SELECT TAB1.* FROM TAB1 WHERE TAB1.简历 Like "篮球"

B) SELECT TAB1.* FROM TAB1 WHERE TAB1.简历 Like "*篮球"

C) SELECT TAB1.* FROM TAB1 WHERE TAB1.简历 Like "*篮球*"

D) SELECT TAB1.* FROM TAB1 WHERE TAB1.简历 Like "篮球*"

参考答案:C

【解析】Instr(String1,String2)函数返回一个整数,该整数指定第二个字符串 String2 在第一个字符串 String1 中的第一个匹配项的起始位置。此题中表示的是"篮球"在"简历"字段中只要出现,而不计位置,即简历中包含篮球两个字的记录。所以选项 C)正确。

查询类真题

140. 要查询 1990 年下半年出生的人员,在查询设计视图的"出生日期"列的条件单元格中,可输入的条件表达式是(　　)。

A) >#1990-7-1# And <#1991-1-1#

B) >=#1990-7-1# And <=#1990-12-30#

C) Between #1990-7-1# And #1990-12-31#

D) >=#1990-1-1# And <=#1990-12-31#

参考答案:C

141. SQL 的数据操纵语句不包括(　　)。

A) UPDATE　　B) CHANGE　　C) DELETE　　D) INSERT

参考答案:B

142. 下列关于生成表查询的叙述中,错误的是(　　)。

A) 查询得到的新表独立于数据源

B) 查询得到的新表不继承原表的主键设置

C) 查询的结果可产生一个新表

D) 对生成表的操作可影响原表

参考答案:D

143. 将表“学生名单2”的记录复制到表“学生名单1”中,且不删除表“学生名单1”中的记录,应使用的查询方式是(　　)。

A) 生成表查询　　B) 交叉表查询　　C) 追加查询　　D) 删除查询

参考答案:C

144. 在表Students(学号,姓名,性别,专业)中,下列SQL语句中错误的是(　　)。

A) SELECT DISTINCT 专业 FROM Students;

B) SELECT 专业 FROM Students;

C) SELECT COUNT(*) 人数 FROM Students;

D) SELECT * FROM Students;

参考答案:C

145. 能够实现从指定记录集里检索特定字段值的函数是(　　)。

A) Lookup　　B) Find　　C) DLookUp　　D) DFind

参考答案:C

146. 在Access表中,要查找包含星号(*)的记录,在“查找内容”框中应填写的内容是(　　)。

A) *[*]*　　B) like“*”　　C) [*]　　D) *

参考答案:A。

147. 在人事档案数据表中有“参加工作时间”字段(日期/时间类型),要使用SQL语句查找参加工作在30年以上的员工信息,下列条件表达式中,错误的是:(　　)。

A) DateDiff("YYY",[参加工作时间],Date())>=30

B) [参加工作时间]<=DateAdd("YYY",-30,Date())

C) Year(Date())-year([参加工作时间])>=30

D) [参加工作时间]<=INT(Date()/365)-30

参考答案:A

148. INSERT语句的功能是(　　)。

A) 更新记录　　B) 插入记录　　C) 筛选记录　　D) 删除记录

参考答案:B

149. 在表中进行筛选操作,筛选的结果是(　　)。

A) 表中只保留符合条件的记录,不符合条件的记录被删除

B) 表中只保留不符合条件的记录,符合条件的记录被删除

C) 表中只显示不符合条件的记录,符合条件的记录被隐藏

D) 表中只显示符合条件的记录,不符合条件的记录被隐藏

参考答案:D

150. 在"教师"表中有姓名、性别、出生日期等字段,查询并显示女性中年龄最小的教师,并显示姓名、性别和年龄,正确的 SQL 命令是(　　)。

A) SELECT 姓名,性别,年龄 FROM 教师 WHERE 年龄 = MIN(YEAR(DATE())-YEAR([出生日期])) AND 性别 = 女

B) SELECT 姓名,性别,年龄 FROM 教师 WHERE 年龄 = MIN(YEAR(DATE())-YEAR([出生日期])) AND 性别 = "女"

C) SELECT 姓名,性别, MIN(YEAR(DATE())-YEAR([出生日期])) AS 年龄 FROM 教师 WHERE 性别 = 女

D) SELECT 姓名,性别, MIN(YEAR(DATE())-YEAR([出生日期])) AS 年龄 FROM 教师 WHERE 性别 = "女"

参考答案:D

151. 正确的生成表查询 SQL 语句是(　　)。

A) Select * from 数据源表 into 新表　　B) Select * from 数据源表 set 新表

C) Select * into 新表 from 数据源表　　D) Select * set 新表 from 数据源表

参考答案:A

152. 要查找职务不是"经理"和"主管"的员工,错误的条件表达式是(　　)。

A) Not "经理" And Not "主管"　　B)Not ("经理" Or "主管")

C) Not like ("经理" Or "主管")　　D) Not in ("经理","主管")

参考答案:B

153. 若查询的设计如下,则查询的功能是(　　)。

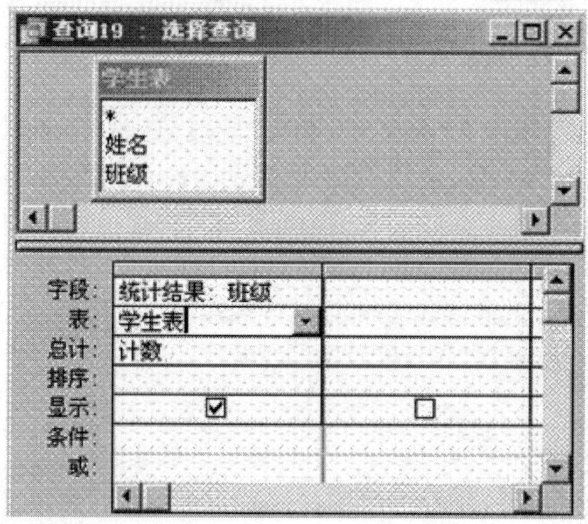

A) 设计尚未完成,无法进行统计

B) 统计班级信息包括 Null(空)值全部记录个数

C) 统计班级信息不包括 Null(空)值的记录个数

D) 统计班级信息仅含 Null(空)值的记录个数

参考答案:A

154. 如果在数据库中已有同名的表,要通过查询覆盖原来的表,应该使用的查询类型是(　　)。

A) 追加　　B) 更新　　C) 生成表　　D) 删除

参考答案:B

155. 已知"产品表"(产品编码,产品名称,单价),另有"新产品表"(产品编码,产品名称,单价)。如果根据产品编码,一件产品只在"新产品表"中出现,则要将该产品追加到"产品表"中;如果一件产品在"产品表"和"新产品表"中同时出现,则用"新产品表"中的单价修改"产品表"中相应产品的单价,为实现上述要求,应使用的方法是(　　)。

A) 生成表查询　　B) 编 VBA 程序　　C) 追加查询　　D) 更新查询

参考答案:B

156. 下列关于 DROP TABLE 语句功能的描述中,正确的是(　　)。

A) 删除指定的表及其记录　　B) 删除指定表中的指定索引

C) 删除指定表中的指定字段　　D) 删除指定表中的全部记录

参考答案:A

157. 已知"产品表"(产品编码,产品名称,单价)和"新价格表"(产品编码,单价)。要使用"新价格表"中的单价修改"产品表"中相应产品的单价,应使用的方法是(　　)。

A) 更新查询　　B) 生成表查询　　C) 删除查询　　D) 追加查询

参考答案:A

158. 若在设计视图中创建一个查询,查找平均分在 85 分以上的女生,并显示姓名、性别和平均分,正确的设置查询条件的方法是(　　)。

A) 在姓名的"条件"单元格中输入:平均分>=85 And 性别="女"

B) 在平均分"条件"单元格中输入:平均分>=85;在性别"条件"单元格中输入:性别="女"

C) 在平均分的"条件"单元格中输入:>=85;在性别的"条件"单元格中输入:"女"

D) 在姓名的"条件"单元格中输入:平均分>=85 or 性别="女"

参考答案:C

159. 在 Access 中有"教师"表,表中有"教师编号""姓名""职称"和"工资"等字段。执行如下 SQL 命令:

SELECT 性别,Avg(工资) FROM 教师 GROUP BY 性别;

其结果是(　　)。

A) 计算男女职工工资的平均值,并显示性别和总工资平均值

B) 计算男女职工工资的平均值,并显示性别和按性别区分的平均值

C) 计算工资的平均值,并按性别顺序显示每位教师的工资和工资的平均值

D) 计算工资的平均值,并按性别顺别显示每位老师的性别和工资

参考答案:B

160. 运行时根据输入的查询条件,从一个或多个表中获取数据并显示结果的查询称为(　　)。

A) 参数查询　　B) 操作查询　　C) 选择查询　　D) 交叉表查询

参考答案:A

161. 在 Access 中,与 Like 一起使用时,代表任一数字的是(　　)。

A) $　　B) #　　C) *　　D) ?

参考答案:C

162. 要调整数据表中信息系 1990 年以前参加工作教师的住房公积金,应使用的查询是(　　)。

A) 更新查询　　B) 生成表查询　　C) 追加查询　　D) 删除查询

参考答案:A

163. Access 数据库中,SQL 查询中的 Group By 子句的作用是(　　)。

A) 按指定字段分组　　B) 指定查询条件

C) 对查询进行排序　　D) 按指定字段列表

参考答案:A

164. 在表 Students(学号,姓名,性别,出生年月)中,要统计学生的人数和平均年龄,应使用的语句是(　　)。

A) SELECT COUNT(*) AS 人数,AVG(YEAR(出生年月)) AS 平均年龄 FROM Students;

B) SELECT COUNT(*) AS 人数,AVG(YEAR(DATE())-YEAR(出生年月)) AS 平均年龄 FROM Students;

C) SELECT COUNT() AS 人数,AVG(YEAR(DATE())-YEAR(出生年月)) AS 平均年龄 FROM Students;

D) SELECT COUNT() AS 人数,AVG(YEAR(出生年月)) AS 平均年龄 FROM Students;

参考答案:B

165. 在"成绩"表中,查找出"考试成绩"排在前 5 位的记录,正确的 SQL 命令是(　　)。

A) SELECT TOP 5 考试成绩 FROM 成绩 ORDER BY 考试成绩

B) SELECT TOP 5 考试成绩 FROM 成绩 ORDER BY 考试成绩 DESC

C) SELECT TOP 5 考试成绩 FROM 成绩 GROUP BY 考试成绩 DESC

D) SELECT TOP 5 考试成绩 FROM 成绩 GROUP BY 考试成绩

参考答案:B

166. 图书表中有"出版日期"字段,若需查询出版日期在 1990 年到 1999 年出版物,正确的表达式是(　　)。

A) Between #199? /1/1# and #199? /12/31#

B) in("199? / * / * ")

C) like #1999/ * / * #

D) like "199? / * / * "

参考答案:C

167. 在数据库中已有"tStudent"表,若要通过查询覆盖"tStudent"表,应使用的查询类型是(　　)。

A) 生成表　　B) 追加　　C) 更新　　D) 删除

参考答案:C

168. 下列关于查询设计视图的"设计网格"选项作用的叙述中,错误的是(　　)。

A)"条件"用于输入一个条件来限定记录的选择

B)"总计"是用于对查询的字段进行求和

C)"字段"表示可以在此输入或添加的字段名称

D)"表"是设置字段所在表或查询的名称

参考答案:D

169. 在"职工"表中有姓名、性别和生日等3个字段,要查询所有年龄大于50岁职工的姓名、性别和年龄,正确的SQL命令是( )。

A) SELECT 姓名,性别,YEAR(DATE())-YEAR([生日]) AS 年龄 FROM 职工 WHERE YEAR(DATE())-YEAR([生日])>50

B) SELECT 姓名,性别,YEAR(DATE())-YEAR([生日]) AS 年龄 FROM 职工 WHERE 年龄>50

C) SELECT 姓名,性别,YEAR(DATE())-YEAR([生日]) 年龄 FROM 职工 WHERE 年龄>50

D) SELECT 姓名,性别,YEAR(DATE())-YEAR([生日]) 年龄 FROM 职工 WHERE YEAR(DATE())-YEAR([生日])>50

参考答案:A

170. 为方便用户的输入操作,可在屏幕上显示提示信息。在设计查询条件时可以将提示信息写在特定的符号之中,该符号是( )。

A) [] B) () C) {} D) <>

参考答案:A

171. 在"教师"表中有姓名、性别、出生日期等字段,查询并显示男性中年龄最大的教师,并显示姓名、性别和年龄,正确的SQL命令是( )。

A) SELECT 姓名,性别,年龄 FROM 教师 WHERE 年龄 = MAX(YEAR(DATE())-YEAR([出生日期])) AND 性别 = "男"

B) SELECT 姓名,性别,MAX(YEAR(DATE())-YEAR([出生日期])) AS 年龄 FROM 教师 WHERE 性别 = "男"

C) SELECT 姓名,性别,年龄 FROM 教师 WHERE 年龄 = MAX(YEAR(DATE())-YEAR([出生日期])) AND 性别 = 男

D) SELECT 姓名,性别,MAX(YEAR(DATE())-YEAR([出生日期])) AS 年龄 FROM 教师 WHERE 性别 = 男

参考答案:B

172. 要查找职务不是"校长"和"处长"的员工,错误的条件表达是( )。

A) Not like ("校长" Or "处长") B) Not "校长" And Not "处长"

C) Not in ("校长", "处长") D) Not ("校长" or "处长")

参考答案:D

173. 用SQL语言描述"在教师表中查找男教师的全部信息",下列描述中,正确的是( )。

A) SELECT 性别 FROM 教师表 IF(性别="男")

B) SELECT FROM 教师表 IF(性别="男")

C) SELECT * FROM 性别 WHERE(性别="男")

D) SELECT * FROM 教师表 WHERE(性别="男")

参考答案:D

174. SQL 的数据操纵语句不包括(　　)。

A) INSERT　　B) UPDATE　　C) DELETE　　D) CHANGE

参考答案:D

175. "职工表"中有字段职工编号、姓名和科室等字段,要将表中全部记录的"科室"字段的内容清空,应使用的查询是(　　)。

A) 更新查询　　B) 追加查询　　C) 删除查询　　D) 生成表查询

参考答案:A

176. 已知代码如下:

```
Dim strSQL As String
strSQL = "create table Student ("
strSQL = strSQL + "Sno CHAR(10) PRIMARY KEY"
strSQL = strSQL + "Sname VARCHAR(15) NOT NULL, "
strSQL = strSQL + "Ssex CHAR(1) NOT NULL, "
strSQL = strSQL + "Sage SMALLINT, "
strSQL = strSQL + "Sphoto IMAGE ) ; "
DoCmd.RunSQL strSQL
```

以上代码实现的功能是(　　)。

A) 为 Student 表设置关键字　　B) 动态创建 Student 表

C) 删除 Student 表中指定的字段　　D) 为 Student 表建立索引

参考答案:B

177. 创建参数查询时,在查询设计视图"条件"行中将参数提示信息括起来的括号是(　　)。

A) < >　　B) [ ]　　C) ( )　　D) { }

参考答案:B

178. 从"图书"表中查找出定价高于"图书编号"为"115"的图书的记录,正确的 SQL 命令是(　　)。

A) SELECT * FROM 图书 WHERE EXISTS 定价 = "115"

B) SELECT * FROM 图书 WHERE 定价>(SELECT 定价 FROM 图书 WHERE 图书编号 = "115")

C) SELECT * FROM 图书 WHERE 定价>(SELECT * FROM 图书 WHERE 图书编号 = "115")

D) SELECT * FROM 图书 WHERE 定价>"115"

参考答案:B

179. 在已建"职工"表中有姓名、性别、出生日期等字段,查询并显示女职工年龄最小的职工姓名、性别和年龄,正确的 SQL 命令是(　　)。

A) SELECT 职工姓名,性别,年龄 FROM 职工 WHERE 年龄 = MIN(YEAR(DATE())-YEAR([出生日期])) AND 性别 = 女

B) SELECT 姓名,性别,MIN(YEAR(DATE())-YEAR([出生日期])) AS 年龄 FROM 职工 WHERE 性别 = 女

C) SELECT 职工姓名,性别,年龄 FROM 职工 WHERE 年龄 = MIN(YEAR(DATE())-YEAR([出生日期])) AND 性别 = "女"

D) SELECT 姓名,性别,MIN(YEAR(DATE())-YEAR([出生日期])) AS 年龄 FROM 职工

WHERE 性别 = "女"

参考答案:D

180. 对数据表进行筛选操作的结果是将(　　)。

A) 不满足条件的记录从表中删除　　B) 不满足条件的记录保存在新表中

C) 不满足条件的记录从表中隐藏　　D) 满足条件的记录保存在新表中

参考答案:C

181. 使用 SQL 命令不能创建的对象是(　　)。

A) 选择查询　　B) 数据表　　C) 操作查询　　D) 窗体

参考答案:D

182. 若使用如下代码创建数据表“Student”:

```
Dim strSQL As String
strSQL = "create table Student ("
strSQL = strSQL + " Sno CHAR(10) PRIMARY KEY, "
strSQL = strSQL + " Sname VARCHAR(15) NOT NULL, "
strSQL = strSQL + " Sparty BIT, "
strSQL = strSQL + " Sphoto IMAGE ); "
DoCmd.RunSQL strSQL
```

下列关于“Student”字段的叙述中,错误的是(　　)。

A) Sphoto 为备注型　　B) Sparty 为是否型

C) 设置 Sno 为主键　　D) 设置 Sname 为非空

参考答案:A 字段 Sphoto 为 OLE 对象

183. INSERT 语句的功能是(　　)。

A) 插入记录　　B) 筛选记录　　C) 更新记录　　D) 删除记录

参考答案:A

184. 在人事档案数据表中有“参加工作时间”字段(日期/时间类型),要使用 SQL 语句查找参加工作在 30 年以上的员工信息,下列条件表达式中,错误的是:(　　)。

A) [参加工作时间]<=INT(Date()/365)-30

B)[参加工作时间]<=DateAdd(“YYYY”,-30,Date())

C) DateDiff(“YYYY”,[参加工作时间],Date())>=30

D) Year(Date()) - Year([参加工作时间])>=30

参考答案:A

185. 在“教师”表中有姓名、性别、出生日期等字段,查询并显示女性中年龄最小的教师,并显示姓名、性别和年龄,正确的 SQL 命令是(　　)。

A) SELECT 姓名,性别,年龄 FROM 教师 WHERE 年龄 = MIN(YEAR(DATE())-YEAR([出生日期])) AND 性别 = "女"

B) SELECT 姓名,性别,MIN(YEAR(DATE())-YEAR([出生日期])) AS 年龄 FROM 教师 WHERE 性别 = "女"

C) SELECT 姓名,性别,年龄 FROM 教师 WHILE 年龄 = MIN(YEAR (DATE())-YEAR([出生日期])) AND 性别 = 女

D) SELECT 姓名,性别,MIN(YEAR(DATE())-YEAR([出生日期])) AS 年龄 FROM 教师

WHILE 性别 = 女

参考答案:B

186. 在 Access 表中,要查找包含星号(*)的记录,在“查找内容”框中应填写的内容是(　　)。

A) *[*]*　　B) like “*”　　C) [*]　　D) *

参考答案:A

187. 在窗体中有一名为“Command1”的命令按钮,对应的单击事件代码为:

```
Private Sub Command1_Click()
    subT.Form.RecordSource = "select * from 雇员"
End Sub
```

单击该按钮实现的功能是

A) 将 subT 子窗体的数据来源设置为“雇员”表

B) 使用 select 命令查找“雇员”表中的所有记录

C) 将 subT 子窗体的数据来源设置为一个字符串

D) 使用 select 命令查找并显示“雇员”表中的所有记录

参考答案:A

188. 现有“产品表”(产品编码,产品名称,单价),另有“新价格表”(产品编码,单价)。要使用“新价格表”中的单价修改“产品表”中相应产品编码的单价,应使用的查询是(　　)。

A) 生成表查询　　B) 交叉表查询　　C) 追加查询　　D) 更新查询

参考答案:D

四、窗体类选择题

189. 在教师信息输入窗体中,为职称字段提供“教授”“副教授”“讲师”等选项供用户直接选择,最合适的控件是(　　)。

A) 标签　　B) 复选框　　C) 文本框　　D) 组合框

参考答案:D

【解析】组合框或列表框可以从一个表或查询中取得数据,或从一个值列表中取得数据,在输入时,我们从列出的选项值中选择需要的项,从而保证同一个数据信息在数据库中存储的是同一个值。所以选项 D)是正确的。

190. 在窗体设计过程中,命令按钮 Command0 的事件属性设置如下所示,则含义是(　　)。

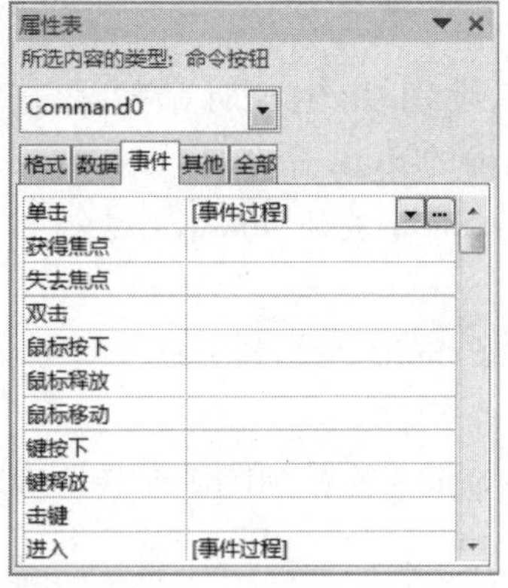

A）只能为“进入”事件和“单击”事件编写事件过程

B）不能为“进入”事件和“单击”事件编写事件过程

C）“进入”事件和“单击”事件执行的是同一事件过程

D）已经为“进入”事件和“单击”事件编写了事件过程

参考答案：D

【解析】在控件属性对话框中“事件”选项卡中列出的事件表示已经添加成功的事件，所以该题中选项 D)为正确答案。

191. 发生在控件接收焦点之前的事件是(　　)。

A）Enter　　B）Exit　　C）GotFocus　　D）LostFocus

参考答案：A

【解析】控件的焦点事件发生顺序为：Enter→GotFocus→操作事件→Exit→LostFocus。其中 GotFocus 表示控件接收焦点事件，LostFocus 表示控件失去焦点事件。所以选项 A)为正确答案。

192. 在宏参数中，要引用窗体 F1 上的 Text1 文本框的值，应该使用的表达式是(　　)。

A）[Forms]! [F1]! [Text1]　　B）Text1

C）[F1].[Text1]　　D）[Forms]_[F1]_[Text1]

参考答案：A

【解析】宏在输入条件表达式时可能会引用窗体或报表上的控件值，使用语法如下：Forms! [窗体名]! [控件名]或[Forms]! [窗体名]! [控件名]和 Reports! [报表名]! [控件名]或[Reports]! [报表名]! [控件名]。所以选项 A)正确。

193. 在运行宏的过程中，宏不能修改的是(　　)。

A）窗体　　B）宏本身　　C）表　　D）数据库

参考答案：B

【解析】宏是一个或多个操作组成的集合，在宏运行过程中，可以打开关闭数据库，可以修改窗体属性设置，可以执行查询操作数据表对象，但不能修改宏本身。

194. 为窗体或报表的控件设置属性值的正确宏操作命令是(　　)。

A）Set　　B）SetData　　C）SetValue　　D）SetWarnings

参考答案：C

【解析】宏操作命令中 SetValue 用于为窗体、窗体数据表或报表上的控件、字段或属性设置值；SetWarnings 用于关闭或打开所有的系统消息。

195. 要求在文本框中输入文本时显示密码“*”的效果，则应该设置的属性是(　　)。

A）默认值　　B）有效性文本　　C）输入掩码　　D）密码

参考答案：C

【解析】将“输入掩码”属性设置为“密码”，以创建密码输入项文本框。文本框中键入的任何字符都按原字符保存，但显示为星号(*)。选项 C)正确。

196. 输入掩码字符“&”的含义是(　　)。

A）必须输入字母或数字

B）可以选择输入字母或数字

C）必须输入一个任意字符或一个空格

D）可以选择输入任意字符或一个空格

参考答案:C

【解析】输入掩码的符号中“&”表示的是输入任一字符或空格(必选项)。所以选项 C)正确。

197. 在学生表中使用“照片”字段存放相片，当使用向导为该表创建窗体时，照片字段使用的默认控件是(　　)。

A）图形　　B）图像

C）绑定对象框　　D）未绑定对象框

参考答案:C

【解析】图形控件用于在窗体上绘制图形；图像控件用于显示静态图片，在 Access 中不能对图片进行编辑；绑定对象框控件用于显示 OLE 对象，一般用来显示记录源中 OLE 类型的字段的值。当记录改变时，该对象会一起改变；未绑定对象框控件用于显示未结合的 OLE 对象。当记录改变时，该对象不会改变。学生表中的学生照片在移动学生记录时会发生变动，所以选项 C)正确。

198. 若窗体 Frm1 中有一个命令按钮 Cmd1，则窗体和命令按钮的 Click 事件过程名分别为(　　)。

A）Form_Click()和 Command1_Click()

B）Frm1_Click()和 Commamd1_Click()

C）Form_Click()和 Cmd1_Click()

D）Frm1_Click()和 Cmd1_Click()

参考答案:C

【解析】窗体的单击事件过程统一用 Form_Click()，不需要使用窗体名称，而命令按钮事件过程需要使用按钮名称，则为 Cmd1_Click()。故本题答案为 C)。

199. 为窗体或报表上的控件设置属性值的宏操作是(　　)。

A）Beep　　B）Echo　　C）MsgBox　　D）SetValue

参考答案:D

【解析】为窗体或报表上的控件设置属性值的宏操作是 SetValue，宏操作 Beep 用于使计算机发出“嘟嘟”声，宏操作 MsgBox 用于显示消息框。

200. 在设计条件宏时，要代替重复条件表达式可以使用符号(　　)。

A）…　　B）：　　C）！　　D）＝

参考答案:A

【解析】创建条件宏时，经常会出现操作格式相同的事件，可以简单地用省略号(…)来表示。

201. 要显示当前过程中的所有变量及对象的取值，可以利用的调试窗口是(　　)。

A）监视窗口　　B）调用堆栈　　C）立即窗口　　D）本地窗口

参考答案:D

【解析】本地窗口内部自动显示出所有在当前过程中的变量声明及变量值。本地窗口打开后，列表中的第一项内容是一个特殊的模块变量。对于类模块，定义为 Me。Me 是对当前模块定义的当前实例的引用。由于它是对象引用，因而可以展开显示当前实例的全部属性和数据成员。

202. 在 Access 中，可用于设计输入界面的对象是（　　）。

A）窗体　　B）报表　　C）查询　　D）表

参考答案：A

【解析】窗体是 Access 数据库对象中最具灵活性的一个对象，可以用于设计输入界面。其数据源可以是表或查询。

203. 因修改文本框中的数据而触发的事件是（　　）。

A）Change　　B）Edit　　C）GotFocus　　D）LostFocus

参考答案：A

【解析】Change 事件是因修改文本框中的数据而触发的事件；Edit 事件是因控件对象被编辑而触发的事件；GotFocus 是控件对象获得焦点时触发的事件；LostFocus 是控件对象失去焦点时触发的事件。所以此题答案为 A）。

204. 启动窗体时，系统首先执行的事件过程是（　　）。

A）Load　　B）Click　　C）Unload　　D）GotFocus

参考答案：A

【解析】Access 开启窗体时事件发生的顺序是：开启窗体：Open（窗体）→Load（窗体）→Resize（窗体）→Activate（窗体）→Current（窗体）→Enter（第一个拥有焦点的控件）→GotFocus（第一个拥有焦点的控件），所以此题答案为 A）。

205. 在打开窗体时，依次发生的事件是（　　）。

A）打开（Open）→加载（Load）→调整大小（Resize）→激活（Activate）

B）打开（Open）→激活（Activate）→加载（Load）→调整大小（Resize）

C）打开（Open）→调整大小（Resize）→加载（Load）→激活（Activate）

D）打开（Open）→激活（Activate）→调整大小（Resize）→加载（Load）

参考答案：A

【解析】Access 开启窗体时事件发生的顺序是：开启窗体：Open（窗体）→Load（窗体）→Resize（窗体）→Activate（窗体）→Current（窗体）→Enter（第一个拥有焦点的控件）→GotFocus（第一个拥有焦点的控件），所以此题答案为 A）。

206. 在 Access 中为窗体上的控件设置 Tab 键的顺序，应选择"属性"对话框的（　　）。

A）"格式"选项卡　　B）"数据"选项卡

C）"事件"选项卡　　D）"其他"选项卡

参考答案：D

【解析】在 Access 中为窗体上的控件设置 Tab 键的顺序，应选择"属性"对话框的"其他"选项卡中的"Tab 键索引"选项进行设置，故答案为 D）。

207. 若在"销售总数"窗体中有"订货总数"文本框控件，能正确引用控件值的是（　　）。

A）Forms.[销售总数].[订货总数]　　B）Forms![销售总数].[订货总数]

C）Forms.[销售总数]![订货总数]　　D）Forms![销售总数]![订货总数]

参考答案：D

【解析】引用窗体或报表上的控件值，使用语法如下：Forms![窗体名]![控件名]或[Forms]![窗体名]![控件名]和 Reports![报表名]![控件名]或[Reports]![报表名]! [控件名]。故答案为 D)选项。

208. 某学生成绩管理系统的“主窗体”如下图左侧所示，点击“退出系统”按钮会弹出下图右侧“请确认”提示框；如果继续点击“是”按钮，才会关闭主窗体退出系统，如果点击“否”按钮，则会返回“主窗体”继续运行系统。

为了达到这样的运行效果，在设计主窗体时为“退出系统”按钮的“单击”事件设置了一个“退出系统”宏。正确的宏设计是(　　)。

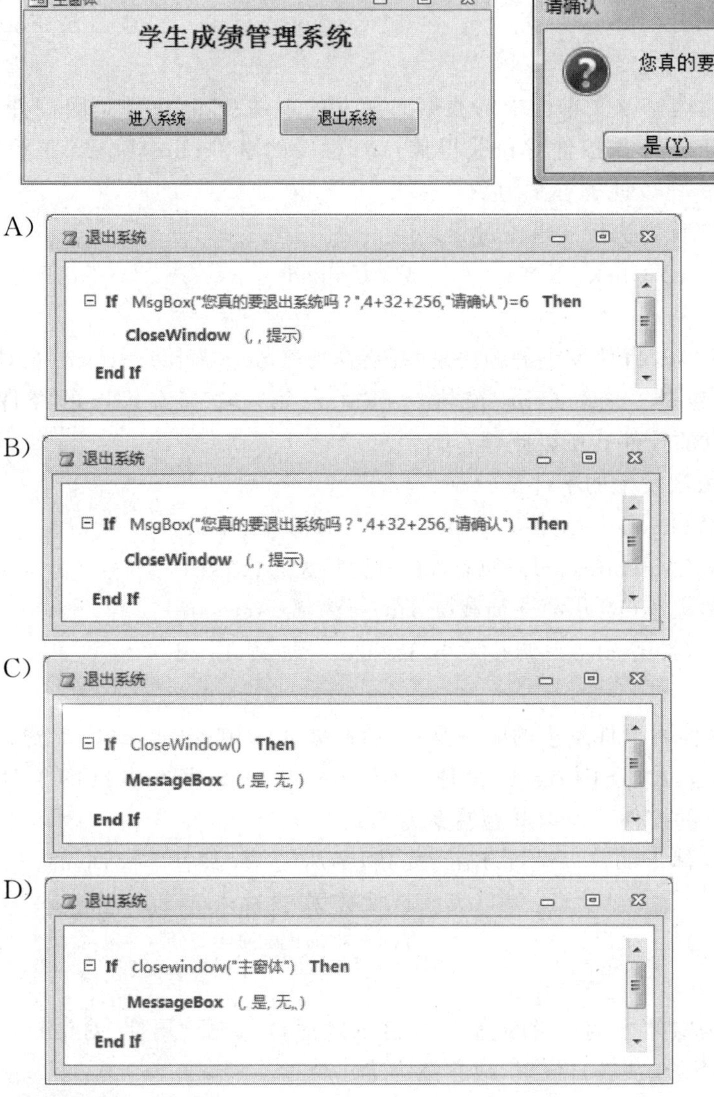

参考答案：A

【解析】此题考查条件宏的创建，在条件列输入要满足什么条件，才能执行后面的操作。执行 MsgBox(“你真的要退出系统吗？”,4＋32＋256,“请确认”)＝6 这一句后会弹出一个消息框，提示用户选择“是”或“否”，如果选择“是”，则返回值为 6，选择“否”，返回值为 7。就是判断用户单击的是“是”按钮还是“否”按钮，如果选择“是”则条件表达式为真，执行 Close 关闭操作。

209. 下列属性中，属于窗体的“数据”类属性的是(　　)。

A) 记录源　　B) 自动居中　　C) 获得焦点　　D) 记录选择器

参考答案:A

【解析】在窗体的属性中，“记录源”属于“数据”属性；“自动居中”属于“格式”属性；“获得焦点”属于“事件”属性；“记录选择器”属于“格式”属性；故答案为 A)选项。

210. 如果在文本框内输入数据后，按<Enter>键或按<Tab>键，输入焦点可立即移至下一指定文本框，应设置(　　)。

A) “制表位”属性　　B) “Tab 键索引”属性

C) “自动 Tab 键”属性　　D) “Enter 键行为”属性

参考答案:B

【解析】在 Access 中为窗体上的控件设置 Tab 键的顺序，应选择“属性”对话框的“其他”选项卡中的“Tab 键索引”选项进行设置，故答案为 B)。

211. 窗体 Caption 属性的作用是(　　)。

A) 确定窗体的标题　　B) 确定窗体的名称

C) 确定窗体的边界类型　　D) 确定窗体的字体

参考答案:A

【解析】窗体 Caption 属性的作用是确定窗体的标题，故答案为 A)。

212. 下列叙述中，错误的是(　　)。

A) 宏能够一次完成多个操作

B) 可以将多个宏组成一个宏组

C) 可以用编程的方法来实现宏

D) 宏命令一般由动作名和操作参数组成

参考答案:C

【解析】宏是由一个或多个操作组成的集合，可以用 Access 中的宏生成器来创建和编辑宏，但不能通过编程实现。宏由条件、操作、操作参数等构成。因此，C)选项错误。

213. 在宏表达式中要引用 Form1 窗体中的 txt1 控件的值，正确的引用方法是(　　)。

A) Form1！txt1　　B) txt1

C)Forms！Form1！txt1　　D) Forms！txt1

参考答案:C

【解析】在宏表达式中，引用窗体的控件值的格式是:Forms！窗体名！控件名[.属性名]。

214. 在代码中引用一个窗体时，应使用的属性是(　　)。

A) Caption　　B) Name　　C) Text　　D) Index

参考答案:B

【解析】在代码中引用一个窗体时，应使用的属性是 Name 属性，即名称属性。其中选项 A)的 Caption 属性表示控件的标题属性；选项 C)的 Text 属性表示控件的文本属性；选项 D)的 Index 属性表示控件的索引编号。所以答案为 B)。

215. 确定一个窗体大小的属性是(　　)。

A) Width 和 Height　　B) Width 和 Top

C) Top 和 Left　　D) Top 和 Height

参考答案:A

【解析】确定一个窗体大小的属性是控件的宽和高属性,即 Width 和 Height,选项 A)为正确答案。C)的两个属性确定对象的位置。

216. 对话框在关闭前,不能继续执行应用程序的其他部分,这种对话框称为(　　)。

A) 输入对话框　　B) 输出对话框

C) 模态对话框　　D) 非模态对话框

参考答案:C

【解析】对话框按执行方式原理不同分为两种:模态对话框和非模态对话框。模态对话框,是指在继续执行应用程序的其他部分之前,必须先关闭对话框;非模态对话框允许在对话框与其他窗体间转移焦点而不必关闭对话框。所以选项 C)为正确答案。也称模式对话框和非模式对话框。

217. Access 的"切换面板"归属的对象是(　　)。

A) 表　　B) 查询　　C) 窗体　　D) 页

参考答案:C

【解析】"切换面板"是一种特殊类型的窗体,缺省的切换面板名为"SwitchBoard",当用系统的"切换面板管理器"创建切换面板时,Access 会创建一个"切换面板项目"表,用来描述窗体上的按钮显示什么以及具有什么功能。所以答案为 C)。

218. 假定窗体的名称为 fTest,将窗体的标题设置为"Sample"的语句是(　　)。

A) Me = "Sample"　　B) Me. Caption = "Sample"

C) Me. Text = "Sample"　　D) Me. Name = "Sample"

参考答案:B

【解析】窗体 Caption 属性的作用是确定窗体的标题,设置当前窗体的属性时可以用 Me 来表示当前窗体,故答案为 B)。

219. 下列选项中,所有控件共有的属性是(　　)。

A) Caption　　B) Value　　C) Text　　D) Name

参考答案:D

【解析】所有控件共有的属性是 Name 属性,因为在代码中引用一个控件时,Name 属性是必须使用的控件属性,所以答案为 D)。

220. 要使窗体上的按钮运行时不可见,需要设置的属性是(　　)。

A) Enabled　　B) Visible　　C) Default　　D) Cancel

参考答案:B

【解析】控件的 Enabled 属性是设置控件是否可用;Visible 属性是设置控件是否可见;Default 属性指定某个命令按钮是否为窗体的默认按钮;Cancel 属性可以指定窗体上的命令按钮是否为"取消"按钮。所以答案为 B)。

221. 窗体主体的 BackColor 属性用于设置窗体主体的(　　)。

A) 高度　　B) 亮度　　C) 背景色　　D) 前景色

参考答案:C

【解析】窗体主体的 Height 属性用来设置窗体主体的高度,BackColor 属性用于设置窗体主体的背景色。窗体主体中没有亮度及前景色的属性设置。

222. 若要使某命令按钮获得控制焦点,可使用的方法是(　　)。

A) LostFocus　　B) SetFocus　　C) Point　　D) Value

参考答案:B

【解析】使某个控件获得控制焦点可以使用 SetFocus 方法。语法为:Object. SetFocus。当控件失去焦点时发生 LostFocus 事件,当控件得到焦点时发生 GotFocus 事件。

223. 可以获得文本框当前插入点所在位置的属性是(　　)。

A) Position　　B) SelStart　　C) SelLength　　D) Left

参考答案:B

【解析】文本框的属性中没有 Position 属性,SelStart 属性值表示当前插入点所在位置,SelLenght 属性值表示文本框中选中文本的长度, Left 属性值表示文本框距窗体左边框的位置。答案 B)正确。

224. 窗体设计中,决定了按【Tab】键时焦点在各个控件之间移动顺序的属性是(　　)。

A) Index　　B) TabStop　　C) TabIndex　　D) SetFocus

参考答案:C

【解析】窗体中控件的 TabIndex 属性决定了按【Tab】键时焦点在各个控件之间的移动顺序。此项设置在控件属性窗口的"其他"选项卡中。用户为窗体添加控件时,系统会按添加控件的顺序自动设置该项属性值,用户可根据自己的需要进行修改。

225. 为使窗体每隔 5 秒钟激发一次计时器事件(timer 事件),应将其 Interval 属性值设置为(　　)。

A) 5　　B) 500　　C) 300　　D) 5000

参考答案:D

【解析】窗体计时器间隔以毫秒为单位,Interval 属性值为 1000 时,间隔为 1 秒,每隔 5 秒则为 5000。

226. 如果要在文本框中输入字符时达到密码显示效果,如星号(*),应设置文本框的属性是(　　)。

A) Text　　B) Caption

C) InputMask　　D) PasswordChar

参考答案:C

【解析】在 VBA 的文本框中输入字符时,如果想达到密码显示效果,需要设置 InputMask 属性即输入掩码属性值为密码,此时在文本框中输入的字符将显示为 * 号。

227. 文本框(Text1)中有选定的文本,执行 Text1. SelText="Hello"的结果是(　　)。

A) "Hello"将替换原来选定的文本

B) "Hello"将插入到原来选定的文本之前

C) Text1. SelLength 为 5

D) 文本框中只有"Hello"信息

参考答案:A

【解析】文本框的 SelText 属性返回的是文本框中选中的字符串,如果没有选中任何文本,将返回空串,当执行 Text1. SelText ="Hello"时,文本框中选中的字符串将替换为"Hello"。

228. 主窗体和子窗体通常用于显示多个表或查询中的数据，这些表或查询中的数据一般应该具有的关系是(　　)。

A) 一对一　　B) 一对多　　C) 多对多　　D) 关联

参考答案:B

【解析】窗体中的窗体称为子窗体，包含子窗体的窗体称为主窗体，主窗体和子窗体显示的表或查询中的数据具有一对多关系。如，假如有一个“教学管理”数据库，其中，每名学生可以选多门课，这样“学生”表和“选课成绩”表之间就存在一对多的关系，“学生”表中的每一条记录都与“选课成绩”表中的多条记录相对应。

229. 决定一个窗体有无“控制”菜单的属性是(　　)。

A) MinButton　　B) Caption　　C) MaxButton　　D) ControlBox

参考答案:D

【解析】窗体的 ControlBox 属性值为真时窗体上将显示控制菜单，其值为假时，最小化按钮、最大化按钮、关闭按钮和标题栏左边的窗体图标都不显示。

230. 如果要改变窗体或报表的标题，需要设置的属性是(　　)。

A) Name　　B) Caption　　C) BackColor　　D) BorderStyle

参考答案:B

【解析】窗体和报表的标题，由各自的 Caption 属性决定，可以通过为 Caption 属性赋值来设置窗体或报表的标题。

231. 命令按钮 Command1 的 Caption 属性为“退出(x)”，要将命令按钮的快捷键设为 Alt+x，应修改 Caption 属性为(　　)。

A) 在 x 前插入 &　　B) 在 x 后插入 &

C) 在 x 前插入 #　　D) 在 x 后插入 #

参考答案:A

【解析】要设置 Alt+字符的快捷键，需要使用 &+字符的形式。因此，如果要将命令按钮的快捷键设置为 Alt+x，则需要在按钮标题中设置为“&x”。

232. 能够接受数值型数据输入的窗体控件是(　　)。

A) 图形　　B) 文本框　　C) 标签　　D) 命令按钮

参考答案:B

【解析】在窗体控件中图形控件、标签控件、命令按钮都不能接受数据输入，文本框和组合框可以接受字符数据的输入。

233. 将项目添加到 List 控件中的方法是(　　)。

A) List　　B) ListCount　　C) Move　　D) AddItem

参考答案:D

【解析】List 控件即列表框控件，列表框控件的项目添加方法是 AddItem，使用格式为：控件名称. AddItem(字符串)。

234. 在窗口中有一个标签 Label0 和一个命令按钮 Command1，Command1 的事件代码如下：

```
Private Sub Command1_Click()
    Label0.Top = Label0.Top + 20
```

End Sub

打开窗口后,单击命令按钮,结果是(　　)。

A) 标签向上加高　　B) 标签向下加高

C) 标签向上移动　　D) 标签向下移动

参考答案:D

【解析】标签控件的 Top 属性值表示标签控件的上沿距离所在窗体上边缘的距离,数值越大则距离越远。因此,执行 Label0. Top=Label0. Top+20 时 Top 的值变大了,也就是控件距离窗体上边缘远了,即控件位置下移了。

235. 为使窗体每隔 0.5 秒钟激发一次计时器事件(timer 事件),则应将其 Interval 属性值设置为(　　)。

A) 5000　　B) 500　　C) 5　　D) 0.5

参考答案:B

【解析】窗体的计时器事件发生间隔由 Interval 属性设定,该属性值以毫秒为单位,0.5 秒即 500 毫秒,因此,应将 Interval 值设置为 500。

236. 在下列关于宏和模块的叙述中,正确的是(　　)。

A) 模块是能够被程序调用的函数

B) 通过定义宏可以选择或更新数据

C) 宏或模块都不能是窗体或报表上的事件代码

D) 宏可以是独立的数据库对象,可以提供独立的操作动作

参考答案:D

【解析】模块是 Access 系统中的一个重要的对象,它以 VBA 语言为基础编写,以函数过程(Function)或子过程(Sub)为单元的集合方式存储,因此,选项 A)错误。模块是装着 VBA 代码的容器。模块分为类模块和标准模块两种类型。窗体模块和报表模块都属于类模块,它们从属于各自的窗体和报表,因此,选项 C)错误。使用宏,可以实现一系列独立的些操作,因此,选项 B)错误。所以正确答案为 D)。

237. 要想改变一个窗体的标题内容,则应该设置的属性是(　　)。

A) Name　　B) Fontname　　C) Caption　　D) Text

参考答案:C

【解析】改变窗体标题需要对窗体的 Caption 属性赋值。

238. 要限制宏命令的操作范围,在创建宏时应定义的是(　　)。

A) 宏操作对象　　B) 宏操作目标

C) 宏条件表达式　　D) 窗体或报表控件属性

参考答案:C

【解析】要限制宏命令的操作范围可以在创建宏时定义宏条件表达式。使用条件表达式的条件宏可以在满足特定条件时才执行对应的操作。

窗体类真题

239. 对于文本框控件,下列选项中,属于“格式”选项卡的属性是(　　)。

A) 文本格式　　B) 是否锁定　　C) 可用　　D) 可见

参考答案:D

240. 在常见主/子窗体时,主窗体与子窗体的数据源之间存在的关系是(　　)。

A) 多对多关系　　B) 多对一关系　　C) 一对多关系　　D) 一对一关系

参考答案:C

241. 下列与窗体和报表相关的叙述中,正确的是(　　)。

A) 在窗体和报表中均可以根据需要设置页面页眉

B) 在窗体中可以设置页面页眉,在报表中不能设置页面页眉

C) 在窗体中不能设置页面页眉,在报表中可以设置页面页眉

D) 在窗体和报表中均不能设置页面页眉

参考答案:A

242. 在设计窗体时,成绩字段只能输入"优秀""良好""中等""及格"和"不及格",可以使用的控件是(　　)。

A) 切换按钮　　B) 文本框　　C) 复选框　　D) 组合框

参考答案:D

243. 宏命令 OpenQuery 的功能是(　　)。

A) 打开窗体　　B) 打开帮助　　C) 打开查询　　D) 打开报表

参考答案:C

244. 登录窗体如图所示,单击"登录"按钮,当用户名正确则弹出窗口显示"OK"信息。

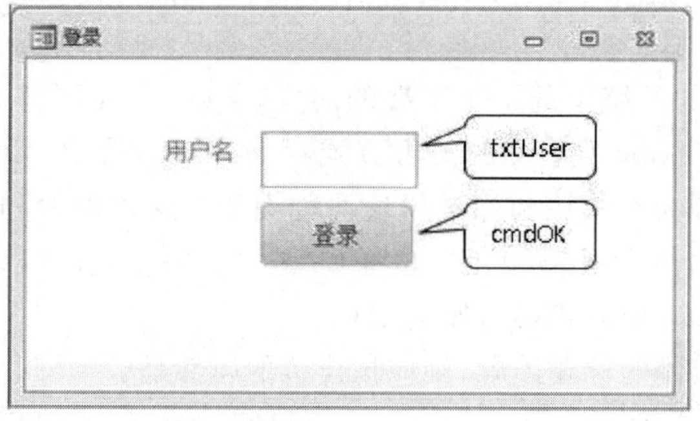

按钮 cmdOK 对应的事件代码是

A)
```
Private Sub cmdOK_Click()
    If txtUser.Value = "zhangs"  Then MsgBox "OK"  Endif
End Sub
```

B)
```
Private Sub cmdOK_Click()
    If txtUser.Value = "zhangs"  Then
        MsgBox "OK"
    Endif
End Sub
```

C)
```
Private Sub cmdOK_Click()
    If txtUser.Value = "zhangs"
        MsgBox "OK"
    End If
End Sub
```

D)
```
Private Sub cmdOK_Click()
    If txtUser.Value = "zhangs"  Then
    MsgBox "OK"
End Sub
```

参考答案:B

245. 打开窗体时,触发事件的顺序是(　　)。

A) 加载,成为当前,打开,调整大小,激活

B) 打开,加载,调整大小,激活,成为当前

C) 加载,打开,调整大小,成为当前,激活

D) 打开,激活,加载,调整大小,成为当前

参考答案:B,Access 开启窗体时事件发生的顺序是:开启窗体:Open→Load→Resize→Activate→Current→Enter(第一个拥有焦点的控件)。

246. 想要改变一个窗体的标题内容,则应该设置的属性是(　　)。

A) Text　　B) Caption　　C) Value　　D) Name

参考答案:B

247. 下列运行宏方法,错误的是(　　)。

A) 双击宏名运行宏　　B)选定宏之后单击右键再选择"运行"

C) 在设计视图中单击工具组的"运行"命令　　D) 单击宏名运行宏

参考答案:D

248. 要将计算控件的控件来源属性设置为计算表达式,表达式的第一个符号必须是(　　)。

A) 左方括号[　　B) 等号 =　　C) 双引号"　　D) 左圆括号 (

参考答案:B

249. 为窗体中的命令按钮设置单击鼠标时发生的动作,应设置其"属性表"对话框的是(　　)。

A) 事件选项卡　　B) 数据选项卡　　C) 其他选项卡　　D) 格式选项卡

参考答案:A

250. 若将已建窗体设置为打开数据库时启动的窗体,应使用的对话框是(　　)。

A) 打开　　B) 启动　　C) 设置　　D) Access 选项

参考答案:D,通过 Access 选项设置当前数据库的显示窗体。

251. 打开窗体时,首先发生的事件是(　　)。

A) 成为当前(Current)　　B) 打开(Open)

C) 激活(Activate)　　D) 加载(Load)

参考答案:B

252. 在窗体设计视图中,必须包含的部分是(　　)。

A) 页面页眉和页脚　　B) 主体

C) 主体、页面页眉和页脚　　D) 窗体页眉和页脚

参考答案:B

253. 宏组"操作"中有一个名为"职员"的宏,引用该宏的正确形式为(　　)。

A) 操作.职员　　B) 职员.操作　　C) 操作!职员　　D) 职员!操作

参考答案:A

254. 在宏命令中,能够弹出提示窗口的命令是(　　)。

A) Prompt　　B) MsgBox　　C) Message　　D) MessageBox

参考答案:B

255. 窗体区域最多可以有几个部分(　　)。

A) 3　　B) 4　　C) 5　　D) 6

参考答案:C

256. 在窗体中添加了一个文本框和一个命令按钮(名称分别为 tText 和 bCommand),并编写了相应的事件过程。运行此窗体,在文本框中输入一个字符,则命令按钮上的标题变为"Access 考试"。以下能实现上述操作的事件过程是(　　)。

A)
```
Private Sub bCommand_Click()
    Caption = "Access 考试"
End Sub
```

B)
```
Private Sub tText_Click()
    bCommand.Caption = "Access 考试"
End Sub
```

C)
```
Private Sub bCommand_Change()
    Caption = "Access 考试"
End Sub
```

D)
```
Private Sub tText_Change()
    bCommand.Caption = "Access 考试"
End Sub
```

参考答案:D

257. 在"库存管理系统"数据库中,每出库一种物品,需要进行的操作是在"出库"表中增加一条出库记录,同时将"物品"表中的"库存量"字段减掉出库数量。为了实现上述操作,应该(　　)。

A) 在"出库"表的插入后事件上创建数据宏

B) 在"出库"表的更新后事件上创建数据宏

C) 在"物品"表的更新后事件上创建数据宏

D) 在"物品"表的插入后事件上创建数据宏

参考答案:A

258. 在下列关于宏和模块的叙述中,正确的是(　　)。

A) 模块是能够被程序调用的函数

B) 通过定义宏可以选择或更新数据

C) 宏或模块都不能是窗体或报表上的事件代码

D) 宏可以是独立的数据库对象,可以提供独立的操作动作

参考答案:D

259. 要在一个窗体的某个按钮的单击事件上添加动作,可以创建的宏是(　　)。

A) 可以是独立宏,也可以是数据宏　　B) 可以是独立宏,也可以是嵌入宏

C) 只能是独立宏　　D) 只能是嵌入宏

参考答案:B

260. 以下关于切换面板的叙述中,错误的是(　　)。

A) 默认的切换面板页是启动切换面板窗体时最新打开的切换面板页

B）一般情况下默认的功能区中一定有"切换面板管理器"命令按钮

C）单击切换面板项可以实现指定的操作

D）切换面板页是由多个切换面板项组成

参考答案：C

261. 在"学生"表使用"照片"字段存放照片，在使用向导为该表创建窗体时，"照片"字段使用的默认控件是（　　）。

A）图像　　B）未绑定对象框　　C）图形　　D）绑定对象框

参考答案：A

262. 通过窗体向数据表中输入数据，能够接受用户键盘录入数据的控件是（　　）。

A）复选框　　B）文本框　　C）图像　　D）标签

参考答案：B

263. 在 Access 中，窗体不能完成的功能是（　　）。

A）显示数据　　B）输入数据　　C）存储数据　　D）编辑数据

参考答案：C

264. 以下关于宏的叙述中，正确的是（　　）。

A）可以在运行宏时修改宏的操作参数　　B）可以将 VBA 程序转换为宏对象

C）可以将宏对象转换为 VBA 程序　　D）与窗体连接的宏属于窗体中的对象

参考答案：C

265. 若用宏命令 SetValue 将窗体"系统登录"中的文本框"text"清空，宏命令的"表达式"参数应为（　　）。

A）""　　B）=0　　C）0""　　D）0

参考答案：A

266. 在某窗体上有一按钮，要求单击该按钮后将窗体的标题改为"欢迎"，应执行的宏操作是（　　）。

A）RepaintObject　　B）AddMenu

C）SetMenuItem　　D）SetProperty

参考答案：D

267. 打开下一个窗体时，首先触发的事件是（　　）。

A）激活（Activate）　　B）成为当前（Current）

C）加载（Load）　　D）打开（Open）

参考答案：D

268. 以下关于宏的叙述中，错误的是（　　）。

A）可以在宏中调用另外的宏　　B）宏支持嵌套的 If Then 结构

C）可以在宏组中建立宏组　　D）宏和 VBA 均有错误处理功能

参考答案：C

269. 不是窗体组成部分的是（　　）。

A）窗体设计器　　B）主体　　C）窗体页眉　　D）窗体页脚

参考答案：A

270. 下列选项中，属于导航控件的"数据"属性的是（　　）。

A）文本格式　　B）只能标记　　C）是否锁定　　D）输入掩码

参考答案:C

271. 如果某字段要输入的数据总是取自固定内容的数据，则设计窗体时可以选择的控件是（　　）。

A）复选框　　B）文本框　　C）切换按钮　　D）列表框

参考答案:D

272. 在窗体中按下鼠标按钮，触发的事件是（　　）。

A）Form_MouseTouch　　B）Form_MousePress

C）Form_MouseUp　　D）Form_MouseDown

参考答案:D

273. 打开选择查询或交叉表查询的宏操作命令是（　　）。

A）OpenQuery　　B）OpenForm　　C）OpenTable　　D）OpenReport

参考答案:A

274. 在 VBA 中，引用窗体与报表对象的格式（　　）。

A）Forms！窗体名称.控件名称[.属性名称]

B）Forms.窗体名称.控件名称[.属性名称]

C）Forms！窗体名称！控件名称[！属性名称]

D）Forms！窗体名称！控件名称[.属性名称]

参考答案:D

275. 下列关于列表框和组合框的叙述中，正确的是（　　）。

A）列表框和组合框在功能上完全相同，只是在窗体显示时外观不同

B）组合框只能选择定义好的选项；列表框即可以选择选项，也可以输入新值

C）列表框和组合框在功能上完全相同，只是系统提供的控件属性不同

D）列表框只能选择定义好的选项；组合框即可以选择选项，也可以输入新值

参考答案:D

276. 在设计窗体时，职称字段只能输入“教授”“副教授”“助教”和“其他”，可以使用的控件是（　　）。

A）切换按钮　　B）复选框　　C）文本框　　D）列表框

参考答案:D

277. 下列选项中，属于标签控件的“数据”属性的是（　　）。

A）智能标记　　B）文本格式　　C）控件来源　　D）字体颜色

参考答案:C

278. 下列与宏操作相关的叙述中，错误的是（　　）。

A）宏能够一次完成多个操作　　B）可以将多个宏组成一个宏组

C）宏命令一般由动作名和操作参数组成　　D）可以用编程的方法来实现宏

参考答案:C

279. 为窗体上的控件设置 Tab 键的顺序，应选择属性表中的（　　）。

A）数据选项卡　　B）事件选项卡　　C）其他选项卡　　D）格式选项卡

参考答案:C

280. 下列关于窗体的叙述中,正确的是(　　)。
A) 窗体可设计成切换面板形式,用以打开其他窗体
B) 窗体不能用来接收用户的输入数据
C) 窗体只能用作数据的输入界面
D) 窗体只能用作数据的输出界面
参考答案:C
281. 在窗体设计时,要设置标签文字的显示格式应使用(　　)。
A) 窗体设计工具栏　　B) 字段列表框
C) 格式工具栏　　D) 工具箱
参考答案:C
282. 宏命令 FindNextRecord 的功能是(　　)。
A) 实施指定控件重新查询及刷新控件数据
B) 指定记录为当前记录
C) 查找满足指定条件的下一条记录
D) 查找满足指定条件的第一条记录
参考答案:C
283. 如果加载一个窗体,最先触发的事件是(　　)。
A) Click 事件　　B) DbClick 事件　　C) Load 事件　　D) Open 事件
参考答案:D
284. 设置计算型控件的控件源时,计算表达式的第一个符号是(　　)。
A) 逗号,　　B) 左圆括号(　　C) 等号=　　D) 左方括号[
参考答案:C
285. 在窗体设计时,要改变窗体的外观,应设置的是(　　)。
A) 数据源　　B) 属性　　C) 标签　　D) 控件
参考答案:B
286. 列表框与组合框的特点是(　　)。
A) 可以在组合框中输入新值,而列表框不能
B) 列表框和组合框都可以显示一行或多行数据
C) 在列表框和组合框中均可以输入新值
D) 可以在列表框中输入新值,而组合框不能
参考答案:A
287. 下列选项中,不属于窗体控件的是(　　)。
A) 列表框　　B) 组合框　　C) 复选框　　D) 消息框
参考答案:D
288. 在 Access 中,通过窗体对表进行操作,不能完成的功能是(　　)。
A) 存储记录数据　　B) 查询表中记录
C) 输入新记录　　D) 修改原有记录
参考答案:A
289. 在窗体中,要动态改变窗体的版面布局,重构数据的组织方式,修改布局后可以重

新计算数据实现数据的汇总、小计和合计，应该选用的视图是（　　）。

A）设计视图　　B）数据表时图　　C）数据透视表视图　　D）布局视图

参考答案：A

290．在宏命令中，能够弹出提示窗口的命令是（　　）。

A）Message　　B）MsgBox　　C）Prompt　　D）MessageBox

参考答案：B

291．要在一个窗体的某个按钮的单击事件上添加动作，可以创建的宏是（　　）。

A）只能是独立宏　　B）可以是独立宏，也可以是嵌入宏

C）只能是嵌入宏　　D）可以是独立宏，也可以是数据宏

参考答案：B

292．宏组"操作"中有一个名为"职员"的宏，引用该宏的正确形式是（　　）。

A）操作.职员　　B）职员！操作　　C）职员.操作　　D）操作！职员

参考答案：A

293．在下列关于宏与模块的叙述中，正确的是（　　）。

A）模块是能够被程序调用的函数

B）宏可以是独立的数据库对象，可以提供独立的操作动作

C）宏或模块都不能是窗体或报表上的事件代码

D）通过定义宏可以选择或更新数据

参考答案：B

294．在"库存管理系统"数据库中，每出库一种物品，需要进行的操作是在"出库"表中增加一条出库记录，同时将"物品"表中的"库存量"字段减掉出库数量。为了实现上述操作，应该（　　）。

A）在"物品"表的插入后事件上创建数据宏

B）在"物品"表的更新后事件上创建数据宏

C）在"出库"表的更新后事件上创建数据宏

D）在"出库"表的插入后事件上创建数据宏

参考答案：D

295．在窗体中添加了一个文本框和一个命令按钮（名称分别为 tText 和 bCommand），并编写了相应的事件过程。运行此窗体，在文本框中输入一个字符，则命令按钮上的标题变为"Access 考试"。以下能实现上述操作的事件过程是（　　）。

A）
```
Private Sub tText_Change()
    bCommand.Caption = "Access 考试"
End Sub
```

B）
```
Private Sub bCommand_Change()
    Caption = "Access 考试"
End Sub
```

C）
```
Private Sub bCommand_Click()
    Caption = "Access 考试"
End Sub
```

D) Private Sub tText_Click()

```
        bCommand.Caption = "Access 考试"
    End Sub
```

参考答案:A,要使用文本框的 Change 事件。

296. 在窗体中要显示一名学生基本信息和该学生各门课程的成绩,窗体设计时在主窗体中显示学生基本信息,在子窗体中显示学生课程的成绩,则主窗体和子窗体数据源之间的关系是(　　)。

A) 一对一关系　　B) 多对多关系

C) 多对一关系　　D) 一对多关系

参考答案:D

297. 在设计窗体时,字段"评价"只能输入"很好""好""一般""较差"和"很差",可使用的控件是(　　)。

A) 列表框控件　　B) 文本框控件

C) 复选框控件　　D) 切换按钮控件

参考答案:A

298. 在设计窗体时,"出生地"的全部可能输入作为记录事先存入一个表中,要简化输入可以使用的控件是(　　)。

A) 复选框控件　　B) 文本框控件

C) 切换按钮控件　　D) 列表框控件

参考答案:D

299. 有宏组 M1,依次包含 Macro1 和 Macro2 两个子宏,以下叙述中错误的是(　　)。

A) 可以用 RunMacro 宏操作调用子宏

B) 如果调用 M1 则顺序执行 Macro1 和 Macro2 两个子宏

C) 调用 M1 中 Macro1 的正确形式是 M1. Macro1

D) 创建宏组的目的是方便对宏的管理

参考答案:B

300. VBA 程序中,打开窗体应使用的命令是(　　)。

A) Docmd. OpenReport　　B) OpenForm

C) OpenReport　　D) DoCmd. OpenForm

参考答案:D

301. 打开数据表的是宏命令是(　　)。

A) OpenTable　　B) DoCmd. OpenTable

C) OpenReport　　D. DoCmd. OpenReport

参考答案:B

302. 在窗体上有一个按钮,当单击该按钮时,若将窗体标题改为"欢迎",则设计该宏时应选择的宏操作是(　　)。

A) RcpaintObjcct　　B) AddMenu

C) SetProperty　　D) SetMenuItem

参考答案:C

303. 若在“销售总数”窗体中有“订货总数”文本框控件,能够正确引用控件值的是(　　)。

A) Forms! [销售总数]! [订货总数]　　B) Forms.[销售总数].[订货总数]

C) Forms.[销售总数]! [订货总数]　　D) Forms! [销售总数].[订货总数]

参考答案:A

304. 下列属性中,属于窗体的“数据”类属性的是(　　)。

A) 获得焦点　　B) 自动居中　　C) 记录源　　D) 记录选择器

参考答案:C

305. 因修改文本框中的数据而触发的事件是(　　)。

A) Getfocus　　B) LostFocus　　C) Edit　　D) Change

参考答案:D

306. 下列选项中,启动窗体时系统首先执行的事件过程是(　　)。

A) Open　　B) Load　　C) GotFocus　　D) Activate

参考答案:A

307. 在 Access 中为窗体上的控件设置 Tab 键的顺序,应选择“属性”对话框的选项卡(　　)。

A)“其他”　　B)“数据”　　C)“格式”　　D)“事件”

参考答案:A

308. 宏、宏组和宏操作的相互关系是(　　)。

A) 宏操作=>宏=>宏组　　B) 宏操作=>宏组=>宏

C) 宏=>宏操作=>宏组　　D) 宏组=>宏操作=>宏

参考答案:D

309. 在设计窗体时,“政治面貌”的全部可能输入作为记录事件先存入一个表中,要简化输入可以使用的控件是(　　)。

A) 组合框　　B) 切换按钮控件　　C) 文本框控件　　D) 复选框控件

参考答案:A

310. 在设计“学生基本信息”输入窗体时,学生表“民族”字段的输入是由“民族代码库”中事先保存的“民族名称”确定的,则选择“民族”字段对应的控件类型应该是(　　)。

A) 组合框或列表框控件　　B) 文本框控件

C) 切换按钮控件　　D) 复选框控件

参考答案:A

311. 在窗体中要显示一名教师基本信息和该教师所承担的全部课程情况,窗体设计时在主窗体中要显示教师基本信息,在子窗体中显示承担的课程情况,则主窗体和子窗体数据源之间的关系是(　　)。

A) 多对一关系　　B) 一对一关系　　C) 多对多关系　　D) 一对多关系

参考答案:D

312. 在宏表达式中要引用 Form1 窗体中的 txt1 控件的值,正确的引用方法是(　　)。

A) Form1! txt1　　B) txt1

C) Forms! txt1　　D) Forms! Form1! txt1

参考答案:D

五、报表类选择题

313. 下列关于报表的叙述中，正确的是(　　)。

A) 报表只能输入数据　　B) 报表只能输出数据

C) 报表可以输入和输出数据　　D) 报表不能输入和输出数据

参考答案：B

【解析】报表是 Access 的一个对象，它根据指定规则打印格式化和组织化的信息，其数据源可以是表、查询和 SQL 语句。报表和窗体的区别是报表只能显示数据，不能输入和编辑数据。故答案为 B)选项。

314. 在报表设计过程中，不适合添加的控件是(　　)。

A) 标签控件　　B) 图形控件　　C) 文本框控件　　D) 选项组控件

参考答案：D

【解析】Access 为报表提供的控件和窗体控件的功能与使用方法相同，不过报表是静态的，在报表上使用的主要控件是标签、图像和文本框控件，分别对应选项 A)、B)、C)，所以选项 D)为正确答案。

315. 要实现报表按某字段分组统计输出，需要设置的是(　　)。

A) 报表页脚　　B) 该字段的组页脚　　C) 主体　　D) 页面页脚

参考答案：B

【解析】组页脚节中主要显示分组统计数据，通过文本框实现。打印输出时，其数据显示在每组结束位置。所以要实现报表按某字段分组统计输出，需要设置该字段组页脚。故本题答案为 B)。

316. 在报表中要显示格式为“共 N 页，第 N 页”的页码，正确的页码格式设置是(　　)。

A) ＝“共”＋ Pages ＋“页，第”＋ Page ＋“页”

B) ＝“共”＋ [Pages] ＋“页，第”＋ [Page] ＋“页”

C) ＝“共”& Pages &“页，第”& Page &“页”

D) ＝“共”& [Pages] &“页，第”& [Page] &“页”

参考答案：D

【解析】在报表中添加计算字段应以“＝”开头，在报表中要显示格式为“共 N 页，第 N 页”的页码，需要用到[Pages]和[Page]这两个计算项，所以正确的页码格式设置是＝“共”& [Pages] &“页，第”& [Page] &“页”，即选项 D)为正确答案。

317. 下图所示的是报表设计视图，由此可判断该报表的分组字段是(　　)。

A) 课程名称　　B) 学分　　C) 成绩　　D) 姓名

参考答案：D

【解析】从报表设计视图中可以看到“姓名页眉”节和“姓名页脚”节，说明这是在报表中添加的组页眉节和组页脚节，用来对报表中数据进行分组。所以该报表是按照“姓名”进行分组的。答案为 D)选项。

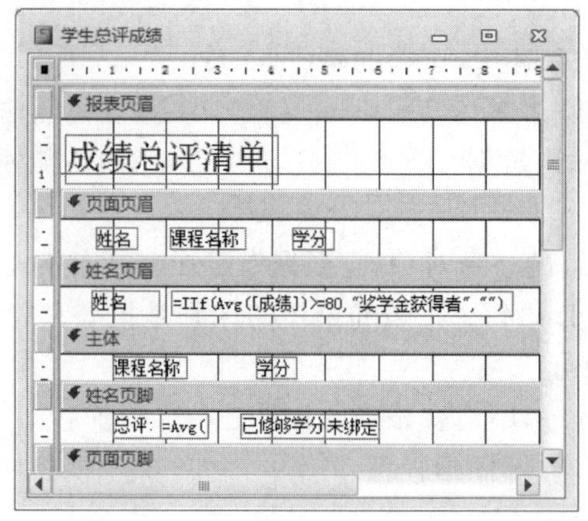

318. 下列操作中，适宜使用宏的是(　　)。

A) 修改数据表结构　　B) 创建自定义过程

C) 打开或关闭报表对象　　D) 处理报表中错误

参考答案:C

【解析】宏是由一个或多个操作组成的集合，其中的每个操作都能自动执行，并实现特定的功能。在 Access 中，可以在宏中定义各种操作，如打开或关闭窗体、显示及隐藏工具栏、预览或打印报表等。

319. 在报表中要计算“数学”字段的最低分，应将控件的“控件来源”属性设置为(　　)。

A) = Min([数学])　　B) = Min(数学)

C) = Min[数学]　　D) Min(数学)

参考答案:A

【解析】在报表中，要为控件添加计算字段，应设置控件的“控件来源”属性，并且以“=”开头，字段要用“[]”括起来，在此题中要计算数学的最低分，应使用 Min()函数，故正确形式为“= Min([数学])”，即选项 A)正确。

320. 在设计报表的过程中，如果要进行强制分页，应使用的工具图标是(　　)。

A)　　B)　　C)　　D)

参考答案:D

【解析】在设计报表的过程中，如果要进行强制分页，应使用的工具图标是，另三个工具图标中，选项 A)为切换按钮，选项 B)为组合框，选项 C)为列表框。所以答案为 D)。

321. 报表的作用不包括(　　)。

A) 分组数据　　B) 汇总数据　　C) 格式化数据　　D) 输入数据

参考答案:D

【解析】报表是用来在数据库中获取数据，并对数据进行分组、计算、汇总和打印输出。利用报表可以按指定的条件打印输出一定格式的数据信息，它有以下功能：格式化数据、分组汇总功能、插入图片或图表、多样化输出。所以答案为 D)。

322. 要求在页面页脚中显示“第 X 页，共 Y 页”，则页脚中的页码“控件来源”应设置为(　　)。

A）="第" & [pages] & "页,共" & [page] & "页"

B）="共" & [pages] & "页,第" & [page] & "页"

C）="第" & [page] & "页,共" & [pages] & "页"

D）="共" & [page] & "页,第" & [pages] & "页"

参考答案:C

【解析】在报表中添加页码时,表达式中 page 和 pages 是内置变量,[page]代表当前页,[pages]代表总页数,表达式中的其他字符串将按顺序原样输出。

323. 报表的数据源不包括（ ）。

A）表 B）查询 C）SQL 语句 D）窗体

参考答案:D

【解析】报表的数据源可以是表对象或者查询对象,而查询实际上就是 SQL 语句,所以报表的数据源也可以是 SQL 语句。窗体不能作为报表的数据源。

报表类真题

324. 下列选项中,可以在报表设计时作为绑定控件显示字段数据的是（ ）。

A）标签 B）选项卡 C）图像 D）文本框

参考答案:D

325. 在报表中输出当前日期的函数是（ ）。

A）Date B）Day C）SysNow D）Time

参考答案:A

326. 要在报表每一页的顶部输出相同的说明信息,应设置的是（ ）。

A）页面页眉 B）页面页脚 C）报表页脚 D）报表页眉

参考答案:A

327. 在报表设计视图中,默认包含的部分是（ ）。

A）页面页眉和页脚 B)主体

C）主体、页面页眉和页脚 D)页眉页脚

参考答案:C

328. 要在报表的组页脚中给出计数统计信息,可以在文本框中使用的函数是（ ）。

A）SUM B）COUNT C）AVG D）MAX

参考答案:B

329. 要在报表每一页的底部输出指定内容,应设置的是（ ）。

A）报表页脚 B）页面页脚 C）表页脚 D）组页脚

参考答案:B

330. 下列关于报表和窗体的叙述中,正确的是（ ）。

A）在窗体和报表中均可以根据需要设置页面页脚

B）在窗体中不能设置页面页脚,在报表中可以设置页面页脚

C）在窗体中可以设置页面页脚,在报表中不能设置页面页脚

D）在窗体和报表中均不能设置页面页脚

参考答案:A

331. 在报表中,要计算“数学”字段的平均分,应将控件的“控件来源”属性设置为(　　)。

A) DAvg[数学]　　B) = Avg[数学]

C) = DAvg([数学])　　D) = Avg([数学])

参考答案:D

332. 在报表中要输出系统的当前日期,应使用的函数是(　　)。

A) Year、Month 和 Day　　B) CurrentTime

C) Now　　D) CurrentDate

参考答案:C

333. Access 中对报表进行操作的视图有(　　)。

A) 打印预览、工具报表、布局视图和设计视图

B) 报表视图、打印预览、透视报表和布局视图

C) 工具视图、布局视图、透视报表和设计视图

D) 报表视图、打印预览、布局视图和设计视图

参考答案:D

334. 下列关于窗体和报表的叙述中,正确的是(　　)。

A) 在窗体中可以设置组页脚,在报表中不能设置组页脚

B) 在窗体和报表中均不能设置组页脚

C) 在窗体中不能设置组页脚,在报表中可以设置组页脚

D) 在窗体和报表中均可以根据需要设置组页脚

参考答案:C

335. 要在报表上显示格式为“7/总 10 页”的页码,则对应控件来源属性应设置为(　　)。

A) =[page]/总[pages] 页

B) [page]/总[pages] 页

C) =[page] & “/总” & [pages] & “页”

D) [page] & “/总” & [pages] & “页”

参考答案:C

336. 在一份报表中设计内容只出现一次的区域是(　　)。

A) 页面页眉　　B) 页面页脚

C) 主体　　D) 报表页眉

参考答案:D

337. 如果报表的一个文本框控件来源属性为 = IIf(([page] Mod 2 = 1), “页” & [Page], “”),则下列说法中,正确的是(　　)。

A) 显示偶数页码　　B) 显示全部页码

C) 显示奇数页码　　D) 显示当前页码

参考答案:C

338. 在报表设计时可以绑定控件显示数据的是(　　)。

A) 文本框　　B) 命令按钮　　C) 标签　　D) 图像

参考答案:A

339. 在报表的视图中,既能够预览输出结果,又能够对控件进行调整的视图是(　　)。

A）报表视图　　B）设计视图　　C）打印预览　　D）布局视图

参考答案:D

340. 下图所示的是报表设计视图，由此可判断该报表的分组字段是（　　）。

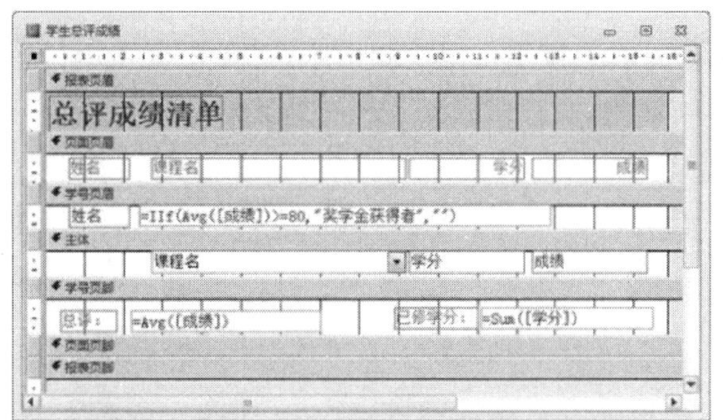

A）姓名　　B）课程名称　　C）学分　　D）成绩

参考答案:A

341. 在报表中要计算“实发工资”字段的平均值，应将控件的“控件来源”属性设置为（　　）。

A）=Avg([实发工资])　　B）Avg(实发工资)

C）=Avg(实发工资)　　D）=Avg[实发工资]

参考答案:A

342. 在“学生”报表中有一文本框控件，其控件来源属性设置为“=count(*)”，则正确的叙述是（　　）。

A）文本控件的值为报表记录源的记录总数

B）可将其放在页面页脚以显示当前页显示的学生数

C）只能存在于分组报表中

D）处于不同分组级别的节中，计算结果不同

参考答案:D

六、程序类选择题

343. 下列给出的选项中，非法的变量名是（　　）。

A）Sum12　　B）Integer_2　　C）Rem　　D）Frm1

参考答案:C

【解析】VBA 中变量命名不能包含有空格或除了下划线字符(_)外的其他的标点符号，长度不能超过 255 个字符，不能使用 VBA 的关键字。Rem 是用来标识注释的语句，不能作为变量名。

344. 在模块的声明部分使用“Option Base 1”语句，然后定义二维数组 A(2 to 5,5)，则该数组的元素个数为（　　）。

A）20　　B）24　　C）25　　D）36

参考答案:A

【解析】VBA 中 Option Base 1 语句的作用是设置数组下标从 1 开始，展开二维数组 A(2 to 5,5)，为 A(2,1)…A(2,5)，A(3,1)…A(3,5)，…，A(5,1)…A(5,5)共 4 组，每组 5 个

元素，共 20 个元素。

345. 在 VBA 中，能自动检查出来的错误是(　　)。

A) 语法错误　　B) 逻辑错误　　C) 运行错误　　D) 注释错误

参考答案：A

【解析】语法错误在编辑时就能自动检测出来，逻辑错误和运行错误是程序在运行时才能显示出来的，不能自动检测，注释错误是检测不出来的。

346. 表达式“B = INT(A+0.5)”的功能是(　　)。

A) 将变量 A 保留小数点后 1 位　　B) 将变量 A 四舍五入取整

C) 将变量 A 保留小数点后 5 位　　D) 舍去变量 A 的小数部分

参考答案：B

【解析】INT 函数是返回表达式的整数部分，表达式 A+0.5 中当 A 的小数部分大于等于 0.5 时，整数部分加 1，当 A 的小数部分小于 0.5 时，整数部分不变，INT(A+0.5)的结果便是实现将 A 四舍五入取整。

347. 运行下列程序段，结果是(　　)。

```
For  m = 10 To 1 Step 0
    k = k + 3
Next  m
```

A) 形成死循环　　B) 循环体不执行即结束循环

C) 出现语法错误　　D) 循环体执行一次后结束循环

参考答案：B

【解析】本题考察 for 循环语句，step 表示循环变量增加步长，循环初始值大于终值时步长应为负数，步长为 0 时则循环不成立，循环体不执行即结束循环。

348. 下列四个选项中，是 VBA 程序设计语句的是(　　)。

A) Choose　　B) If　　C) IIf　　D) Switch

参考答案：B

【解析】VBA 提供了 3 个条件函数：IIf 函数，Switch 函数和 Choose 函数，这 3 个函数由于具有选择特性而被广泛用于查询、宏及计算控件的设计中。而 If 是控制程序流程的判断语句，不是函数。所以 B)正确

349. 运行下列程序，结果是(　　)。

```
Private Sub Command32_Click()
    f0 = 1 : f1 = 1 : k = 1
    Do While k <= 5
        f = f0 + f1
        f0 = f1
        f1 = f
        k = k + 1
    Loop
    MsgBox "f = " & f
End Sub
```

A) f = 5　　B) f = 7　　C) f = 8　　D) f = 13

参考答案：D

【解析】本题考察 Do 循环语句：

K=1 时,f=1+1=2,f0=1,f1=2,k=1+1=2;

K=2 时,f=3,f0=2,f1=3,k=2+1=3;

K=3 时,f=5,f0=3,f1=5,k=3+1=4;

K=4 时,f=8,f0=5,f1=8,k=4+1=5;

K=5 时,f=13,f0=8,f1=13,k=6,不再满足循环条件跳出循环,此时 f=13。

350. 在窗体中添加一个名称为 Command1 的命令按钮,然后编写如下事件代码:

```
Private Sub Command1_Click()
    MsgBox f(24,18)
End Sub
Public Function f(m As Integer,n As Integer)As Integer
    Do While m<>n
        Do While  m>n
            m = m-n
        Loop
        Do While  m<n
            n = n-m
        Loop
    Loop
    f = m
End Function
```

窗体打开运行后,单击命令按钮,则消息框的输出结果是(　　)。

A) 2　　　　B) 4　　　　C) 6　　　　D) 8

参考答案:C

【解析】题目中命令按钮的单击事件是使用 MsgBox 显示过程 f 的值。在过程 f 中有两层 Do 循环,传入参数 m=24,n=18,由于 m>n 所以执行 m=m−n=24−18=6,内层第 1 个 Do 循环结束后 m=6,n=18;此时 m 小于 n,所以再执行 n=n−m=18−6=12,此时 m=6,n=12;再执行 n=n−m 后 m=n=6;m<>n 条件满足,退出循环,然后执行 f=m 的赋值语句,即为 f=m=6。

351. 在窗体上有一个命令按钮 Command1,编写事件代码如下:

```
Private Sub Command1_Click()
    Dim d1 As Date
    Dim d2 As Date
    d1 = #12/25/2009#
    d2 = #1/5/2010#
    MsgBox DateDiff("ww",d1,d2)
End Sub
```

打开窗体运行后,单击命令按钮,消息框中输出的结果是(　　)。

A) 1　　　　B) 2　　　　C) 10　　　　D) 11

参考答案:B

【解析】函数 DateDiff 按照指定类型返回指定的时间间隔数目。语法为 DateDiff(<间隔类型>,<日期 1>,<日期 2>[,W1][,W2]),间隔类型为"ww",表示返回两个日期间隔的周数。

352. 过程定义中有语句:

```
Private  Sub  GetData(ByVal  data  As Integer )
```

其中"ByVal"的含义是(　　)。

A) 传值调用　　B) 传址调用　　C) 形式参数　　D) 实际参数

参考答案:A

【解析】过程定义语句中形参变量说明中使用 ByVal 指定参数传递方式为按值传递,如果使用 ByRef 则指定参数传递方式为按地址传递,如果不指定参数传递方式,则默认为按地址传递。

353. 下列程序的功能是返回当前窗体的记录集:

```
Sub GetRecNum()
    Dim rs As Object
    Set rs = 【  】
    MsgBox  rs.RecordCount
End Sub
```

为保证程序输出记录集的记录数,括号内应填入的语句是(　　)。

A) Me. Recordset　　B) Me. RecordLocks

C) Me. RecordSource　　D) Me. RecordSelectors

参考答案:A

【解析】程序中 rs 是对象变量,从填空的下一行可以看出,消息框显示的是记录数,所以 rs 对象应该是记录集。用 Me. Recordset 代表指定窗体的记录源,即记录源来自窗体。而 RecordSourse 属性用来设置数据源,格式为 RecordSourse=数据源。因此题目空缺处应填 Me. Recordset。

354. 下列属于通知或警告用户的命令是(　　)。

A) PrintOut　　B) OutputTo

C) MsgBox　　D) RunWarnings

参考答案:C

【解析】在宏操作中,MsgBox 用于显示提示消息框,PrintOut 用于打印激活的数据库对象,OutputTo 用于将指定数据库对象中的数据输出成 . xls、. rtf、. txt、. htm 等格式的文件。

355. 在 VBA 中要打开名为"学生信息录入"的窗体,应使用的语句是(　　)。

A) DoCmd. OpenForm "学生信息录入"　　B) OpenForm "学生信息录入"

C) DoCmd. OpenWindow "学生信息录入"　　D) OpenWindow "学生信息录入"

参考答案:A

【解析】在 VBA 中打开窗体的命令格式如下:

```
DoCmd.OpenForm(FormName, View, FilterName, WhereCondition, DataMode, WindowMode,OpenArgs)
```

其中 FormName 是必需的,是字符串表达式,表示当前数据库中窗体的名称。

356. VBA 语句"Dim NewArray(10) as Integer"的含义是(　　)。

A) 定义 10 个整型数构成的数组 NewArray

B) 定义 11 个整型数构成的数组 NewArray

C) 定义 1 个值为整型数的变量 NewArray

D) 定义 1 个值为 10 的变量 NewArray

参考答案:B

【解析】该语句是定义了 11 个由整型数构成的数组，默认的数组下限是 0，10 为数组的上限，数组元素为 NewArray(0)到 NewArray(10)，共有 11 个整型数。

357. 在 VBA 中，下列关于过程的描述中正确的是(　　)。

A) 过程的定义可以嵌套，但过程的调用不能嵌套

B) 过程的定义不可以嵌套，但过程的调用可以嵌套

C) 过程的定义和过程的调用均可以嵌套

D) 过程的定义和过程的调用均不能嵌套

参考答案：B

【解析】在 VBA 中过程不可以嵌套定义，即不可以在一个过程中定义另一个过程，但是过程可以嵌套调用。

358. 下列表达式计算结果为日期类型的是(　　)。

A) #2014-10-23# - #2014-2-3#　　B) Year(#2014-2-3#)

C) DateValue("2014-2-3")　　D) Len("2014-2-3")

参考答案：C

【解析】A)选项结果为数值，等于两日期相隔天数；B)选项结果为数值，等于年份 2014；D)选项结果为数值，Len 函数是返回字符串的长度；C)选项正确，DateValue 函数是将字符型转变为日期类型。

359. 由"For i=1 To 9 Step −3"决定的循环结构，其循环体将被执行(　　)。

A) 0 次　　B) 1 次　　C) 4 次　　D) 5 次

参考答案：A

【解析】题目中 For 循环的初值为 1，终值为 9，步长为−3，不满足循环条件，循环体将不会被执行。

360. 如果 X 是一个正的实数，保留两位小数、将千分位四舍五入的表达式是(　　)。

A) 0.01 * Int(X+0.05)　　B) 0.01 * Int(100 * (X+0.005))

C) 0.01 * Int(X+0.005)　　D) 0.01 * Int(100 * (X+0.05))

参考答案：B

【解析】根据题意，Int(100 * (x+0.05))实现千分位的四舍五入，同时扩大 100 倍取整，乘 0.01 是为保证保留两位小数，与前面的乘以 100 对应，因此本题选 B)

361. 有如下事件程序，运行该程序后输出结果是(　　)。

```
Private Sub Command33_Click()
    Dim x As Integer, y As Integer
    x = 1: y = 0
    Do Until y <= 25
        y = y + x * x
        x = x + 1
    Loop
    MsgBox "x = " & x & ", y = " & y
End Sub(　　)。
```

A) x=1, y=0　　B) x=4, y=25

C) x=5, y=30　　D) 输出其他结果

参考答案：A

【解析】Do Until 循环采用的是先判断条件后执行循环体的做法,如果条件为 True,则循环体一次都不执行。否则进入循环体执行。本题中的循环停止条件是 y<=25,而 y=0,满足条件表达式,则不进入循环体,x、y 的值不变,仍为 1、0。

362. 在窗体上有一个命令按钮 Commandl,编写事件代码如下:

```
Private Sub Command1_Click()
    Dim x As Integer, y As Integer
    x = 12: y = 32
    Call Proc(x, y)
    Debug.Print x; y
End Sub
Public Sub Proc(n As Integer, ByVal m As Integer)
    n = n Mod 10
    m = m Mod 10
End Sub
```

打开窗体运行后,单击命令按钮,立即窗口上输出的结果是(　　)。

A) 2　32　　B) 12　3　　C) 2　2　　D) 12　32

参考答案:A

【解析】参数有两种传递方式:传址传递 ByRef 和传值传递 ByVal。如果没有说明传递类型,则默认为传址传递。在函数 Proc(n As Integer,ByVal m As Integer)参数中,形参 n 默认为传址传递,形参的变化将会返回到实参,即形参 n mod 10(12 mod 10)得到的结果 2 将返回给实参 x,即 x=2;而 y 为传值类型,不因形参的变化而变化,所以输出的 x 和 y 应为 2 和 32。

363. 在窗体上有一个命令按钮 Commandl 和一个文本框 Text1,编写事件代码如下:

```
Private Sub Command1_Click()
    Dim i,j,x
    For i = 1 To 20 Step 2
        x = 0
        For j = i To 20 Step 3
            x = x + 1
        Next j
    Next i
    Text1.Value = Str(x)
End Sub
```

打开窗体运行后,单击命令按钮,文本框中显示的结果是(　　)。

A) 1　　B) 7　　C) 17　　D) 400

参考答案:A

【解析】题目中使用了双重 For 循环,外循环中每循环一次,X 的值都是从 0 开始,所以外循环中到最后一次循时,X 的值是 0,而内循环中的最后一次循环是 j=20 to 20 step 3 所以此时内循环只循环一次,X 的值为 X=0+1=1。Str 函数将数值转换成字符串。

364. 能够实现从指定记录集里检索特定字段值的函数是(　　)。

A) DCount　　B) DLookUp　　C) DMax　　D) DSum

参考答案:B

【解析】DLookUp 函数是从指定记录集里检索特定字段的值。它可以直接在 VBA、宏、查询表达式或计算控件中使用,而且主要用于检索来自外部表字段中的数据。

365. 下列变量名中，合法的是(　　)。

A) 4A　　B) A-1　　C) ABC_1　　D) Private

参考答案:C

【解析】VBA 中根据变量名命名规则，变量名由英文字母开头，变量命名不能包含有空格或除了下划线字符(_)外的其他的标点符号，长度不能超过 255 个字符，不能使用 VBA 的关键字。

366. 下列能够交换变量 X 和 Y 值的程序段是(　　)。

A) Y=X ：X=Y　　B) Z=X ：Y=Z　X=Y

C) Z=X ：X=Y ：Y=Z　　D) Z=X ：W=Y ：Y=Z ：X=Y

参考答案:C

【解析】交换 X 和 Y 的值，借助于一个中间变量，先将 X 的值放到中间变量里面，然后将 Y 的值放到 X 中，此时 X 中存放的是 Y 的值，最后再将中间变量即原来 X 的值放到 Y 中，即完成交换。

367. 要将一个数字字符串转换成对应的数值，应使用的函数是(　　)。

A) Val　　B) Single　　C) Asc　　D) Space

参考答案:A

【解析】Val 函数将数字字符串转换成数值型数字。转换时可自动将字符串中的空格、制表符和换行符去掉，当遇到它不能识别为数字的第一个字符时，停止读入字符串。Single 是单精度数据类型，不是函数。

368. 当条件为 5<x<10 时，x=x+1，以下语句正确的是(　　)。

A) if 5<x<10 then x=x+1　　B) if 5<x or x<10 then x=x+1

C) if 5<x and x<10 then x=x+1　　D) if 5<x xor x<10 then x=x+1

参考答案:C

【解析】条件 5<x<10 即为 x 大于 5 并且小于 10，用关系表达式表示就是 x>5 and x<10。

369. InputBox 函数的返回值类型是(　　)。

A) 数值　　B) 字符串

C) 变体　　D) 视输入的数据而定

参考答案:B

【解析】输入框用于在一个对话框中显示提示，等待用户输入正文并按下确定按钮，返回包含文本框内容的字符串数据信息。简单说就是它的返回值是字符串

370. 若变量 i 的初值为 8，则下列循环语句中循环体的执行次数为(　　)。

```
Do While i <= 17
    i = i + 2
Loop
```

A) 3 次　　B) 4 次　　C) 5 次　　D) 6 次

参考答案:C

【解析】该循环语句的执行过程为，当 i 小于等于 17 时，执行循环体，每循环一次，i 的值加 2，从 8 到 17 之间，公差为 2，加 5 次以后 i 为 18，大于 17，退出循环，共循环了 5 次。

371. 在窗体中有一个文本框 Text1，编写事件代码如下：

```
Private Sub Form_Click()
    X = Val(Inputbox("输入 x 的值"))
    Y = 1
    If  X<>0  Then Y = 2
    Text1.Value = Y
End Sub
```

打开窗体运行，在输入框中输入整数 12，文本框 Text1 中的结果是（　　）。

A）1　　B）2　　C）3　　D）4

参考答案：B

【解析】本题中窗体单击事件是通过输入框输入数值，根据所输入数值内容对 Y 进行赋值，运行时输入框输入 12，Y 赋初值为 1，判断 X 的值不等于 0 所以 Y 又赋值为 2，最终文本框中输出结果为 2。

372. 窗体中有命令按钮 cmd1，对应的事件代码如下：

```
Private  Subcmd1_Enter()
    Dim num As Integer,a As Integer,b As Integer,i As Integer
    For  i = 1 To 10
        num = InputBox("请输入数据:","输入")
        If Int(num/2) = num/2  Then
            a = a + 1
        Else
            b = b + 1
        End If
    Next  i
    MsgBox("运行结果:a=" & Str(a)& ",b=" & Str(b))
End  Sub
```

运行以上事件过程，所完成的功能是（　　）。

A）对输入的 10 个数据求累加和

B）对输入的 10 个数据求各自的余数，然后再进行累加

C）对输入的 10 个数据分别统计奇数和偶数的个数

D）对输入的 10 个数据分别统计整数和非整数的个数

参考答案：C

【解析】本题程序中利用 For 循环输入 10 个数，并根据 IF 语句的条件统计两种情况数的个数。在 If 语句的条件中 Int 函数的作用是对其中的参数进行取整运算，如果一个整数除以 2 后取整与其自身除以 2 相等，那么这个整数就是偶数，否则就是奇数。因此，题目是统计输入的 10 个数中奇数和偶数的个数。

373. 若有以下窗体单击事件过程：

```
Private Sub Form_Click()
    result = 1
    For i = 1 To 6 step 3
        result = result * i
    Next i
    MsgBox result
End Sub
```

打开窗体运行后，单击窗体，则消息框的输出内容是（　　）。

A）1　　B）4　　C）15　　D）120

参考答案:B

【解析】本题中主要考查 For 循环执行的次数和循环变量的取值,第一次循环 i=1,result=1 * 1=1,之后 i+3;第二次循环 i=4,result=1 * 4=4,之后 i+3 为 7 不符合 For 循环条件,结束循环,输出结果为 4.

374. 在窗体中有一个命令按钮 Command1 和一个文本框 Text1,编写事件代码如下:

```
Private Sub Command1_Click()
    For i = 1 To 4
        x = 3
        For j = 1 To 3
            For k = 1 To 2
                x = x + 3
            Next k
        Next j
    Next i
    Text1.Value = Str(x)
End Sub
```

打开窗体运行后,单击命令按钮,文本框 Text1 输出的结果是(　　)。

A) 6　　B) 12　　C) 18　　D) 21

参考答案:D

【解析】题目中程序是在文本框中输出 x 的值,x 的值由一个三重循环求出,在第一重循环中,x 的初值都是 3,因此,本段程序重复运行 4 次,每次 x 初值为 3,然后再经由里面两重循环的计算。在里面的两重循环中,每循环一次,x 的值加 3,里面两重循环分别从 1 到 3,从 1 到 2 共循环 6 次,所以 x 每次加 3,共加 6 次,最后的结果为 x=3+6 * 3=21。Str 函数将数值表达式转换成字符串,即在文本框中显示 21。

375. 窗体中有命令按钮 Command1,事件过程如下:

```
Public Function f(x As Integer) As Integer
    Dim y As Integer
    x = 20
    y = 2
    f = x * y
End Function
Private Sub Command1_Click()
    Dim y As Integer
    Static x As Integer
    x = 10
    y = 5
    y = f(x)
    Debug.Print x;y
End Sub
```

运行程序,单击命令按钮,则立即窗口中显示的内容是(　　)。

A) 10　5　　B) 10　40　　C) 20　5　　D) 20　40

参考答案:D

【解析】本题考查的是变量的作用域,程序中命令按钮中的 x 是用 Static 定义的局部静态变量,只在模块的内部使用,过程执行时才可见。当调用 f 函数时,所求的 f 函数的值是 f 函数中 x 和 y 的值乘积,即 f 函数的值是 2 * 20=40,调用 f 函数后,原命令按钮中 x 的值被

f 函数的值覆盖,即 x=20,。最后输出 x=20,y=40,故答案为 D)。

376. 下列程序段的功能是实现"学生"表中"年龄"字段值加 1:

```
Dim Str As String
Str = "【                    】"
Docmd.RunSQL Str
```

括号内应填入的程序代码是(　　)。

A) 年龄=年龄+1　　B) Update 学生 Set 年龄=年龄+1

C)Set 年龄=年龄+1　　D) Edit 学生 Set 年龄=年龄+1

参考答案:B

【解析】实现字段值的增加用 Update 更新语句,语句格式为:Update 表名 SET 字段名=表达式,题目中要实现对"学生"表中"年龄"字段值加 1,因此,正确的语句是:Update 学生 Set 年龄=年龄+1。

377. 如果在被调用的过程中改变了形参变量的值,但又不影响实参变量本身,这种参数传递方式称为(　　)。

A) 按值传递　　B) 按地址传递　　C) ByRef 传递　　D) 按形参传递

参考答案:A

【解析】参数传递有两种方式:按值传递 ByVal 和按址传递 ByRef。按值传递是单向传递,改变了形参变量的值而不会影响实参本身;而按址传递是双向传递,任何引起形参的变化都会影响实参的值。

378. 窗体中有 3 个命令按钮,分别命名为 Command1、Command2 和 Command3。当单击 Command1 按钮时,Command2 按钮变为可用,Command3 按钮变为不可见。下列 Command1 的单击事件过程中,正确的是(　　)。

A)
```
Private Sub Command1_Click()
    Command2.Visible = True
    Command3.Visible = False
End Sub
```

B)
```
Private Sub Command1_Click()
    Command2.Enabled = True
    Command3.Enabled = False
End Sub
```

C)
```
Private Sub Command1_Click()
    Command2.Enabled = True
    Command3.Visible = False
End Sub
```

D)
```
Private Sub Command1_Click()
    Command2.Visible = True
    Command3.Enabled = False
End Sub
```

参考答案:C

【解析】控件的 Enabled 属性是设置控件是否可用,如设为 True 表示控件可用,设为

False 表示控件不可用;控件的 Visible 属性是设置控件是否可见,如设为 True 表示控件可见,设为 False 表示控件不可见。此题要求 Command2 按钮变为可用,Command3 按钮变为不可见,所以选项 C)正确。

379. VBA 中定义符号常量使用的关键字是(　　)。

A) Const　　B) Dim　　C) Public　　D) Static

参考答案:A

【解析】符号常量使用关键字 Const 来定义,格式为:Const 符号常量名称=常量值。Dim 是定义变量的关键字,Public 关键字定义作用于全局范围的变量、常量,Static 用于定义静态变量。

380. 下列表达式计算结果为数值类型的是(　　)。

A) #5/5/2013# - #5/1/2013#　　B) "102" > "11"

C) 102 = 98 + 4　　D) #5/1/2013# + 5

参考答案:A

【解析】A)选项中两个日期数据相减后结果为整型数据 4,说明两个日期数据间相差 4 天。B)选项中是两个字符串比较,结果为 False,是布尔型。C)选项中为关系表达式的值,结果为 True,是布尔型。D)选项中为日期型数据加 5,结果为#5/6/2013#,仍为日期型。

381. 要将"选课成绩"表中学生的"成绩"取整,可以使用的函数是(　　)。

A) Abs([成绩])　　B) Int([成绩])

C) Sqr([成绩])　　D) Sgn([成绩])

参考答案:B

【解析】取整函数是 Int,而 Abs 是求绝对值函数,Sqr 是求平方根函数,Sgn 函数返回的是表达式的符号值。

382. 将一个数转换成相应字符串的函数是(　　)。

A) Str　　B) String　　C) Asc　　D) Chr

参考答案:A

【解析】将数值表达式的值转化为字符串的函数是 Str。而 String 返回一个由字符表达式的第 1 个字符重复组成的指定长度的字符串;Asc 函数返回字符串首字符的 ASCII 值;Chr 函数返回以数值表达式值为编码的字符。

383. 可以用 InputBox 函数产生输入对话框。执行语句:

```
st = InputBox("请输入字符串","字符串对话框","aaaa")
```

当用户输入字符串"bbbb",按 OK 按钮后,变量 st 的内容是(　　)。

A) aaaa　　B) 请输入字符串　　C) 字符串对话框　　D) bbbb

参考答案:D

【解析】InputBox 函数表示在对话框中显示提示,等待用户输入正文或按下按钮,并返回包含文本框内容的字符串,本题中的输入框初始显示为 aaaa,输入 bbbb 后点击 OK 按钮后,bbbb 传给变量 st。

384. 由"For i = 1 To 16 Step 3"决定的循环结构被执行(　　)。

A) 4 次　　B) 5 次　　C) 6 次　　D) 7 次

参考答案:C

【解析】题目考查的是 For 循环结构，循环初值 i 为 1，终值为 16，每次执行循环 i 依次加 3，则 i 分别为 1、4、7、10、13、16，则循环执行 6 次。

385. 运行下列程序，输入数据 8、9、3、0 后，窗体中显示结果是(　　)。

```
Private Sub Form_Click()
    Dim sum As Integer, m As Integer
    sum = 0
    Do
        m = InputBox("输入 m")
        sum = sum + m
    Loop Until m = 0
    MsgBox sum
End Sub
```

A) 0　　B) 17　　C) 20　　D) 21

参考答案：C

【解析】本题程序是通过 Do 循环结构对键盘输入的数据进行累加，循环结束条件是输入的字符为 0，题目在输入 0 之前输入的 3 个有效数据 8、9、3 相加值为 20。

386. 窗体中有命令按钮 Command1 和文本框 Text1，事件过程如下：

```
Function result(ByVal x As Integer) As Boolean
    If x Mod 2 = 0 Then
        result = True
    Else
        result = False
    End If
End Function
Private Sub Command1_Click()
    x = Val(InputBox("请输入一个整数"))
    If【        】Then
        Text1 = Str(x) & "是偶数."
    Else
        Text1 = Str(x) & "是奇数."
    End If
End Sub
```

运行程序，单击命令按钮，输入 19，在 Text1 中会显示"19 是奇数"。那么在程序的括号内应填写(　　)。

A) NOT result(x)　　B) result(x)

C) result(x)="奇数"　　D) result(x)="偶数"

参考答案：B

【解析】本题程序是判断奇偶的程序。函数 result()用来判断 x 是否为偶数，如果 x 是偶数，那么 result 的返回值为真，否则返回值为假。调用 result 函数且 result 函数值为真时的表达式为：result(x)。

387. 若有如下 Sub 过程：

```
Sub  sfun(x As Single,  y As Single)
    t = x
    x = t / y
    y = t Mod y
```

```
End  Sub
```

在窗体中添加一个命令按钮 Command33,对应的事件过程如下:

```
Private  Sub  Command33_Click()
    Dim  a  As  Single
    Dim  b  As  Single
    a = 5   :  b = 4
    sfun a, b
    MsgBox  a & chr(10) + chr(13) & b
End  Sub
```

打开窗体运行后,单击命令按钮,消息框中有两行输出,内容分别为(   )。

A) 1 和 1　　B) 1.25 和 1　　C) 1.25 和 4　　D) 5 和 4

参考答案:B

【解析】此题中设定了一个 sfun()函数,进行除法运算和求模运算。命令按钮的单击事件中,定义两变量 a=5,b=4,调用 sfun 函数传递 a,b 的值给 x,y 进行运算,t=x=5,y=4;x=t/y=5/4=1.25(除法运算);y=t Mod y=5 mod 4=1(求模运算)。sfun 函数参数没有指明参数传递方式,则默认以传址方式传递,因此 a 的值为 1.25,b 的值为 1。

388. VBA 程序流程控制的方式是(   )。

A) 顺序控制和分支控制　　B) 顺序控制和循环控制

C)循环控制和分支控制　　D) 顺序、分支和循环控制

参考答案:D

【解析】程序流程控制一般有三种,有顺序流程、分支流程和循环流程。顺序流程为程序的执行依语句顺序,分支流程为程序根据 If 语句或 Case 语句使程序流程选择不同的分支,循环流程则是依据一定的条件使指定的程序语句反复执行。

389. 在窗体中有一个命令按钮 Command1,编写事件代码如下:

```
Private Sub Command1_Click()
    Dim s As Integer
    s = P(1) + P(2) + P(3) + P(4)
    debug.Print s
End Sub
Public Function P(N As Integer)
    Dim Sum As Integer
    Sum = 0
    For i = 1 To N
        Sum = Sum + i
    Next i
    P = Sum
End Function
```

打开窗体运行后,单击命令按钮,输出结果是(   )。

A) 15　　B) 20　　C) 25　　D) 35

参考答案:B

【解析】题目中在命令按钮的单击事件中调用了过程 P。而过程 P 的功能是根据参数 N,计算从 1 到 N 的累加,然后返回这个值。N=1 时,P(1)返回 1,N=2 时,P(2)返回 3,N=3 时, P(3)返回 6,N=4 时,P(4)返回 10,所以 s=1+3+6+10=20。

390. 下列过程的功能是:通过对象变量返回当前窗体的 RecordSet 属性记录集引用,

消息框中输出记录集的记录(即窗体记录源)个数。

```
Sub GetRecNum()
    Dim rs As Object
    Set rs = Me.RecordSet
    MsgBox 【          】
End Sub
```

程序括号内应填写的是(　　)。

A) Count　　B) rs. Count

C) RecordCount　　D) rs. RecordCount

参考答案:D

【解析】题目中对象变量 rs 返回当前窗体的 RecordSet 属性记录集的引用,那么通过访问对象变量 rs 的属性 RecordCount 就可以得到该记录集的记录个数,引用方法为 rs. ReordCount。

391. 表达式 4+5 \6 * 7 / 8 Mod 9 的值是(　　)。

A) 4　　B) 5　　C) 6　　D) 7

参考答案:B

【解析】题目的表达式中涉及的运算的优先级顺序由高到低依次为:乘法和除法(*、/)、整数除法(\、求模运算(Mod)、加法(+)。因此 4+5\ 6 * 7 / 8 Mod 9 = 4 + 5 \ 42/8 Mod 9= 4 + 5 \5.25 Mod 9= 4 + 1 Mod 9=4+1=5。

392. 对象可以识别和响应的行为称为(　　)。

A) 属性　　B) 方法　　C) 继承　　D) 事件

参考答案:D

【解析】事件是对象所能辨识和检测的动作,当此动作发生于某一个对象上时,其对应的事件便会被触发,并执行相应的事件过程。

393. MsgBox 函数使用的正确语法是(　　)。

A) MsgBox(提示信息[,标题][,按钮类型])

B) MsgBox(标题 [,按钮类型][,提示信息])

C) MsgBox(标题 [,提示信息][,按钮类型])

D) MsgBox(提示信息 [,按钮类型][,标题])

参考答案:D

【解析】MsgBox 函数的语法格式为:

```
MsgBox(Prompt[,Buttons][,Title][,Helpfile][,Context])
```

其中 Prompt 是必需的,其他为可选参数。

394. 在定义过程时,系统将形式参数类型默认为(　　)。

A) 值参　　B) 变参　　C) 数组　　D) 无参

参考答案:B

【解析】在 VBA 中定义过程时,如果省略参数类型说明,那么该参数将默认为按地址传递的变型参数,如果在过程内部对该参数的值进行了改变,那么就会影响实际参数的值。

395. 在一行上写多条语句时,应使用的分隔符是(　　)。

A) 分号　　B) 逗号　　C) 冒号　　D) 空格

参考答案:C

【解析】VBA 中在一行中写多条语句时,应使用冒号(:)分隔。

396. 如果 A 为"Boolean"型数据,则下列赋值语句正确的是(　　)。

A) A="true"　　　　B) A=. true

C) A=#TURE#　　　　D) A=3<4

参考答案:D

【解析】为 Boolean 型变量赋值可以使用系统常量 True、False,也可以通过关系表达式为变量赋值。题目中只有 A=3<4 能够正确为 Boolean 变量赋值,表达式 3<4 为真。

397. 编写如下窗体事件过程:

```
Private Sub Form_MouseDown(Button As Integer,Shift As Integer,X As Single,Y As Single)
    If Shift = 6 And Button = 2 Then
      MsgBox "Hello"
    End If
End Sub
```

程序运行后,为了在窗体上消息框中输出"Hello"信息,在窗体上应执行的操作是(　　)。

A) 同时按下 Shift 键和鼠标左键

B) 同时按下 Shift 键和鼠标右键

C) 同时按下 Ctrl、Alt 键和鼠标左键

D) 同时按下 Ctrl、Alt 键和鼠标右键

参考答案:D

【解析】在窗体的鼠标事件中,参数 Button 的值为 1 表示左键按下,为 2 表示右键按下,值为 4 表示中间按键按下;参数 Shift 的值为 1 表示 Shift 键按下,为 2 表示 Ctrl 键按下,为 4 表示 Alt 键按下;为 6 则说明是 Ctrl 键和 Alt 键按下。

398. Dim b1,b2 As Boolean 语句显式声明变量(　　)。

A) b1 和 b2 都为布尔型变量　　　　B) b1 是整型,b2 是布尔型

C) b1 是变体型(可变型),b2 是布尔型　　　　D) b1 和 b2 都是变体型(可变型)

参考答案:C

【解析】在使用 Dim 显式声明变量时,如果省略"As 类型",那么变量将被定义为默认的变体型(Variant 类型)。

399. Rnd 函数不可能产生的值是(　　)。

A) 0　　B) 1　　C) 0.1234　　D) 0.00005

参考答案:B

【解析】Rnd 函数产生一个 0～1 之间的单精度随机数,Rnd 函数返回小于 1 但大于或等于 0 的值。

400. 运行下列程序,显示的结果是(　　)。

```
a = instr(5,"Hello! Beijing.","e")
b = Sgn(3>2)
c = a + b
MsgBox c
```

A) 1　　B) 3　　C) 7　　D) 9

参考答案:C

【解析】题目中 instr(5,"Hello! Beijing.","e")的含义是从"Hello! Beijing"的第 5 个字符开始查找"e"在整个字符串中出现的位置,它在第 8 个字符位置,因此,a 值为 8;Sgn 函数是返回表达式符号,表达式大于 0 时返回 1,等于 0 返回 0,小于 0 返回－1;表达式 3＞2 的值为 True,True 转为整数时为－1,False 转为整数时为 0,因此,b 值为－1。由此可得 c＝a＋b＝8－1＝7。

401. 假定有以下两个过程:

```
SubS1(ByVal x As Integer,ByVal y As Integer)
    Dim t As Integer
    t = x
    x = y
    y = t
End Sub
Sub S2(x As Integer,y As Integer)
    Dim t As Integer
    t = x : x = y : y = t
End Sub
```

下列说法正确的是(　　)。

A) 用过程 S1 可以实现交换两个变量的值的操作,S2 不能实现

B) 用过程 S2 可以实现交换两个变量的值的操作,S1 不能实现

C) 用过程 S1 和 S2 都可以实现交换两个变量的值的操作

D) 用过程 S1 和 S2 都不可以实现交换两个变量的值的操作

参考答案:B

【解析】过程 S2 中省略了参数传递方式说明,因此,参数将默认按传址调用,而过程 S1 声明为按值传递(ByVal)调用参数。而在过程调用时,如果按传值调用,实参只是把值传给了形参,在过程内部对形参值进行改变不会影响实参变量,按传址调用则不同,在过程中对形参值进行改变也会影响实参的值。因此,过程 S2 能够交换两个变量的值,而 S1 不能实现。

402. 如果在 C 盘根文件夹下存在名为 StuData.dat 的文件,那么执行语句 Open "C:\StuData.dat" For Append As ＃1 之后将(　　)。

A) 删除文件中原有内容

B) 保留文件中原有内容,在文件尾添加新内容

C) 保留文件中原有内容,在文件头开始添加新内容

D) 保留文件中原有内容,在文件中间开始添加新内容

参考答案:B

【解析】文件打开方式中使用 For Append 时,指定文件按顺序方式输出,文件指针被定位在文件末尾。执行写操作时,则写入的数据附加到原来文件的后面。

403. ADO 对象模型中可以打开并返回 RecordSet 对象的是(　　)。

A) 只能是 Connection 对象　　B) 只能是 Command 对象

C) 可以是 Connection 对象和 Command 对象　　D) 不存在

参考答案:C

【解析】RecordSet 对象代表记录集,这个记录集是连接的数据库中的表或者是

Command 对象的执行结果所返回的记录集。Connection 对象用于建立与数据库的连接，通过连接可从应用程序访问数据源。因此，可以打开和返回 RecordSet 对象。Command 对象在建立 Connection 后，可以发出命令操作数据源，并返回 RecordSet 对象。

404. 表达式 Fix(－3.25)和 Fix(3.75)的结果分别是(　　)。

A) －3,3　　B) －4,3　　C) －3,4　　D) －4,4

参考答案:A

【解析】Fix()函数返回数值表达式的整数部分，参数为负值时返回大于等于参数数值的第一个负数。因此，Fix(－3.25)返回－3，Fix(3.75)返回 3。

405. 一个窗体上有两个文本框，其放置顺序分别是：Text1，Text2，要想在 Text1 中按“回车”键后焦点自动转到 Text2 上，需编写的事件是(　　)。

A) Private Sub Text1_KeyPress(KeyAscii As Integer)

B) Private Sub Text1_LostFocus()

C) Private Sub Text2_GotFocus()

D) Private Sub Text1_Click()

参考答案:A

【解析】根据题目的要求，如果想要在 Text1 中按“回车”键使焦点自动转到 Text2 上，那么就需要编写 Text1 的按键事件过程，即 Sub Text1_KeyPress()。具体实现代码如下：

```
Private Sub Text1_KeyPress(KeyAscii As Integer)
    If KeyAscii = 13 Then Text2.SetFocus
End Sub
```

406. 将逻辑型数据转换成整型数据，转换规则是(　　)。

A) 将 True 转换为－1，将 False 转换为 0

B) 将 True 转换为 1，将 False 转换为－1

C) 将 True 转换为 0，将 False 转换为－1

D) 将 True 转换为 1，将 False 转换为 0

参考答案:A

【解析】在 VBA 中将逻辑型数据转换成整型数据时，True 转为－1，False 转为 0。

407. 对不同类型的运算符，优先级的规定是(　　)。

A) 字符运算符 ＞ 算术运算符 ＞ 关系运算符 ＞ 逻辑运算符

B) 算术运算符 ＞ 字符运算符 ＞ 关系运算符 ＞ 逻辑运算符

C) 算术运算符 ＞ 字符运算符 ＞ 逻辑运算符 ＞ 关系运算符

D) 字符运算符 ＞ 关系运算符 ＞ 逻辑运算符 ＞ 算术运算符

参考答案:B

【解析】对不同类型的运算符，优先级为：算术运算符＞连接运算符(字符运算符)＞比较运算符(关系运算符)＞逻辑运算符。所有比较运算符的优先级相同。算术运算符中，指数运算符(^)＞负数(－)＞乘法和除法(*、/)＞整数除法(\)＞求模运算(Mod)＞加法和减法(＋、－)。括号优先级最高。

408. VBA 中构成对象的三要素是(　　)。

A) 属性、事件、方法　　B) 控件、属性、事件

C) 窗体、控件、过程　　D) 窗体、控件、模块

参考答案:A

【**解析**】VBA 中构成对象的三要素是属性、事件和方法。每种对象都具有一些刻画对象自身的属性。对象的方法就是对象可以执行的行为。事件是对象可以识别或响应的动作。

409. 表达式 $X+1>X$ 是(　　)。

A) 算术表达式　　B) 非法表达式

C) 关系表达式　　D) 字符串表达式

参考答案:C

【**解析**】由于不同类型的运算符的优先级为:算术运算符>连接运算符(字符运算符)>比较运算符(关系运算符)>逻辑运算符。因此表达式 X+1>X 又可写成(X+1)>X,即这个表达式是一个关系表达式。

410. 如有数组声明语句 Dim a(2,-3 to 2,4),则数组 a 包含元素的个数是(　　)。

A) 40　　B) 75　　C) 12　　D) 90

参考答案:D

【**解析**】数组的默认下限为 0,所以 Dim a(2,-3 to 2 ,4),第一维下标为 0,1,2,共 3 个,第二维下标为-3,-2,-1,0,1,2,共 6 个,第三维下标为 0,1,2,3,4,共 5 个,所以数据 a 包含的元素个数为 3 * 6 * 5=90。

411. 表达式 123 + Mid$("123456",3,2)的结果是(　　)。

A) "12334"　　B) 12334　　C) 123　　D) 157

参考答案:D

【**解析**】Mid$("123456",3,2)是从字符串中第 3 个字符开始取 2 个字符,结果是"34",于是,题目中的表达式成为 123+"34"。在 VBA 中数值和数字字符串进行运算时,会把数字字符串转换为数值进行运算,所以表达式 123+"34"就成为 123+34=157。

412. InputBox 函数的返回值类型是(　　)。

A) 数值　　B) 字符串

C) 变体　　D) 数值或字符串(视输入的数据而定)

参考答案:B

【**解析**】输入框用于在一个对话框中显示提示,等待用户输入正文并按下按钮,返回包含文本框内容的字符串数据信息。简单说就是它的返回值是字符串。

413. 删除字符串前导和尾随空格的函数是(　　)。

A) LTrim()　　B) RTrim()　　C) Trim()　　D) LCase()

参考答案:C

【**解析**】删除字符串开始和尾部空格使用函数 Trim()。而函数 LTrim()是删除字符串的开始空格,RTrim()函数是删除字符串的尾部空格。LCase()函数是将字符串中大写字母转换成小写字母。

414. 有以下程序段:

```
K = 5
Fori = 1 to 10 step 0
    K = k + 2
Nexti
```

执行该程序段后,结果是(　　)。

A) 语法错误　　B) 形成无限循环

C) 循环体不执行直接结束循环　　D) 循环体执行一次后结束循环

参考答案:B

【解析】题目的 For 循环 i 初值为 1,终值为 10,步长为 0,那么循环变量 i 永远到不了终值 10,循环体将无限循环下去。

415. 运行下列程序,显示的结果是(　　)。

```
S = 0
For i = 1 To 5
    For j = 1 To i
        For k = j To 4
            s = s + 1
        Next k
    Next j
Nexti
MsgBox s
```

A) 4　　B) 5　　C) 38　　D) 40

参考答案:D

【解析】本题是多层 For 嵌套循环,最内层是循环次数计数,最外层循环会执行 5 次,而内层循环会因 i 的值不同而执行不同次数的循环。当:

I=1 时,s=4

I=2 时,s=4+4+3=11

I=3 时,s=11+4+3+2=20

I=4 时,s=20+4+3+2+1=30

I=5 时,s=30+4+3+2+1=40,因此 s 的值最终为 40。

416. VBA 代码调试过程中,能显示当前过程中所有变量声明及变量值信息的是(　　)。

A) 快速监视窗口　　B) 监视窗口

C) 立即窗口　　D) 本地窗口

参考答案:D

【解析】本地窗口自动显示出所有在当前过程中的变量声明及变量值。本地窗口打开后,可以展开显示当前实例的全部属性和数据成员。

417. 下列只能读不能写的文件打开方式是(　　)。

A) Input　　B) Output　　C) Random　　D) Append

参考答案:A

【解析】VBA 中如果文件打开方式为 Input,则表示从指定的文件中读出记录,此方式不能对打开的文件进行写操作,如果指定的文件不存在则会产生“文件未找到”错误。其他 3 种形式均可以对打开的文件进行写操作。

418. VBA 中不能实现错误处理的语句结构是(　　)。

A) On Error Then 标号　　B) On Error Goto 标号

C) On Error Resume Next　　D) On Error Goto 0

参考答案:A

【解析】VBA 中实现错误处理的语句一般语法如下：

```
On Error GoTo 标号
On Error ReSume Next
On Error GoTo 0
```

419. 用一个对象来表示"一只白色的足球被踢进球门"，那么"白色""足球""踢""进球门"分别对应的是(　　)。

A) 属性、对象、方法、事件　　B) 属性、对象、事件、方法

C) 对象、属性、方法、事件　　D) 对象、属性、事件、方法

参考答案:B

【解析】对象就是一个实体，比如足球；每个对象都具有一些属性可以相互区分，比如颜色；对象的方法就是对象的可以执行的行为，比如足球可以踢，人可以走；而对象可以辨别或响应的动作是事件，比如足球进门。

420. 以下可以将变量 A、B 值互换的是(　　)。

A) A=B ：B=A　　B) A=C ：C=B ：B=A

C) A=(A+B)/2 ：B=(A-B)/2　　D) A=A+B ：B=A-B：A=A-B

参考答案:D

【解析】D)选项变量 A,B 的和减 B 的值得到 A 的值，赋给了 B，此时 B 中是原来 A 的值了，然后 A,B 的和减去现在 B 的值，即减去原来 A 的值等于原来 B 的值，赋给 A，这样 A,B 的值就交换了。

421. 随机产生 [10,50] 之间整数的正确表达式是(　　)。

A) Round(Rnd * 51)　　B) Int(Rnd * 40+10)

C) Round(Rnd * 50)　　D) 10+Int(Rnd * 41)

参考答案:D

【解析】Rnd 函数产生的是 0～1 之间的浮点数，不包含 1，Rnd * 41 则为 0～41 之间的浮点数，不包含 41，Int(Rnd * 41)则产生[0,40]之间的整数，10+Int(Rnd * 41)则是[10,50]之间的整数。

422. 函数 InStr(1,"eFCdEfGh","EF",1)执行的结果是(　　)。

A) 0　　B) 1　　C) 5　　D) 6

参考答案:B

【解析】InStr 函数的语法是：InStr([Start,]<Str1>,<Str2>[,Compare])

其中 Start 检索的起始位置，题目中为 1，表示从第 1 个字符开始检索；Str1 表示待检索的串，Str2 表示待检索的子串；Compare 取值 0 或缺省时表示做二进制比较，取值为 1 表示不区分大小写，题目中值为 1，因此，检索时不区分大小写。因此，题目中函数返回值为 1。

423. MsgBox 函数返回值的类型是(　　)。

A) 数值　　B) 变体

C) 字符串　　D) 数值或字符串(视输入情况而定)

参考答案:A

【解析】MsgBox 函数的返回值是一个数值，告诉用户单击了哪一个按钮。比如 MsgBox 消息框显示"确定"按钮，则单击确定按钮 MsgBox 函数的返回值为 1。

424. 下列逻辑运算结果为"true"的是(　　)。

A) false or not true　　B) true or not true

C)false and not true　　D) true and not true

参考答案:B

【解析】逻辑运算符的优先级别为:Not>And>Or。因此,Flase Or Not True 的值为 Flase,True Or Not True 的值为 True,False And Not True 的值为 Fase,True And Not True 的值为 Fase。

425. 下列程序段运行结束后,变量 c 的值是(　　)。

```
a = 24
b = 328
select case b\10
    case 0
        c = a * 10 + b
    case 1 to 9
        c = a * 100 + b
    case 10 to 99
        c = a * 1000 + b
end select
```

A) 537　　B) 2427　　C) 24328　　D) 240328

参考答案:C

【解析】程序中 Select Case 语句中 b\100 的值为 32,因此,程序执行 Case 10 to 99 后边的 c=a * 1000+b 语句,即 c=24 * 1000+328=24328。

426. 有下列程序段:

```
Dim s,i,j as Integer
Fori = 1 to 3
    For j = 3 To 1   Step  - 1
        s = i * j
    Next j
Nexti
```

执行完该程序段后,循环执行次数是(　　)。

A) 3　　B) 4　　C) 9　　D) 10

参考答案:C

【解析】外层 For 循环从 1 到 3 将执行 3 次,内层循环从 3 到 1 递减,也将执行 3 次,因此,整个程序段的循环体将执行 3 * 3=9 次。

427. 下列程序段运行结束后,消息框中的输出结果是(　　)。

```
DimC As Boolean
A = Sqr(3)
B = Sqr(2)
C = a>b
MsgBox C
```

A) −1　　B) 0　　C) False　　D) True

参考答案:D

【解析】Sqr 函数为求平方根,显然 3 的平方根比 2 的平方根大,因此,a>b 的值为 True,即 c 的值为 True,MsgBox 输出逻辑变量的值时会直接输出“False”或“True”。

428. a 和 b 中有且只有一个为 0,其正确的表达式是(　　)。

A) a=0 or b=0　　B) a=0 Xor b=0

C) a=0 And b=0　　D) a * b=0 And a+b<>0

参考答案:D

【解析】 0 与任何数相乘都为 0,0 和一个不为 0 的数相加的值一定不为 0,因此,表达式 a * b=0 And a+b<>0 能够表示 a 和 b 中有且只有一个为 0。

429. 有下列命令按钮控件 test 的单击事件过程:

```
Private Sub test_click()
    Dim I, R
    R = 0
    For I = 1 To 5 Step 1
        R = R + I
    Next I
    bResult.Caption = Str(R)
End Sub
```

当运行窗体单击命令按钮时,在名为 bResult 的窗体标签内将显示的是(　　)。

A) 字符串 15　　B) 字符串 5　　C) 整数 15　　D) 整数 5

参考答案:A

【解析】 程序运行后,R 的值为从 1 到 5 累加,为 15。函数 Str 的功能是将数值转换为字符串,因此,bResult 的窗体标题将显示字符串 15。

430. 能够实现从指定记录集里检索特定字段值的函数是(　　)。

A) DAvg　　B) DSum　　C) DLookUp　　D) DCount

参考答案:C

【解析】 DLookUp 函数是从指定记录集里检索特定字段的值。它可以直接在 VBA、宏、查询表达式或计算控件使用,而且主要用于检索来自外部表字段中的数据。

431. 在 VBA 中按文件的访问方式不同,可以将文件分为(　　)。

A) 顺序文件、随机文件和二进制文件　　B) 文本文件和数据文件

C) 数据文件和可执行文件　　D) ASCII 文件和二进制文件

参考答案:A

【解析】 VBA 中打开文件的格式为:

```
Open 文件名 [For 方式] [Access 存取类型] [锁定] As [#]文件号 [Len = 记录长度]
```

其中"方式"可以是以下几种:Output、Input、Append 为指定顺序输出输入方式,Random 为指定随机存取方式,Binary 为指定二进制文件。因此,按文件访问方式不同可以将文件分为顺序文件、随机文件和二进制文件。

432. 下列程序段运行结束后,变量 x 的值是(　　)。

```
x = 2
y = 2
Do
    x = x * y
    y = y + 1
Loop While y < 4
```

A) 4　　B) 12　　C) 48　　D) 192

参考答案:B

【解析】程序中使用了 Do…While 循环,循环体至少执行一次,循环继续执行的条件是 y<4。循环体中 x=x*y=2*2=4,y=y+1=3,条件满足循环体继续执行,x=4*3=12,y=3+1=4.此时条件不满足,不再执行循环体,循环结束。

433. 在 Access 中,如果变量定义在模块的过程内部,当过程代码执行时才可见,则这种变量的作用域为(　　)。

A) 程序范围　　B) 全局范围　　C) 模块范围　　D) 局部范围

参考答案:D

【解析】在过程内部定义的变量,当过程代码执行时才可见,则它的作用域只在该过程内部,属于局部变量。

434. 数据库中有“Emp”,包括“Eno”“Ename”“Eage”“Esex”“Edate”“Eparty”等字段。下面程序段的功能是:在窗体文本框“tValue”内输入年龄条件,单击“删除”按钮完成对该年龄职工记录信息的删除操作。

```
Private Sub btnDelete_Click()            '单击"删除"按钮
    Dim strSQL  As String                '定义变量
    strSQL = "delete from Emp"           '赋值 SQL 基本操作字符串
    '判断窗体年龄条件值无效(空值或非数值)处理
    If IsNull(Me! tValue) = True Or IsNumeric(Me! tValue) = False Then
        MsgBox "年龄值为空或非有效数值!", vbCritical, "Error"
        '窗体输入焦点移回年龄输入的文本框 tValue 控件内
        Me! tValue.SetFocus
    Else
        '构造条件删除查询表达式
        strSQL = strSQL & " where Eage = " & Me! tValue
        '消息框提示"确认删除? (Yes/No)",选择"Yes"实施删除操作
        If MsgBox("确认删除? (Yes/No)", vbQuestion + vbYesNo, "确认") = vbYes Then
            '执行删除查询
            DoCmd.____________________  strSQL
            MsgBox "completed!", vbInformation, "Msg"
        End If
    End If
End Sub
```

按照功能要求,下划线处应填写的是(　　)。

A) Execute　　B) RunSQL

C) Run　　D) SQL

参考答案:B

【解析】DoCmd 对象用 RunSQL 方法运行 Access 的查询。

435. 教师管理数据库有数据表“teacher”,包括“编号”“姓名”“性别”和“职称”四个字段。下面程序的功能是:通过窗体向 teacher 表中添加教师记录。对应“编号”“姓名”“性别”和“职称”的 4 个文本框的名称分别为:tNo、tName、tSex 和 tTitles。当单击窗体上的“增加”命令按钮(名称为 Command1)时,首先判断编号是否重复,如果不重复,则向“teacher”表中添加教师记录;如果编号重复,则给出提示信息。

有关代码如下:

```
Private ADOcn   As New ADODB.Connection
Private Sub Form_Load()
```

```
    '打开窗口时,连接 Access 本地数据库
    Set ADOcn = ____________________
End Sub
Private Sub Command0_Click()
    '追加教师记录
    Dim strSQL As String
    Dim ADOcmd  As New ADODB.Command
    Dim ADOrs  As New ADODB.Recordset
    Set ADOrs.ActiveConnection = ADOcn
    ADOrs.Open "Select 编号 From teacher Where 编号 ='" + tNo + "'"
    If Not ADOrs.EOF Then
        MsgBox "你输入的编号已存在,不能新增加!"
    Else
        ADOcmd.ActiveConnection = ADOcn
        strSQL = "Insert Into teacher(编号,姓名,性别,职称) "
    strSQL = strSQL + " Values('" + tNo + "','" + tName + "','" + tSex + "','" + tTitles + "')"
        ADOcmd.CommandText = strSQL
        ADOcmd.Execute
        MsgBox "添加成功,请继续!"
    End If
    ADOrs.Close
    Set ADOrs = Nothing
End Sub
```

按照功能要求,在横线上应填写的是(　　)。

A) CurrentDB　　　　B) CurrentDB. Connention

C) CurrentProject　　　　D) CurrentProject. Connection

参考答案:D

【解析】由于变量 ADOcn 定义为 ADODB 连接对象,因此,当初始化为连接当前数据库时要使用 Set ADOcn=CurrentProject. Connection。因为 CurrentDb 是 DAO. Database 的对象,而 CurrentProject 才是适用于 ADO. Connection 的对象。

436. 已知学生表(学号,姓名,性别,生日),以下事件代码功能是将学生表中生日为空值的学生"性别"字段值设置为"男"。

```
Private Sub Command0_Click()
    Dim str As String
    Set db = CurrentDb()
    str = "______________________________"
    DoCmd.RunSQL str
End Sub
```

按照功能要求,在横线上应填写的是(　　)。

A) Update 学生表 set 性别='男'　where 生日 Is Null

B) Update 学生表 set 性别='男'　where 生日=Null

C) Set 学生表 Values 性别='男'　where 生日 Is Null

D) Set 学生表 Values 性别='男'　where 生日=Null

参考答案:A

【解析】本题考查 SQL 语句,SQL 语句更新数据要使用 Update 语句,判断字段是否为空应使用 Is Null 或 IsNull()函数。

437. 教师管理数据库有数据表“teacher”,包括“编号”“姓名”“性别”和“职称”四个字段。下面程序的功能是:通过窗体向“teacher”表中添加教师记录。对应“编号”“姓名”“性别”和“职称”的 4 个文本框的名称分别为:tNo、tName、tSex 和 tTitles。当单击窗体上的“增加”命令按钮(名称为 Command1)时,首先判断编号是否重复,如果不重复,则向“teacher”表中添加教师记录;如果编号重复,则给出提示信息。

```
Private ADOcn As New ADODB.Connection
Private Sub Form_Load()
    '打开窗口时,连接 Access 本地数据库
    Set ADOcn = CurrentProject.Connection
End Sub
Private Sub Command0_Click()
    '追加教师记录
    Dim strSQL As String
    Dim ADOcmd  As New ADODB.Command
    Dim ADOrs   As New ADODB.Recordset
    Set ADOrs.ActiveConnection = ADOcn
    ADOrs.Open "Select 编号 From teacher Where 编号 ='" + tNo + "'"
    If Not ADOrs.EOF Then
        MsgBox "你输入的编号已存在,不能新增加!"
    Else
        ADOcmd.ActiveConnection = ADOcn
        strSQL = "Insert Into teacher(编号,姓名,性别,职称) "
      strSQL = strSQL +
            "Values('" + tNo + "','" + tName + "','" + tSex + "','" + tTitles + "')"
        ADOcmd.CommandText = strSQL
        ADOcmd.________
        MsgBox "添加成功,请继续!"
    End If
    ADOrs.Close
    Set ADOrs = Nothing
End Sub
```

按照功能要求,在横线上应填写的是(　　)。

A) Execute　　B) RunSQL　　C) Run　　D) SQL

参考答案:A

【解析】程序中定义了 ADOcmd 为 ADO 的 Command 对象,Command 对象在建立数据连接后,可以发出命令操作数据源,可以在数据库中添加、删除、更新数据。程序中已经将更新字段的 SQL 语句保存到 ADOcmd. CommandText 中,接下来执行 ADOcmd 对象的 Execute 方法即可执行上述语句,即 ADOcmd. Execute。

438. 数据库中有数据表“Emp”,包括“Eno”“Ename”“Eage”“Esex”“Edate”“Eparty”等字段。下面程序段的功能是:在窗体文本框“tValue”内输入年龄条件,单击“删除”按钮完成对该年龄职工记录信息的删除操作。

```
Private Sub btnDelete_Click()              '单击"删除"按钮
    Dim strSQL  As String                  '定义变量
    strSQL = "delete from Emp"             '赋值 SQL 基本操作字符串
    '判断窗体年龄条件值无效(空值或非数值)处理
    If  IsNull(Me! tValue) = True Or IsNumeric(Me! tValue) = False  Then
```

```
            MsgBox "年龄值为空或非有效数值!", vbCritical, "Error"
            '窗体输入焦点移回年龄输入的文本框"tValue"控件内
            Me! tValue.SetFocus
        Else
            '构造条件删除查询表达式
            strSQL = strSQL & " where Eage = " & Me! tValue
            '消息框提示"确认删除?(Yes/No)",确认后实施删除操作
            If ________________ Then
                DoCmd.RunSQL  strSQL          '执行删除查询
                MsgBox "completed!", vbInformation, "Msg"
            End If
        End If
    End Sub
```

按照功能要求,在横线上应填写的是(　　)。

A) MsgBox("确认删除?(Yes/No)",vbQuestion+vbYesNo,"确认")= vbOk

B) MsgBox("确认删除?(Yes/No)",vbQuestion+vbYesNo,"确认")= vbYes

C) MsgBox("确认",vbQuestion+vbYesNo,"确认删除?(Yes/No)")= vbOk

D) MsgBox("确认",vbQuestion+vbYesNo,"确认删除?(Yes/No)")= vbYes

参考答案:B

【解析】 MsgBox 函数的语法为:MsgBox(Prompt,[Buttons],[Title],[Helpfile],[Context])。该函数的返回值告诉用户单击了哪一个按钮。根据题目要求消息框应为 MsgBox("确认删除?(Yes/No)",vbQuestion+vbYesNo,"确认"),显示时会显示"是","否"两个按钮。单击"是"按钮,MsgBox 函数的返回值为 vbYes;单击"否"按钮,MsbBox 函数返回值为 vbNo。

程序类真题

439. 单击命令按钮时,下列程序的执行结果为(　　)。

```
Private Function P(N As Integer)
    Static sum
    For i = 1 To N
        sum = sum + 1
    Next i
    P = sum
End Function
Private Sub Command1_Click()
    S = P(1) + P(2) + P(3) + P(4)
    Debug.Print S
End Sub
```

A) 20　　B) 135　　C) 115　　D)3 0

参考答案:A,P(1)=1,因为是静态变量,P(2)=3,P(3)=6,P(4)=10

440. VBA 表达式 Int(-17.8)+Sgn(17.8)的值是(　　)。

A) -16　　B) 18　　C) -18　　D) -17

参考答案:D,Int(-17.8)的值为-18,Sgn(17.8)值为 1。

441. 下列 VBA 变量中,错误的是(　　)。

A) strname　　B) 3abc　　C) vaone　　D) A_one

参考答案:B,变量名首字符不能是数字。

442. 执行下列程序字段后,变量 b 的值是(　　)。

```
b = 1
Do while (b<40)
        b = b * (b + 1)
    Loop
```

A) 39　　B) 40　　C) 41　　D) 42

参考答案:D

443. 要使循环体至少执行一次,应只用的循环语句是(　　)。

A) While - Wend　　B) Do While -- Loop

C) For - Next　　D) Do - Loop While

参考答案:D

444. 下列程序段的功能是:计算 1+2+3…+10 的值。

```
Dim t,  k as single
k = 0
Do While k <10
    k = k + 1
    【  】
Loop
```

程序【　】处应填写的语句是(　　)。

A) t = t + k　　B) t = t + 2

C) t = t + 1　　D) k = k + 2

参考答案:A

445. 下列程序段的执行结果是

```
Dim a(5) As String
Dim b As Integer
Dim i As Integer
For i = 0 To 5
    a(i) = i + 1
    Debug.Print a(i)
Next i
```

A) 123456　　B) 654321　　C) 0　　D) 6

参考答案:A

446. 在 VBA 中定义了二维数组 B(4,1 to 5),则该数组的元素个数为(　　)。

A) 25　　B) 20　　C) 36　　D) 24

参考答案:A,第一维 5,第二维 5。

447. 在窗体中有命令按钮 Command1 和两个文本框 Text0、Text1,命令按钮对应的代码过程如下:

```
Private Sub Command1_Click()
    Dim m,k As Integer
    dim flag As Boolean
    m = Val(Me! Text0)              '输入一个整数
    Do While 1
```

```
        k = 2
        flag = True
        Do While k< = m/2 And flag
            If m Mod k = 0 Then
                flag = false
            Else
                k = k+1
            End If
        Loop
        If flag Then
            Me! Text1 = m          '输出计算结果
            Exit Do
        Else
            m = m+1
        End If
    Loop
End Sub
```

运行程序,输入 15,单击按钮,程序的输出结果是(　　)。

A) 13　　B) 其他整数　　C) 15　　D) 17

参考答案:D,该段程序功能是判断大于 15 的第一个素数。

448. VBA 中定义符号常量应使用的关键字是(　　)。

A) Private　　B) Static　　C) Const　　D) As

参考答案:C

449. 下列程序的功能是将输入的整数分解为若干质数的乘积。例如,输入 27,则输出 3,3,3,,输入 105,则输出 3,5,7,。

```
Private Sub Command_Click()
    x = Val(InputBox("请输入一个整数"))
    out$ = ""
    y = 2
    Do While (y <= x)
        If (x Mod y = 0) Then
            out$ = out$ & y & ","
            x = 【    】
        Else
            y = y + 1
        End If
    Loop
    MsgBox out$
End Sub
```

为实现指定功能,程序【　】处应填写的语句是(　　)。

A) x * y　　B) x + 1　　C) x mod y　　D) x / y

参考答案:D

450. 如果 VBA 的过程头部为:Private Sub BstData(y As Integer)则变量 y 遵守的参数传递规则是(　　)。

A) 按值传递　　B) 按地址传递　　C) 按实参传递　　D) 按形参传递

参考答案:B

451. 有 Click 事件对应的程序如下：

```
Private Sub Command1_Click( )
    Dim sum As Double, x As Double
    sum = 0
    n = 0
    For i = 1 To 5
        x = n/i
        n = n+1
        sum = sum+x
    Next i
End Sub
```

该程序通过 For 循环计算一个表达式的值，该表达式是(　　)。

A) 1/2+2/3+3/4+4/5　　B) 1+1/2+2/3+3/4+4/5

C) 1/2+1/3+1/4+1/5　　D) 1+1/2+1/3+1/4+1/5

参考答案：A

452. 窗体上命令按钮 command1 对应的 Click 事件过程如下：

```
Private Sub Command1_Click()
    Dim x As Integer
    x = InputBox("请输入 x 的值")
    Select Case x
        Case 1,2,4,10
            Debug.Print "A"
        Case 5 To 9
            Debug.Print "B"
        Case Is = 3
            Debug.Print "C"
        Case Else
            Debug.Print "D"
    End Select
End Sub
```

窗体打开运行，单击命令按钮，在弹出的输入框中输入 6，则立即窗口中输出的是(　　)。

A) A　　B) D　　C) C　　D) B

参考答案：D，6 介于 5 到 9 之间，属第二种情形。

453. 在 VBA 变量的 Hungarian 命名法中，代表复选框的字首码是(　　)。

A) Chk　　B) opt　　C) cmd　　D) Cbo

参考答案：A，Chk 是 Check 的简写

454. 窗体上有命令按钮"Command1"，Click 事件过程如下

```
Private Sub Command1_Click()
    Dim x As Integer
    x = InputBox("请输入 x 的值")
    Select Case x
        Case 1,2,4,6
            Debug.Print "A"
        Case 5,7 To 9
            Debug.Print "B"
        Case Is = 10
```

```
            Debug.Print "C"
        Case Else
            Debug.Print "D"
    End Select
End Sub
```

打开窗体后,单击命令按钮,在弹出的输入框输入 11,则立即窗口上显示的内容是(　　)。

A) B　　B) D　　C) C　　D) A

参考答案:B,11 属于 Case Else 分支。

455. 在程序中要统计职称(duty)为"研究员"或"副研究员"的记录数量,使用 If 语句进行判断并计数,下列选项中,错误的 If 语句是(　　)。

A) If InStr(duty,"研究员") >0 Then n=n+1

B) If InStr(duty="研究员" or duty="副研究员") >0 Then n=n+1

C) If Right(duty,3) = "研究员" Then n=n+1

D) If duty="研究员" or duty="副研究员" Then n=n+1

参考答案:B

456. 下列过程的功能是:从键盘输入一个大于 2 个整数,输出小于该整数的最大质数。例如,输入 20,则输出 19,输入 10,则输出 7。

```
Private Sub Command1_Click( )
    Dim x,k As Integer,flag As Boolean
    x = Val(InputBox("请输入一个大于 2 的整数"))
    flag = True
    Do While x>2
        For k = 2 To Sqr(x)
            If x Mod k = 0 Then
                Flag = false
                Exit For
            End If
        Next k
        If Not flag Then
            【 】
            flag = True
        Else
            Exit Do
        End If
    Loop
    MsgBox x
End Sub
```

为实现指定功能,程序【　】处应填写的语句是(　　)。

A) k=k-1　　B) x=x/k　　C) k=k+1　　D) x=x-1

参考答案:D

457. 函数 Sgn(3.1415)的返回值是(　　)。

A) 4　　B) 3　　C) 0　　D) 1

参考答案:D,正数返回 1,负数返回-1,0 返回 0。

458. 在窗体上有一个命令按钮"Command1"和一个文本框"Text1",按钮"Command1"的事件过程如下:

```
Function result(ByVal x As Integer) As Boolean
    If x Mod 2 = 0 Then
        result = True
    Else
        result = False
    End If
End Function
Private Sub Command1_Click()
x = Val(InputBox("请输入一个整数"))
If【  】Then
    Text1 = Str(x) & "是偶数"
Else
    Text1 = Str(x) & "是奇数"
End If
End Sub
```

程序运行后单击命令按钮，在对话框输入 110，则“Text1”中显示“110 是偶数”。在程序【 】处应填写的是(　　)。

A) result(x)＝“奇数”　　B) Not result(x)

C) result(x)＝“偶数”　　D) result(x)

参考答案：D，x 如果为偶数，则 result(x)返回真。

459. 下列过程的功能是：将输入的整数分解为质数的乘积。例如，输入 24，则输出 2，2，3，，输入 100，则输出 2，2，5，5，。

```
Private Sub Command1_Click()
    x = Val(InputBox("请输入一个整数"))
    out$ = ""
    y = 2
    Do While y<=x
        If x Mod y = 0 Then
            out$ = out$ & y & ","
            x = x/y
        Else
            【  】
        End If
    Loop
    MsgBox out$
End Sub
```

为实现指定功能，程序【 】处应填写的语句是(　　)。

A) x = x－y　　B) y = x－y

C) y = y＋1　　D) x = x＋1

参考答案：C

460. 若在被调用过程中改变形式参数变量的值，其结果同时也会影响到实参变量的值，这种参数传递方式是(　　)。

A) ByVal　　B) ByRef　　C) 按形参传递　　D) 按值传递

参考答案：B

461. 在窗体中有一个名为“run”的命令按钮，单击该按钮从键盘接收学生成绩，如果输入的成绩不在 0～100 分之间，则重新输入；如果输入的成绩正确，则进入后序处理。"run"命令按钮的 Click 的事件代码如下：

```
Private Sub run_Click()
    Dim flag As Boolean
    result = 0
    flag = True
    Do While flag
        result = Val(InputBox("请输入学生成绩:","输入"))
        If result >= 0 And result <= 100 Then
            【  】
        Else
            MsgBox "成绩输入错误,请重新输入"
        End If
    Loop
    Rem 成绩输入正确后的程序代码略
End Sub
```

为实现指定功能，程序【 】处应填写的语句是(   )。

A) flag = Not flag　　B)Exit Do

C) flag = True　　D) flag = False

参考答案:B

462. VBA 中一般采取 Hungarian 符号命名变量，代表命令按钮的字首码是(   )。

A) Chk　　B) sub　　C) txt　　D) cmd

参考答案:D

463. VBA 中，如果没有显示声明或使用符号来定义变量的数据类型，则变量的默认类型为(   )。

A) 变体　　B) 字符串　　C) 双精度　　D) 整形

参考答案:A

464. 已知按钮 Command0 的 Click 事件对应的程序代码如下：

```
Private Sub Command0_Click()
    Dim j As Integer
    j = 20
    Call GetData(j + 5)
    MsgBox j
End Sub
Private Sub GetData(ByRef f As Integer)
    f = f + 30
End Sub
```

运行程序，输出结果是(   )。

A) 25　　B) 55　　C) 20　　D) 50

参考答案:B

465. 已知过程对应的代码如下：

```
Sub Proc()
    n = 1
    f1 = 0
    f2 = 1
```

```
    Do While n <= 8
        f = f1 + f2
        Debug.Print f
        f1 = f2
        f2 = f
        n = n + 1
    Loop
End Sub
```

过程 Proc 在立即窗口中显示的结果是(　　)。

A) 整数 1 到 n(n<8)对应的累加和

B) 整数 1 到 n(n<9)对应的累加和

C) 裴波那契序列中 2 到 8 对应的序列值

D) 裴波那契序列中 2 到 9 对应的序列值

参考答案:C

466. 如果在北京时间 12 点 00 分运行以下代码,程序的输出是

```
Sub Proc()
    If Hour(Time()) >= 8 And Hour(Time()) < 12 Then
        Debug.Print "上午好!"
    ElseIf Hour(Time()) >= 12 And Hour(Time()) < 18 Then
        Debug.Print "下午好!"
    Else
        Debug.Print "欢迎下次光临!"
    End If
End Sub
```

A) 下午好!　　　　B)上午好!

C) 无输出　　　　D) 欢迎下次光临!

参考答案:A

467. VBA 中命令 Write # 和 Print # 的区别是(　　)。

A) Write #将数据写入打印文件,而 Print #是创建一个新的指定文件

B) Write #将数据写入指定文件,而 Print #是创建一个新的打印文件

C) Write #只能将数据写入指定文件,而 Print #可以创建一个新的指定文件或打印文件

D) Write #能将数据写入指定文件或打印文件,而 Print #只能是创建一个新的指定文件

参考答案:C

468. 在 VBA 语句 Dim Var%,sum! 等价的是(　　)。

A) Dim Var As Single,sum As Double

B) Dim Var As Double,sum As Single

C) Dim Var As Integer,sum As Double

D) Dim Var As Integer,sum As Single

参考答案:D

469. 内部 SQL 聚合函数 Sum 的功能是(　　)。

A) 计算表中所有数字类型字段值的和

B) 计算一个记录中所有数字字段值的和

C) 计算指定记录中所有数字字段值的和

D) 计算指定字段所有值的和

参考答案:C

470. VBA 中,能直接进行四舍五入的函数是(　　)。

A) Round　　B) Fix　　C) Abs　　D) Int

参考答案:A

471. 下列关于 Access 内置的域聚合函数的叙述中,错误的是(　　)。

A) 域聚合函数可直接从一个查询中取得符合条件的值赋给变量

B) 域聚合函数可以直接从一个表中取得符合条件的值赋给变量

C) 使用域聚合函数之前要完成数据库连接和打开操作

D) 使用域聚合函数之后无须进行关闭数据库操作

参考答案:D

472. 若存在关系:STUD(学号,姓名,性别,年龄),下列函数 Func 的功能是

```
Function Func()
    Dim strSQL As String
    strSQL = "Alter Table Stud Add Constraint Primary_Key " &
"Primary Key(学号) "
    CurrentProject.Connection.Execute strSQL
End Function
```

A) 取消关系 STUD 中的主关键词

B) 将关系 STUD 中的"学号"字段设置为主关键字

C) 取消关系 STUD 中"学号"字段的索引

D) 为关系 STUD 的"学号"字段添加索引

参考答案:B

473. 有下列程序字段:

```
Dim s,i,j As Integer
For i = 1 To 3
    For j = 3 To 1 Step -1
        s = i*j
    Next j
Next i
```

执行完该程序段后,循环体执行的次数是(　　)。

A) 4　　B) 3　　C) 10　　D) 9

参考答案:D,内循环 3 次,外循环 3 次,共 9 次。

474. 若"当变量 a 和 b 中有且仅有一个为 0 时结果为真,否则结果为假",则下列表达式中与该表述等价的是(　　)。

A) a=0 or b=0　　B) a * b=0 And a+b<>0

C) a=0 And b=0　　D) a=0 or b<>0

参考答案:B

475. 在 VBA 中按文件的访问方式不同,可以将文件分为(　　)。

A）顺序文件、随机文件和二进制文件　　B）ASCII 文件和二进制文件
C）数据文件和可执行文件　　D）文本文件和数据文件

参考答案：A

476. 函数 InStr(1, "eFCdEfGh","EF",1)执行的结果是(　　)。

A）0　　B）6　　C）5　　D）1

参考答案：D

477. 随机产生[10,50]之间整数的正确表达式是(　　)。

A）Round(Rnd * 50)　　B）Round(Rnd * 51)
C）10+Int(Rnd * 41)　　D）Int(Rnd * 40+10)

参考答案：C

478. 内置计算函数 Max 的功能是(　　)。

A）计算一条记录中指定字段的最大值
B）计算一条记录中数值型字段的最大值
C）计算全部数值型字段的最大值
D）计算所有指定字段值的最大值

参考答案：D

479. 在窗体中有文本框"Text1"和"Text2"。运行程序时，在"Text1"中输入整数 m(m>0)，单击"Command1"按钮，程序能够求出 m 的全部除 1 之外的因子，并在 Text2 显示结果。例如，18 的全部因子有 2,3,6,9,18，输出结果为"2,3,6,9,18"；28 的全部因子为 2,4,7,14,28，输出结果为"2,4,7,14,28"。事件代码如下：

```
Private Sub Command1_Click( )
    m = Val(Me! Text1)
    result = ""
    For k = 2 To【    】
        If m Mod k = 0 Then
            result = result & k & ","
        End If
    Next k
    Me! Text2 = result
End Sub
```

程序【　】处应填写的语句是(　　)。

A）k<=m　　B）m-1　　C）m　　D）k<m

参考答案：C

480. 下列逻辑运算结果为 True 的是(　　)。

A）True And Not True　　B）False And Not True
C）True Or Not True　　D）False Or Not True

参考答案：C

481. 执行下列程序段后，消息框中的输出结果是(　　)。

```
Dim c As Boolean
a = Sqr(3)
b = Sqr(2)
c = a>b
```

```
MsgBox c
```

A) −1　　B) True　　C) False　　D) 0

参考答案:B

482. 下列程序段中,可以实现互换变量 A 和 B 的值得程序段是(　　)。

A) A=A+B : B=A−B : A=A−B　　B) A=C : C=B : B=A

C) A=(A+B)/2 : B=(A−B)/2　　D) A=B : B=A

参考答案:A

483. 函数 Msgbox 返回值的类型是(　　)。

A) 货币　　B) 逻辑值　　C) 字符串　　D) 数值

参考答案:D

484. 运行下列程序段后,变量 c 的值是(　　)。

```
a = 24
b = 328
select case b\10
    case 0
        c = a * 10 + b
    case 1 to 9
        c = a * 100 + b
    case 10 to 99
        c = a * 1000 + b
end select
```

A) 240328　　B) 24328　　C) 537　　D) 2427

参考答案:B,b\10 是整除,值为 32。

485. 用对象来表示"一只白色的足球被踢进球门",那么"白色""足球""踢""进球门"分别对应的是(　　)。

A) 属性、对象、事件、方法　　B) 属性、对象、方法、事件

C) 对象、属性、事件、方法　　D) 对象、属性、方法、事件

参考答案:A

486. 有下列命令控件"test"的单击事件过程:

```
Private Sub test_click( )
    Dim i,r
    r = 0
    For i = 1 To 5 Step 1
        r = r+i
    Next i
    bResult.Caption = Str(r)
End Sub
```

当运行窗体,单击命令按钮时,在名为"bResult"的窗体标签内将显示的是(　　)。

A) 整数 15　　B) 整数 5　　C) 字符串 15　　D) 字符串 5

参考答案:C,Str()函数的功能是将数值型数据转换为字符串。

487. 窗体有命令按钮 Command1 和文本框 Text1,对应的事件代码如下:

```
Private  Sub  Command1_Click()
  For i = 1 To 4
```

```
      x = 3
      For j = 1 To 3
         For k = 1 To 2
            x = x + 3
         Next k
      Next j
   Next i
   Text1.Value = Str(x)
End Sub
```

运行以上事件过程,文本框中的输出是(　　)。

A) 12　　B) 21　　C) 18　　D) 6

参考答案:C

488. VBA 中定义符号常量使用的关键字是(　　)。

A) Static　　B) Public　　C) Dim　　D) Const

参考答案:D

489. 窗体中有文本框 Text1 和标签 Label1。运行程序,输入大于 0 的整数 m,单击按钮 Command1,程序判断 m 是否为素数,若是素数,则 Label1 显示"m 是素数",否则显示"m 是合数"。事件代码如下:

```
Private  Sub  Command1_Click()
   m = Val(Me! Text1)
   result = m & "是素数"
   k  =  2
   Do While k <= m/2
        If m Mod k = 0 Then
            result = m & "是合数"
            【  】
        End If
        k = k+1
   Loop
   Me! Label1.Caption = result
End Sub
```

程序【 】处应填写的语句是

A) Exit While　　B) Exit Loop　　C) Exit Do　　D) Exit

参考答案:C

490. 在窗体中有一个命令按钮 Command1,事件代码如下:

```
Private  Sub  Command1_Click()
   Dim s As Integer
   s = P(1)+P(2)+P(3)+P(4)
   debug.Print s
End Sub
Public Function P(N As Integer)
     Dim Sum As Integer
     Sum = 0
     For i = 1 To N
         Sum = Sum + i
    Next i
```

```
    P = Sum
End Function
```

打开窗体运行后，单击命令按钮，输出结果是(　　)。

A) 35　　B) 25　　C) 20　　D) 15

参考答案:C

491. 窗体中有命令按钮 Command1 和文本框 Text1，事件过程如下：

```
Function result(ByVal x As Integer) As Boolean
   If x Mod 2 = 0 Then
      result = True
    Else
      result = False
   End If
End Function
Private Sub Command1_Click()
   x = Val(InputBox("请输入一个整数"))
   If【　】Then
      Text1 = Str(x) & "是偶数."
   Else
      Text1 = Str(x) & "是奇数."
   End If
End Sub
```

运行程序，单击命令按钮，输入 19，在 Text1 中会显示"19 是奇数"。那么在程序的括号内【　】应填写(　　)。

A) result(x)= "偶数"　　B) Not result(x)

C) result(x)= "奇数"　　D) result(x)

参考答案:D

492. 下列过程的功能是：通过对象变量返回当前窗体的 Recordset 属性记录集引用，消息框中输出记录集的记录(即窗体记录源)个数。

```
Sub GetRecNum()
     Dim rs As Object
     Set rs = Me.Recordset
     MsgBox【　】
End Sub
```

程序括号内【　】应填写的是

A) rs.Count　　B) rs.RecordCount

C) RecordCount　　D) Count

参考答案:B

493. 运行下列程序，输入数据 8、9、3、0 后，窗体中显示结果是(　　)。

```
Private  Sub  Form_Click()
   Dim sum As Integer, m As Integer
   sum = 0
   Do
       m = InputBox("输入 m")
       sum = sum + m
   Loop Until m = 0
```

```
    MsgBox sum
End Sub
```

A) 0　　B) 17　　C) 21　　D) 20

参考答案:D

494. 将一个数转换成相应字符串的函数是(　　)。

A) String　　B) Chr　　C) Asc　　D) Str

参考答案:D

495. 由语句“For i = 1 To 16 Step 3”决定的循环结构被执行(　　)。

A) 5 次　　B) 7 次　　C) 6 次　　D) 4 次

参考答案:C

496. VBA 中去除前后空格的函数是(　　)。

A) RTrim　　B) Ucase　　C) LTrim　　D) Trim

参考答案:D

497. 对象可以识别和响应的某些行为称为(　　)。

A) 属性　　B) 事件　　C) 继承　　D) 方法

参考答案:B

498. 窗体中有文本框 Text1、Text2、Text3。运行程序时,输入整数 m 和 n(n>0),单击按钮 Command1 计算下列表达式的值:

$$sum = m-(m+1)+(m+2)-(m+3)+\cdots+(-1)^{n+1}(m+n-1)$$

Text3 给出结果。事件代码如下:

```
Private Sub Command1_Click( )
    m = Val(Me! Text1)
    n = Val(Me! Text2)
    sum = 0
    For k = 1 To n
        sum = sum + 【    】
    Next k
    Me! Text3 = sum
End Sub
```

程序【　】处应填写的语句是(　　)。

A) IIf(k Mod 2 < 0, (m+k−1),−(m+k−1))

B) IIf(k Mod 2 = 0, (m+k−1),−(m+k−1))

C) IIf(k Mod 2 > 0, −(m+k−1),(m+k−1))

D) IIf(k Mod 2 = 0, −(m+k−1),(m+k−1))

参考答案:D,k 为奇数数时为正数,偶数时为负数。

499. VBA 的数组小标可取的变量类型是(　　)。

A) 可变型　　B) 数值型　　C) 字符型　　D) 日期型

参考答案:B

500. 已知 VBA 语句:If x=10 Then y=10,下列叙述中正确的是(　　)。

A) x=10 和 y=10 均为关系表达式

B) x=10 和 y=10 均为赋值语句

C) x=10 为赋值语句,y=10 为关系表达式

D) x=10 为关系表达式,y=10 为赋值语句

参考答案:D

501. VBA 函数 Left("Hello World.",2)的值为(　　)。

A) He　　B) Llo World　　C) LO　　D) el

参考答案:A

502. 下列程序的功能是输出 100 到 200 间不能被 3 整除的数,程序【　】应填写的语句是(　　)。

```
Private Sub Command1_Click( )
    Dim x As Integer
    x = 100
    Do Until x【  】
        If x Mod 3 <> 0 Then
            Debug.Print x
        End If
    loop
End Sub
```

A) >100　　B) <200　　C) <100　　D) >200

参考答案:D,大于 200 时退出循环。

503. 执行下列程序段后,变量 x 的值是(　　)。

```
k = 0
Do Until k> = 3
    x = x + 2
    k = k + 1
Loop
```

A) 6　　B) 2　　C) 8　　D) 4

参考答案:A

504. 下列 VBA 变量名中,错误的是(　　)。

A) P000000　　B) XYZ　　C) 89TWDDFF　　D) ABCDEFG

参考答案:C

505. 用于显示消息框的宏命令是(　　)。

A) SetWarning　　B) MsgBox　　C) Beep　　D) SetValue

参考答案:B

506. 设执行以下程序段时依次输入:1、3、5,执行结果为(　　)。

```
Dim a(4) As Integer
Dim b(4) As Integer
For K = 0 To 2
    a(K + 1) = Val(InputBox("请输入数据:"))
    b(3 - K) = a(K + 1)
Next K
Debug.Print b(K)
```

A) 1　　B) 0　　C) 5　　D) 3

参考答案:A,退出循环后,K 的值是 3,显示的是 b(3)的值。

507. VBA 中定义符号常量应使用的关键字是(　　)。

A) Static　　B) As　　C) Private　　D) Const

参考答案:D

508. 在 VBA 中定义了二维数组 B(4,1 to 5),则该数组的元素个数为(　　)。

A) 24　　B) 20　　C) 36　　D) 25

参考答案:D,第一维下标从 0 到 4,第二维从 1 到 5,所以共 20 个元素。

509. 在窗体中有命令按钮 Command1 和两个文本框 Text0、Text1,命令按钮对应的代码过程如下:

```
Private Sub Command1_Click()
    Dim m,k As Integer
    Dim flag as Boolean
    m = Val(Me! Text0)  '输入一个整数
    Do While 1
        k = 2
        flag = True
        Do While k< = m/2 And flag
            If m mod k = 0 Then
                flag = false
            Else
                k = k+1
            End If
        Loop
        If flag Then
            Me! Text1 = m  '输出计算结果
            Exit Do
        Else
            m = m+1
        End If
    Loop
End Sub
```

运行程序,输入 15,单击按钮,程序的输出结果是(　　)。

A) 15　　B) 其他整数　　C) 13　　D) 17

参考答案:D,程序功能是查找大于输入数的最小素数。

510. 如果变量 a 中保存字母"m",则以下程序段执行后,变量 Str$ 的值是(　　)。

```
Select Case a$
    Case "A" To "Z"
        Str$ = "Upper Case"
    Case "0" To "9"
        Str$ = "Number"
    Case "!" , "?" , "," , ")" , ";"
        Str$ = "Punctuaton"
    Case "a" To "z"
        Str$ = "Lower Case"
    Case Is < 32
        Str$ = "Special Character"
    Case Else
        Str$ = "Unknown Character"
End Select
```

A) Upper Case　　B) Punctuaton

C) Lower Case　　D) Unknown Character

参考答案:C,字母“m”介于“a”—“z”之间。

511. 如果有 VBA 的过程头部为:Private Sub BstDate(y As Integer)则变量 y 遵守的参数传递规则是(　　)。

A) 按实参传递　　B) 按形参传递　　C) 按地址传递　　D) 按值传递

参考答案:C

512. 已知过程对应的代码如下:

```
Sub Proc( )
  f1 = 0
  f2 = 1
  For n = 1 to 5
    f = f1 + f2
    Debug.Print f
    f1 = f2
    f2 = f
  Next n
End Sub
```

过程 Proc 在立即窗口中依次显示的数值是(　　)。

A) 1 2 6 10 15　　B) 1 2 4 6 8

C) 1 2 3 5 8　　D) 1 2 3 4 5

参考答案:C,此序列是斐波那契序列。

513. 下列代码实现的功能是:若在窗体中一个名为“tNum”的文本框中输入课程编号,则将“课程表”中对应的“课程名称”显示在另一个名为“tName”文本框中,

```
Private Sub tNum_AfterUpdate( )
  Me! tName =【  】("课程名称","课程表","课程编号 ='" & Me! TNum & "'")
End Sub
```

则程序中【　】处应填写的是(　　)。

A) IIf　　B) DFind　　C) Lookup　　D) DLookUp

参考答案:D

514. 以下程序的功能是求“x^3 * 5”表达式的值,其中 x 的值由文本框“text0”输入,运算的结果由文本框“text1”输出。

```
Private Sub Command0_Click()
    Dim x As Integer
    Dim y As Long
    Me.Text0 = x
    y = x^3 * 5
    Me.Text1 = y
End Sub
```

运行上述程序时,会有错误。错误的语句是(　　)。

A) Me. Text1 = y　　B) Dim x As Integer

C) Dim y As Long　　D) Me. Text0 = x

参考答案:D 应改为 x = Me. Text0

515. 已知在“用户表”中包含 4 个字段:用户名(文本,主关键字),密码(文本),登录次数(数字),最近登录时间(日期/时间)。在“登录界面”的窗体中有两个名为“tUser”和“tPassword’”的文本框,一个登录按钮“Command0”。进入登录界面后,用户输入用户名和密码,点击登录按钮后,程序查找“用户表”。如果用户名和用户密码全部正确,则登录次数加 1,显示上次的登录时间,并记录本次登录的当前日期和时间;否则,显示出错提示信息。

```
Private Sub Command0_Click()
    Dim cn As New ADODB.Connection
    Dim rs As New ADODB.Recordset
    Dim fd1 As ADODB.Field
    Dim fd2 As ADODB.Field
    Dim strSQL As String
    Set cn = CurrentProject.Connection
    strSQL = "Select 登录次数,最近登录时间 From 用户表 Where 用户名 ='"
            & Me! tUser & "' And 密码 ='" & Me! tPassword & "'"
    rs.Open strSQL,cn,adOpenDynamic,adLockOptistic,adCmdText
    Set fd1 = rs.Fields("登录次数")
    Set fd2 = rs.Fields("最近登录时间")
    If Not rs.EOF Then
        fd1 = fd1 + 1
        MsgBox "用户已经登录:" & fd1 & "次" & Chr(13)
            & Chr(13) & "上次登录时间:" & fd2
        fd2 =【    】
        rs.Update
    Else
        MsgBox "用户名或密码错误"
    End If
    rs.Close
    cn.Close
    Set rs = Nothing
    Set cn = Nothing
End Sub
```

为完成上述功能,请在程序【 】处填入适当语句。( )。

A) Time()　　B) Date()　　C) Now()　　D) Day()

参考答案:C

516. 要将“职工管理.accdb”文件“职工情况”表中女职工的“退休年限”延长 5 年,程序见下面的过程。

```
Sub AgePlus()
    Dim cn As New ADODB.Connection        '连接对象
    Dim rs As New ADODB.RecordSet         '记录集对象
    Dim fd As ADODB.Field                 '字段对象
    Dim strConnect As String              '连接字符串
    Dim strSQL As String                  '查询字符串
    Set cn = CurrentProject.Connection
    strSQL = "Select 退休年限 from 职工情况 where 性别 ='女'"
    rs.Open strSQL, cn, adOpenDynamic, adLockOptimistic, adCmdText
    Set fd = rs.Fields("退休年限")
    Do While Not rs.EOF
```

```
        fd = fd + 5
        【  】
        rs.MoveNext
    Loop
    rs.Close
    cn.Close
    Set rs = Nothing
    Set cn = Nothing
End Sub
```

在【　】处应填写的是(　　)。

A) Edit　　B) Update　　C) rs. Update　　D) rs. Edit

参考答案:C

517. 子过程 Plus 完成对当前库中“教师表”的工龄字段都加 1 的操作

```
Sub Plus()
    Dim ws As DAO.Workspace
    Dim db As DAO.Database
    Dim rs As DAO.Recordset
    Dim fd As DAO.Field
    Set db = CurrentDb()
    Set rs = db.OpenRecordset("教师表")
    Set fd = rs.Fields("工龄")
    Do While Not rs.EOF
        rs.Edit
        【  】
        rs.Update
        rs.MoveNext
    Loop
    rs.Close
    db.Close
    Set rs = Nothing
    Set db = Nothing
End Sub
```

程序【　】处应该填写的语句是(　　)。

A) 工龄 = 工龄 + 1　　B) rs = rs + 1

C) rs. fd = rs. fd + 1　　D) fd = fd + 1

参考答案:D

518. 子过程 Plus 完成对当前库中“教师表”的工龄字段都加 1 的操作。

```
Sub Plus( )
    Dim ws As DAO.Workspace
    Dim db As DAO. Database
    Dim rs As DAO.Recordset
    Dim fd As DAO.Field
    Set db = CurrentDb()
    Set rs = db.OpenRecordset("教师表")
    Set fd = rs.Fields("工龄")
    Do While【  】
        rs.Edit
        fd = fd + 1
```

```
        rs.Update
        rs.MoveNext
    Loop
    rs.Close
    db.Close
    Set rs = Nothing
    Set db = Nothing
End Sub
```

程序空白处【 】应该填写的语句是( )。

A) Not db.EOF B) Not rs.EOF C) rs.EOF D) db.EOF

参考答案:B

519. 要从记录集中得到符合条件的特定字段的值,应使用的内置函数是( )。

A) DFirst B) DLast C) DLookUp D) DCount

参考答案:C

520. 调用下面子过程,消息框显示的结果是

```
Sub SFun()
    Dim x,y,m
    x = 100
    y = 200
    If x > y Then
        m = x
    Else
        m = y
    End If
    MsgBox m
End Sub
```

A) 400 B) 200 C) 300 D) 100

参考答案:B

521. 以下是一个竞赛评分程序。其功能是去掉 8 位评委中的一个最高分和一个最低分,计算平均分。

```
Dim max As Integer,min As Integer
Dimi As Integer,x As Integer,s As Integer
max = 0: min = 10
For i = 1 To 8
    x = Val(InputBox("请输入得分(0~10):"))
    【 】
    If x < min Then min = x
s = s + x
Next i
【 】
MsgBox "最后得分:" & s
```

有如下语句:

① max = x

② If x > max Then max = x

③ If max > x Then max = x

④ s = (s−max−min)/6

⑤ s = (max−min)/6

⑥ s = s/6

两处【 】的程序应为(　　)。

A) (3)(6)　　B) (2)(6)　　C) (1)(5)　　D) (2)(4)

参考答案:D

522. 与 DateDiff("m",#1893-12-26#,Date())等价的表达式是(　　)。

A) (year(date())-year(#1893-12-26#)) * 12+(month(date())-month(#1893-12-26#)

B) (MonthName(date())-MonthName(#1893-12-26#))

C) (year(date())-year(#1893-12-26#)) * 12-(month(date())-month(#1893-12-26#)

D) (Month(date())-Month(#1893-12-26#))

参考答案:A

523. 如果变量 X 是一个正的实数,保留两位小数、将千分位四舍五入的表达式是(　　)。

A) 0.01 * Int(100 * (X+0.005))　　B) 0.01 * Int(100 * (X+0.05))

C) 0.01 * Int(X+0.005)　　D) 0.01 * Int(X+0.05)

参考答案:A

524. 在窗体上有命令按钮"Command1",事件代码如下:

```
Private  Sub Command1_Click()
    Dim x As Integer , y As Integer
    x = 12: y = 32
    Call Proc(x,y)
    Debug.Print x; y
End Sub
Public Sub Proc(n As Integer, ByVal m As Integer)
    n = n Mod 10
    m = m Mod 10
End Sub
```

打开窗体运行后,单击命令按钮,立即窗口上输出的结果是(　　)。

A) 12　32　　B) 2　2　　C) 2　32　　D) 12　3

参考答案:C

525. 要显示当前过程中的所有变量及对象的取值,可以利用的调试窗口是(　　)。

A) 本地窗口　　B) 监视窗口　　C) 立即窗口　　D) 调用堆栈

参考答案:B

526. VBA 语句"Dim NewArray(10) as Integer"的含义是(　　)。

A) 定义 10 个整型数构成的数组 NewArray

B) 定义 1 个值为 10 的变量 NewArray

C) 定义 1 个值为整型数的变量 NewArray(10)

D) 定义 11 个整型数构成的数组 NewArray

参考答案:D,下标默认从 0 开始

527. 登录窗体如图所示。单击"登录"按钮,当用户名及密码正确时则会弹出窗口显示

"OK"信息。

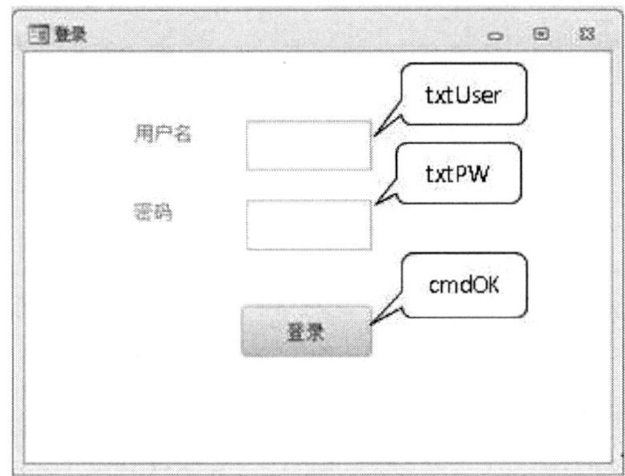

下列过程不能完成此功能的是(　　)。

A)
```
Private Sub cmdOK_Click()
    If txtUser.Value = "zhangs" and txtPW.Value = "123" Then
        MsgBox  "OK"
    End If
End Sub
```

B)
```
Private Sub cmdOK_Click()
    If txtUser.Value = "zhangs"  Then
        If txtPW.Value = "123" Then
            MsgBox "OK"
        End If
    End If
End Sub
```

C)
```
Private Sub cmdOK_Click()
    If txtUser.Value = "zhangs" or txtPW.Value = "123"  Then
        MsgBox "OK"
    End If
End Sub
```

D)
```
Private Sub cmdOK_Click()
    If txtUser.Value = "zhangs"  Then
        If  txtPW.Value = "123" Then  MsgBox "OK"
    End If
End Sub
```

参考答案:C

528. 下列属于通知或警告用户的宏命令是(　　)。

A) PrintOut　　B) RunWarnings　　C) OutputTo　　D) MessageBox

参考答案:B

529. 在窗体上有一个命令按钮“Command1”和一个文本框“Text1”，事件代码如下：

```
Private Sub Command1_Click()
    Dim i, j ,x
    For i  = 1 To 20 step 2
        x  = 0
        For j  = i To 20 step 3
            x  = x + 1
        Next j
    Next i
    Text1.Value  = Str(x)
End Sub
```

打开窗体运行后，单击命令按钮，文本框中显示的结果是(　　)。

A) 400　　B) 7　　C) 17　　D) 1

参考答案:D

530. 在 VBA 中，下列关于过程的描述中正确的是(　　)。

A) 过程的定义和过程的调用均不能嵌套

B) 过程的定义和过程的调用均可以嵌套

C) 过程的定义不可以嵌套，但过程的调用可以嵌套

D) 过程的定义可以嵌套，但过程的调用不能嵌套

参考答案:C

531. 在 VBA 中要打开名为“学生信息录入”的窗体，应使用的语句是(　　)。

A) OpenForm “学生信息录入”　　B)DoCmd. OpenForm “学生信息录入”

C) DoCmd. OpenWindow “学生信息录入”　　D)OpenWindow “学生信息录入”

参考答案:B

532. 由“For i=1 To 9 Step -3”决定的循环结构，其循环体将被执行(　　)。

A) 4 次　　B) 5 次　　C) 1 次　　D) 0 次

参考答案:D

533. 有如下事件程序，运行该程序后输出结果是(　　)。

```
Private Sub Command3_Click()
   Dim x As Integer, y As Integer
    x  =  1:y  =  0
    Do Until y <= 25
        y  =  y  +  x  *  x
        x  =  x  + 1
    Loop
    MsgBox "x = " & x & ", y = " & y
End Sub
```

A) 输出其他结果　　B) x=5, y=30　　C) x=1, y=0　　D) x=4, y=25

参考答案:C,y 初值为 0,小于 25,满足退出条件,所以不执行循环体。

534. 下列表达式计算结果为日期类型的是

A) DateValue("2011-2-3")　　B) ＃2012-1-23＃ - ＃2011-2-3＃

C) Len("2011-2-3")　　D) year(＃2011-2-3＃)

参考答案:A

535. 可以用 InputBox 函数产生输入对话框。执行语句：

```
st = InputBox("请输入字符串","字符串对话框","aaaa")
```

当用户输入字符串“bbbb”,按 OK 按钮后,变量 st 的内容是(　　)。

A) bbbb　　B) aaaa

C) 请输入字符串　　D) 字符串对话框

参考答案:A

536. 要将“选课成绩”表中学生的“成绩”取整,可以使用的函数是(　　)。

A) Sgn([成绩])　　B) Int([成绩])

C) Sqr([成绩])　　D) Abs([成绩])

参考答案:B

537. 若有如下 Sub 过程：

```
Sub  sfun( x As Single, y AS Single)
    t = x
    x = t / y
    y = t Mod y
End  Sub
```

在窗体中添加一个命令按钮 Command3,对应的事件过程如下：

```
Private  Sub  Command3_Click()
   Dim  a  As  Single
   Dim  b  As  Single
   a = 5 : b = 4
   sfun(a,b)
   MsgBox  a & Chr(10) + Chr(13) & b
End  Sub
```

打开窗体运行后,单击命令按钮,消息框中有两行输出,内容分别为(　　)。

A) 1.25 和 1　　B) 1 和 1　　C) 5 和 4　　D) 1.25 和 4

参考答案:A

参考文献

[1] 未来教育教学研究中心. 全国计算机等级考试上机考试题库. 成都：电子科技大学出版社,2019.

[2] 苏林萍,谢萍,周蓉. Access2010 数据库教程. 北京：人民邮电出版社,2018.

[3] 顾洪,孙勤红,朱颖雯. Access2010 实训教程. 北京：清华大学出版社,2015.